交流电机运行理论

赵镜红　严思念　熊义勇　编著

科 学 出 版 社

北　京

内 容 简 介

本书为"海军工程大学研究教材建设基金"立项图书,主要介绍交流电机运行理论及特种交流电机的基本原理,共分九章,第一章阐述机电能量转换原理,第二章阐述旋转电机机电能量转换条件,第三章阐述电机系统的对偶和类比,第四章阐述机电系统运动方程,第五、六章阐述感应电机和同步电机的瞬态分析,第七章阐述电机的统一理论,第八章阐述直线式移相变压器,第九章阐述多相感应电机及其系统分析。

本书在阐述理论基础上强调联系现实实践,与时俱进地引入了交流电机机电能量转换领域的新技术和最新研究成果,紧跟时代步伐。

本书可作为电气工程专业高年级本科生或研究生教材,也可作为电气工程专业技术人员的参考资料。

图书在版编目(CIP)数据

交流电机运行理论/赵镜红,严思念,熊义勇编著. —北京:科学出版社,2024.5
ISBN 978-7-03-076932-9

Ⅰ.① 交… Ⅱ.① 赵… ②严… ③熊… Ⅲ.① 交流电机-运行
Ⅳ.① TM34

中国国家版本馆 CIP 数据核字(2023)第 217557 号

责任编辑:吉正霞/责任校对:韩 杨
责任印制:彭 超/封面设计:苏 波

科学出版社 出版
北京东黄城根北街 16 号
邮政编码:100717
http://www.sciencep.com

武汉市首壹印务有限公司印刷
科学出版社发行 各地新华书店经销
*

开本:787×1092 1/16
2024 年 5 月第 一 版 印张:14
2024 年 5 月第一次印刷 字数:358 000
定价:**65.00 元**
(如有印装质量问题,我社负责调换)

前　言

本书紧密结合国家教育、科技创新和产业发展政策，全面介绍交流电机运行理论的基本原理和应用技术，注重将科研成果和产业发展趋势融入书中，引导学生关注电机领域的创新成果和发展趋势，培养学生的创新意识和实践能力，坚持以学生为中心，关注学生的全面发展，注重培养学生的爱国情怀和社会责任。本书是海军工程大学研究生立项教材。

本书共分九章。前七章为交流电机机电能量转换理论，后两章为特种电机理论分析。内容主要包括机电能量转换的基本原理、能量转换条件、对偶与类比、机电系统运动方程及解法、综合矢量和感应电机的暂态分析、同步电机的动态分析、电机的统一理论、直线式移相变压器、多相感应电机及其系统分析。本书力求理论紧密联系实际，紧跟时代步伐，适时引入机电能量转换领域的新技术和新研究成果，以期提高电气工程基础课程的教学质量和水平，培养基础扎实、与时俱进的创新型人才。本书理论阐述翔实，分析推导清晰严谨，文字凝练流畅，期望读者学会更多的技术知识。

本书由赵镜红教授担任主编。编写具体分工如下：严思念编写第一章、第八章；孙盼编写第三章；熊义勇编写第二章、第九章；赵镜红编写第四章~第七章，并负责制定全书大纲。全书由赵镜红和严思念统稿。本书的部分内容来自课题组培养的硕士研究生论文，他们是王众、熊欣、张梓铭、许浩、薛婕，王铁军副教授提供了部分素材，在此向他们表示感谢。

本书由海军工程大学乔鸣忠教授担任主审。武汉理工大学李维波教授、华中师范大学瞿少成教授对书稿进行了认真的审阅，并对本书的大纲及编写提出了许多宝贵的意见，编者在此表示真诚的感谢。

由于编者的经验和水平有限，书中难免有不妥之处，恳请读者批评指正。

编　者
2023 年 4 月

目　录

第一章

机电能量转换原理

现代生产生活中，电能是最主要的动力能源之一。实现机械能与电能转换的装置称为机电能量转换装置，简称机电装置。它们大小各异，种类繁多，从其功能属性可分为三大类。

（1）机电信号变换器。它们是实现机电信号变换的装置，是在功率较小的信号下工作的传感器，通常应用于测量和控制装置中。例如，扬声器、旋转变压器等。

（2）动铁换能器。它是通过导通电流激磁产生电磁力，诱发动铁有限位移的装置。例如，继电器、电磁铁等。常用继电器的原理图如图1-0-1（a）所示。

（3）机电能量持续转换装置。例如，电动机、发电机等。直流电动机的原理图如图1-0-2（a）所示。

机电装置实现机电能量转换的形式有4种：①电致伸缩与压电效应；②磁致伸缩；③电场力；④电磁力。前两种功率很小，又是不可逆的。应用第三种形式——电场力来实现机电能量转换的装置称为静电式机电装置，只能得到不大的力和功率。实际实践中绝大多数的机电装置是应用第四种形式——电磁力来实现机电能量转换的，称为电磁式机电装置。本书以电磁式机电装置作为主要研究对象。书中的机电装置主要指电磁式机电装置，或是电磁式与静电式两种机电装置。各种机电能量转换装置（从旋转电机到机电信号变换器），其用途和结构虽各有差异，但基本原理相同。机电能量转换过程是电磁场和运动的载流导体相互作用的结果。当机电装置的可动部分发生位移，使装置内部耦合电磁场的储能发生变化，并在输入（或输出）电能的电路系统内产生反应时，电能会转换成机械能或逆向转换。所以，任何机电能量转换装置都是由载流的电系统、可动的机械系统和作为耦合媒介与储存能量的电磁场三部分组成。从总体看，它们又都包含固定和可动两大部件。

通常把用以进行机电信号变换的装置称为变换器；变换器通常可表示为二端口装置（一对电端口，一对机械端口），如图1-0-1所示。机械能转换为电能的装置称为发电机，把电能转换为机械能的装置称为电动机；发电机和电动机可表示为三端口装置（两对电端口，一对机械端口），如图1-0-2所示。在多数情况下，机电能量转换过程是可逆的，发电机可作为电动机运行，电动机也可作为发电机运行。

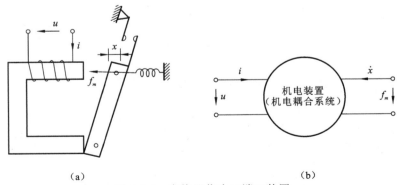

（a）   （b）

图1-0-1　变换器作为二端口装置

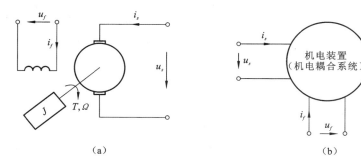

图 1-0-2 旋转电机作为三端口装置

本章主要分析机电能量转换的基本原理、能量转换过程和耦合场的作用；导出机电装置运动方程的基本方法；介绍求解运动方程的方法。通过本章学习掌握各种机电能量转换装置中能量转换的机理及其分析方法，建立一个机电能量转换理论总体概念。

第一节　机电能量转换过程中的能量关系

能量守恒原理是物理学的基本原理。在质量守恒的物理系统中，能量既不能凭空产生，也不会自行消失，而仅是转换其存在的形式，这就是能量守恒原理。能量守恒原理对所有的物理系统是普遍适用的，这是分析和研究机电装置的基本定律。

任何机电装置都由电系统、机械系统和联系两者的耦合电磁场组成。耦合场一方面从输入系统吸收电能(或机械能)，对它的储能进行补充；另一方面又释放储能给予输出系统，进而输出机械能(或电能)。所以耦合场及其储能的存在是机电能量转换的关键。由于通常的机电系统的频率和运动速度较低，所以电磁辐射可以忽略不计。在电机内部的能量转换过程中，包含 4 种能量形式：电能、机械能、磁场储能和热能。根据能量守恒原理，可以写出机电装置的能量方程式为

$$\begin{pmatrix} 电源输入 \\ 的电能 \end{pmatrix} = \begin{pmatrix} 耦合电磁场内 \\ 储能的增量 \end{pmatrix} + \begin{pmatrix} 机电系统内部 \\ 的能量损耗 \end{pmatrix} + \begin{pmatrix} 输出的 \\ 机械能 \end{pmatrix} \quad (1-1-1)$$

式（1-1-1）对各种机电能量转换装置均适用。对电动机，式中的电能和机械能均为正值；反之对发电机，两者均为负值。

式（1-1-1）中的能量损耗，通常分为三类：第一类是电系统内部通有电流时的电阻损耗；第二类是机械系统的摩擦损耗、风阻损耗，统称机械损耗；第三类是耦合电磁场在介质内产生的损耗，例如，交变磁场在铁心内产生的磁滞和涡流损耗、电场在绝缘材料内产生的介质损耗等。所有这些损耗大都转换为热能后散出。这三部分均为能量损耗，并引起电机各部件发热，这是一种不可逆的过程。

把损耗按上述三项分类，并分别归并到相应的能量项中，式（1-1-1）可改写成下式：

$$\begin{pmatrix} 输入的电能- \\ 电阻能量损耗 \end{pmatrix} = \begin{pmatrix} 耦合电磁场内储能的增量 \\ +介质能量损耗 \end{pmatrix} + \begin{pmatrix} 输出的机械能 \\ +机械能量损耗 \end{pmatrix} \quad (1-1-2)$$

式中：等式左端为扣除电阻能量损耗后输入耦合场的净电能；等式右边第 1 项为耦合电磁场吸收的总能量，包括耦合场中储能的增量和介质中的能量损耗，第 2 项为转换为机械能的全部能量，包括输出的机械能和系统的机械能量损耗。

写成时间 dt 内各项能量的微分形式时，与式（1-1-2）对应的关系应为

$$dW_{el} = dW_f + dW_{mec} \tag{1-1-3}$$

式中：dW_{el} 表示在时间 dt 内输入耦合电磁场的净电能；dW_f 表示时间 dt 内耦合场吸收的总能量；dW_{mec} 表示时间 dt 内变换为机械能的总能量。图 1-1-1 为与式（1-1-3）相应的能量图。

虽然在能量转换过程中总有损耗产生，但是损耗并不影响能量转换过程。能量转换过程是由耦合场的变化对电系统和机械系统的反应所引起。把损耗分类并进行相应的扣除和归并，实质上相当于把损耗移出，使整个系统成为"无损耗系统"。这样，既便于突出问题的核心：耦合场对电系统和机械系统的反应，可导出相应的机电耦合项；又使过程成为单值、可逆，便于定义系统的状态函数。这样将给分析带来很大的方便。

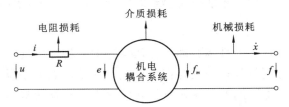

图 1-1-1　时间 dt 内的能量关系

耦合电磁场的储能，一般包括电场储能 W_e 和磁场储能 W_m 两部分。由于我们分析的大都是低速、准稳系统，电场和磁场互相独立，所以可分开考虑。通常的机电装置，大多用磁场作为耦合场，对于这类装置，场的储能仅为磁场储能，即 $W_f = W_m$。对于少数以电场作为耦合场的装置，则 $W_f = W_e$。

下面分析中，我们将以磁场式机电装置作为主要研究对象。从最简单的机电装置——单边激励的机电系统开始分析，然后进一步分析双边激励的机电系统。

第二节　保守系统和磁场储能

一、保守系统

在理想的物理系统中，有许多无损耗、可储能的元件。在电系统中：线圈通过电流时，会产生磁场储存一定的磁能；电容器充电时，会产生电场储存一定的电场能。在机械系统中：旋转体或平移运动的物体会储存一定的动能；弹簧被外力 f 压缩 x 长度时，所加的能量 fx 会以位能形式储存起来；被升高的静物储存着位能……。这些元件在一定

条件下可以储存能量，当条件变化时又可以部分或全部释放所储能量，而其自身并不消耗能量，故称为储能元件。全部由储能元件所组成的，与周围系统没有能量交换的自守物理系统称为保守系统。由于没有能量损耗，且不与周围的能量交换，所以保守系统的总能量守恒。

在机电系统中，把损耗（电系统的电阻损耗、耦合场的磁滞和介质损耗、机械系统的机械损耗）移出，电系统不与外界电源相接，机械系统不与外界机械相连，此时的机电系统就是一个保守系统。考虑到实际系统中的损耗，系统与外部能量相连，则系统为非保守系统。

二、状态函数

当把储能元件储能大小的变量全部用 x 或 $\dot{x}$ 来表示时，磁能可写成 $W = \dfrac{1}{2}L\dot{x}^2$，电场能可写成 $W = \dfrac{x^2}{2C}$ 等，则整个保守系统的能量 W 可表示为

$$W = W(x_1, x_2, \cdots; \dot{x}_1, \dot{x}_2, \cdots) \qquad (1\text{-}2\text{-}1)$$

由式（1-2-1）可见，保守系统的全部储能 W 是 x_i 和 $\dot{x}_i(i=1,2,\cdots)$ 的函数，它仅与 x_i、$\dot{x}_i$ 的即时状态有关，而与达到 x_i、$\dot{x}_i$ 状态的过程无关。对于 x_i、$\dot{x}_i$ 这些值，即描述系统即时状态的一组独立变量，称为状态变量。由一组状态变量所确定的、描述系统即时状态的单值函数，称为系统的状态函数，例如储能 W。

磁场对铁磁物质或载流导体有力的作用，使其运动做功以显示磁场具有储能作用，储能元件处于储能状态时，对外会表现出力或电压（广义力）的作用。例如：弹簧力 $f = Kx = K\sqrt{\dfrac{2W}{K}} = \sqrt{2KW}$；电容器上的电压 $u = \sqrt{2W/C}$。

凡是与储能有关，并以储能的函数表达的力或电压，均可称为保守力。则按式（1-2-1），保守力可表示为

$$f = f(x_1, x_2, \cdots; \dot{x}_1 \dot{x}_2, \cdots) \qquad (1\text{-}2\text{-}2)$$

它也是状态函数。

保守系统的一个重要特点是系统的储能以及与储能相联系的保守力都是状态函数，即两者都仅与系统即时状态有关，而与系统的历史以及达到即时状态的路径无关。这是下面分析磁场储能和电磁力的依据之一。

无损耗机电系统，若切断它与周围的联系就是一个保守系统。若考虑系统的损耗及其与周围的能量交换，则实际机电系统都是非保守系统，并且除保守力以外，还有与状态变量无关的力，被称为非保守力，例如摩擦力、电源电压等。

对单边激励的机电系统。若可动部分作平移运动，机电系统各有一个自由度；选取电流 i、位移 x 作为状态变量，则磁场储能 W_m 是一个状态函数

$$W_m = W_m(i, x)$$

它单值地取决于 i 和 x 的终值。也可选取磁链 ψ 和位移 x 作为状态变量

$$W_m = W_m(\psi, x)$$

例如旋转运动，则可用转角 θ 代替位移 x。应当注意，状态变量虽然有多种选择方案，但要求必须是独立变量。

把系统中的损耗移出，系统可作为保守系统并用状态函数来描述，对研究机电系统的能量过程和运动方程具有重要的意义。

三、磁能和磁共能

耦合场及其储能的存在是机电能量转换的关键，所以要研究机电能量转换，就很有必要深入了解磁场储能(以下简称磁能)的情况。

（一）单绕组机电装置的磁能

磁能是状态函数，它仅与系统的即时状态有关。以图 1-2-1 所示电磁铁为例。它以固定铁心 S、可动衔铁 M 及两者间的气隙组成一个闭合磁路。设铁心各段的截面积为 A，铁心的平均长度为 l_{Fe}，气隙长为 δ，磁路的计算长度为 $l = l_{Fe} + \delta$，衔铁与固定铁心之间的接触面假设为无隙理想滑动面，实际的励磁绕组等效为无电阻的理想线圈外串一个电阻 R。在不同气隙下电磁铁的磁化曲线（$\psi - i$ 曲线）如图 1-2-2 所示。显然，系统的磁链既与线圈电流 i 有关，又与衔铁的位移 x 有关，即 $\psi = \psi(i, x)$。i、x、ψ 三个变量中只有两个是独立变量。

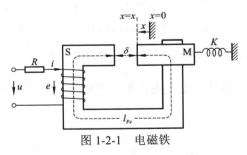

图 1-2-1　电磁铁

现将电磁铁的衔铁保持在某一固定位置如 $x = x_1$ 上，激磁线圈外施电压 u，各量的正方向如图 1-2-1 所示，电磁量从零开始增大，经过时间 t_1，线圈的电流为 i_1，感应电动势为 e_1，磁链为 ψ_1，与线圈匝数 N 全部交链的磁通为 $\phi_1 = \dfrac{\psi_1}{N}$，则电路任意瞬时电压平衡方程式为

$$u - iR = -e = \frac{\mathrm{d}\psi}{\mathrm{d}t} \tag{1-2-3}$$

式（1-2-3）等号两边同乘 $i\mathrm{d}t$，再取积分，便得 $0 \sim t_1$ 时间内的能量平衡式：

$$\int_0^{t_1} (ui - i^2 R)\,\mathrm{d}t = \int_0^{\psi_1} i\,\mathrm{d}\psi \tag{1-2-4}$$

式（1-2-4）左边是从 $0 \sim t_1$ 时间内电源输入电磁铁耦合磁场的净电能，由于衔铁没有机械运动，即电能没有转换成机械能，所以这些净电能将全部转换成磁能 W_m，即

$$W_m = \int_0^{\psi_1} i \mathrm{d}\psi = \int_0^{\phi_1} F \mathrm{d}\phi \tag{1-2-5}$$

用图解来表示，当电磁铁的衔铁位置保持在 $x=x_1$ 上，其磁链 $\psi = \psi(i, x_1)$ 是图 1-2-2 中 $x=x_1$ 的磁化曲线。把它重画在图 1-2-3 上，则 ψ 随 i 从零开始增大，式（1-2-5）的 $i\mathrm{d}\psi$ 是图 1-2-3 矩形 $abcd$ 的面积。因此，当 $t=t_1$，$x=x_1$，$i=i_1$，$\psi=\psi_1$ 时，电磁铁的磁能等于图 1-2-3 中水平阴影线部分面积。

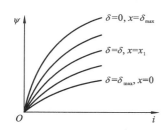

图 1-2-2 电磁铁不同气隙的磁化曲线族

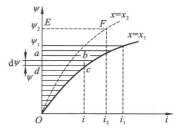

图 1-2-3 磁场储能

式（1-2-5）虽然是在衔铁不动的情况下导出的，但在衔铁运动时仍然成立。这是因为磁能是状态函数，它仅与衔铁瞬时的即时状态有关，即磁能仅是 i 与 x（或 ψ 与 x，或 i 与 ψ）的单值函数。若衔铁在运动中某一即时状态的 i_i、x_i、ψ_i 与衔铁静止时某一即时状态的 i_i、x_i、ψ_i 完全相同，则两者必有相同的磁能。所以无论机电装置的可动部分是运动还是静止，计算即时磁能时，总是把它等效成可动部分静止在即时状态的位置上，使电流 i 从零开始增大到即时状态的电流为止磁场所获得的全部磁能，即利用式（1-2-5）求取。

式（1-2-5）是单绕组机电装置磁能的普遍表达式，应用时需要注意的是装置的即时状态。若上述电磁铁在另一瞬时 $x=x_2$，$i=i_2$，则它的磁能就等于图 1-2-3 中面积 OEF，它与 $x=x_1$ 时状态具有不同的磁化曲线。

磁能还有另一种表达式，应用磁通密度 B 和磁场强度 H 计算磁能。例如，上述电磁铁的衔铁与固定铁心吸合在一起（气隙为零）时，磁路为单一的导磁介质，磁导率为 μ，磁路的体积 $V=Al$。单位体积内的磁能称为磁能密度 w_m。由式（1-2-5）可得 w_m 为

$$w_m = \frac{W_m}{V} = \int_0^{\phi_1} \frac{F}{l} \mathrm{d}\frac{\phi}{A} = \int_0^{B_1} H \mathrm{d}B \tag{1-2-6}$$

式中

$$W_m = V w_m = V \int_0^{B_1} H \mathrm{d}B \tag{1-2-7}$$

特殊情况，例如磁路为线性（装置的工作点在磁化曲线的线性部分），上述关系可进一步简化。因为这时磁路的磁导 Λ，线圈的电感 L 和磁导率 μ 都是常量，将 $\phi = \Lambda F$，$\psi = Li$，$B = \mu H$ 代入式（1-2-5）或式（1-2-6）中，可得

$$W_m = \frac{1}{2}Li^2 = \frac{1}{2}i\psi = \frac{1}{2}F\phi = \frac{\phi^2}{2\Lambda} = \frac{1}{2}\Lambda F^2$$
$$w_m = \frac{1}{2}BH = \frac{B^2}{2\mu} = \frac{1}{2}\mu H^2$$

$$(1\text{-}2\text{-}8)$$

一般情况，磁路具有铁心与气隙两种介质，或者是由若干串联和并联支路组成。此时，式（1-2-7）可用来计算磁路结构中每个均匀截面部分的磁能，而总磁能等于各部分磁能之和，即

$$W_m = \sum_{i=1}^{N} V_i w_{mi} = \sum_{i=1}^{N} V_i \int_0^{B_i} H_i \mathrm{d}B_i \qquad (1\text{-}2\text{-}9)$$

式中：N 是磁路不同截面的分段数。

（二）具有不同介质时，磁能的分布情况

实际机电装置的磁场所在的整个空间是由铁磁材料和气隙等不同介质组成的。

例 1-2-1 如图 1-2-1 所示，忽略气隙部分的边缘效应，假设铁心和气隙的截面积相同，均为 A，$B = 1T$，$l_{Fe}/\delta = 100$，磁路是线性的，铁心的磁导率 $\mu_{Fe} = 1000\mu_0$。试求气隙和铁心的磁能之比。

解 根据式（1-2-8）和式（1-2-9），气隙内磁能 $W_{m\delta}$ 和铁心内磁能 W_{mFe} 分别为

$$W_{m\delta} = A\delta w_{m\delta} = \frac{A\delta B^2}{2\mu_0}$$

$$W_{mFe} = Al_{Fe}w_{mFe} = \frac{Al_{Fe}B^2}{2\mu_{Fe}}$$

所以气隙和铁心内磁能之比为

$$\frac{W_{m\delta}}{W_{mFe}} = \frac{\mu_{Fe}\delta}{\mu_0 l_{Fe}} = \frac{1\,000}{100} = 10$$

或

$$\frac{W_{m\delta}}{W_{m\delta} + W_{mFe}} = \frac{10}{10+1} = 91\%$$

由上可知，在相同的磁通密度下，磁能密度的大小反比于介质的磁导率。由于铁磁材料的磁导率是空气的上千倍，所以通常机电装置的总磁能的大部分集中在气隙中。即磁通增长时，装置的大部分磁能储存在磁路的气隙中；当磁通减少时，大部分磁能从气隙中释放出来。铁心内磁能占的比重很小，有时可以忽略不计。这就是我们在讨论耦合场时往往只考虑气隙磁场的缘故。此外，这也是在实践中要增大电抗器容量(增大装置的磁能)的最佳办法——设置气隙。

（三）磁能与磁共能的一般表达式

式（1-2-8）在数学运算中，有时需要用分部积分法化简，即

$$W_m = \int_0^{\psi_1} i\mathrm{d}\psi = i_1\psi_1 - \int_0^{i_1} \psi\mathrm{d}i = i_1\psi_1 - W_m' \qquad (1\text{-}2\text{-}10)$$

式（1-2-10）等号右侧第二项 $W'_m = \int_0^{i_1} \psi \mathrm{d}i$ ，定义为磁共能。

用图解表示时，磁共能为图 1-2-4 中垂直阴影线部分的面积。它与磁能 W_m 的关系是

$$W_m + W'_m = i_1 \psi_1 = F\phi$$

磁共能也是一个状态函数。它没有特定的物理意义，只是在某些情况下引用磁共能可以简化数学运算。

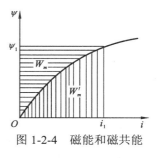

图 1-2-4　磁能和磁共能

当磁路状态是线性时，图 1-2-4 中磁化曲线为直线，此时系统的磁能与磁共能相等，即

$$W_m = W'_m = \frac{1}{2} i_1 \psi_1 = \frac{1}{2} L i_1^2$$

将式（1-2-10）推广到具有 n 个绕组的机电装置，其磁能和磁共能的表达式为

$$\left.\begin{aligned}
W_m &= \int_{0,\cdots,0}^{\psi_1,\cdots,\psi_n} \sum_{j=1}^n i_j \mathrm{d}\psi_j \\
W'_m &= \int_{0,\cdots,0}^{i_1,\cdots,i_n} \sum_{j=1}^n \psi_j \mathrm{d}i_j \\
W_m + W'_m &= \sum_{j=1}^n i_j \psi_j
\end{aligned}\right\} \tag{1-2-11}$$

式（1-2-11）进行积分计算时，因为磁能（或磁共能）是状态函数，为了便于计算，可以令装置的可动部分静止在即时位置，各绕组磁链（或电流）在其余绕组磁链（或电流）都不变的情况下逐个从零增大到终值，并且各个磁链（或电流）到达终值的次序可以任意选定。

当磁路为线性时

$$W_m = W'_m = \frac{1}{2}\sum_{j=1}^n i_j \psi_j = \frac{1}{2}\sum_{j=1}^n i_j \sum_{k=1}^n L_{jk} i_k = \frac{1}{2}\sum_{j=1}^n \sum_{k=1}^n i_j L_{jk} i_k \tag{1-2-12}$$

写成矩阵式为

$$W_m = W'_m = \frac{1}{2} \boldsymbol{i}_t \boldsymbol{L} \boldsymbol{i} \tag{1-2-13}$$

式中：$\boldsymbol{i}$ 为电流矩阵；$\boldsymbol{L}$ 为电感矩阵；$\boldsymbol{i}_t$ 为电流的转置矩阵。分别如下：

$$\boldsymbol{i} = \begin{pmatrix} i_1 \\ i_2 \\ \vdots \\ i_n \end{pmatrix}, \quad \boldsymbol{L} = \begin{pmatrix} L_{11} & L_{12} & \cdots & L_{1n} \\ L_{21} & L_{22} & \cdots & L_{2n} \\ \vdots & \vdots & & \vdots \\ L_{n1} & L_{n2} & \cdots & L_{nn} \end{pmatrix}, \quad \boldsymbol{i}_t = \begin{bmatrix} i_1 & i_2 & \cdots & i_n \end{bmatrix}$$

例 1-2-2　有一单边激励的机电系统，当磁路非饱和时，其 $\psi - i$ 曲线为一直线；当磁路开始饱和时（从 a 点开始），$\psi - i$ 曲线可用另一直线 ab 去近似表示，如图 1-2-5 所示。试求系统的状态达到 a 点和 b 点时磁能和磁共能。

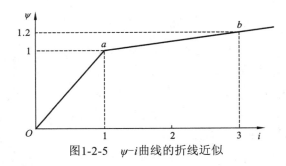

图1-2-5 $\psi-i$曲线的折线近似

解 （1）达到 a 点时的磁能和磁共能在 Oa 区间内，$\psi-i$ 曲线的方程式为 $\psi=i$，于是磁能为

$$W_m = \int_0^{\psi_a} i\mathrm{d}\psi = \int_0^1 \psi\mathrm{d}\psi = 0.5$$

磁共能为

$$W_m' = \int_0^{i_a} \psi\mathrm{d}i = \int_0^1 i\mathrm{d}i = 0.5$$

因为这段 $\psi-i$ 关系为直线，所以磁能等于磁共能。

（2）达到 b 点时在 ab 区间内，$\psi-i$ 曲线的方程式为 $\psi=0.1i+0.9$，于是

$$W_m = \int_0^{\psi_b} i\mathrm{d}\psi = \int_0^{\psi_a} i\mathrm{d}\psi + \int_{\psi_a}^{\psi_b} i\mathrm{d}\psi$$

$$= 0.5 + \int_1^{1.2}(10\psi-9)\mathrm{d}\psi = 0.9$$

$$W_m' = \int_0^{i_b} \psi\mathrm{d}i = \int_0^{i_a} \psi\mathrm{d}i + \int_{i_a}^{i_b} \psi\mathrm{d}i$$

$$= 0.5 + \int_1^3 0.1(i+9)\mathrm{d}i = 2.7$$

可知，b 点的磁共能要比磁能大。

第三节　单边激励的机电装置

本节主要讨论单边激励的机电装置的机电能量转换过程，以及由磁场产生电磁力的情况。以图 1-2-1 所示电磁铁为例，该装置由固定铁心、可动衔铁以及两者之间的气隙组成一个闭合的磁路，并通过套装在固定铁心上的线圈从电源输入电能，当激磁线圈无电流时，由于弹簧力的作用，衔铁与固定铁心之间的气隙具有最大值 $\delta=\delta_{\max}$，衔铁的位移 $x=0$；当线圈通入的电流足够大时，衔铁所受的电磁力克服弹簧力和其他阻力，将使衔铁运动到吸合位置，此时 $\delta=0, x=x_{\max}$。在这个过程中，可从任一瞬时 t_1 的状态 $i=i_1, x=x_1$ 开始，经过时间 Δt，电流变化 Δi，衔铁位移 Δx，到达 $t_2=t_1+\Delta t$，$i_2=i_1+\Delta i$，$x_2=x_1+\Delta x$ 的状态进行研究。其间产生的平均电磁力 $f_{m(\mathrm{av})}$ 使衔铁位移 Δx 所作的机械功 $\Delta W_{mec}=f_{m(\mathrm{av})}\cdot\Delta x$，显然是来源于电源通过耦合磁场传递的能量。

一、磁能产生电磁力的物理概念

设电源电压为 u，电路中的电流为 i，线圈的电阻为 R。在时间 $\mathrm{d}t$ 内，由电源输入的总电能应为 $ui\,\mathrm{d}t$，消耗于电阻的电能为 $i^2 R\mathrm{d}t$。于是在时间 Δt 内，输入耦合场的净电能为

$$\Delta W_{el} = \int_{t_1}^{t_2}\left(ui - i^2 R\right)\mathrm{d}t = -\int_{t_1}^{t_2}ei\,\mathrm{d}t = \int_{\psi_1}^{\psi_2}i\mathrm{d}\psi \qquad （1\text{-}3\text{-}1）$$

式（1-3-1）与磁能表达式（1-2-4）在形式上相似，但是两者的积分路径是不同的。耦合场内能量的输入是通过磁场和线圈内的磁通量发生变化在线圈内产生感应电动势 e 而实现的，也就是说，产生感应电动势 e 是耦合场从电源输入电能的必要条件。式（1-2-4）认为衔铁不动，x 为常量，积分是沿着单一磁化曲线进行的；而式（1-3-1）是衔铁在运动中，不同的瞬间不仅电流在变化，而且衔铁位移 x 也在不断变化，积分是沿着动态 $\psi(i,x)$ 的轨迹进行的。在图 1-3-1 中，设 A 点和 B 点分别为衔铁位移是 x_1 和 x_2 的瞬时工作点，显然从 A 点到 B 点的 $\psi(i,x)$ 变化轨迹已非单一的磁化曲线。下面分别对三种情况进行讨论。

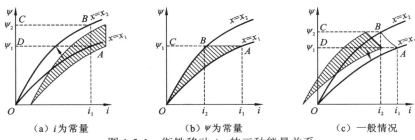

（a）i 为常量　　（b）ψ 为常量　　（c）一般情况

图 1-3-1　衔铁移动 Δx 的三种能量关系

（1）第一种理想情况：Δt 时间内线圈电流为常量。

如图 1-3-1（a）所示，电磁铁工作点由 A 点到 B 点的过渡轨迹可用 $i = i_1$ 的直线段 AB 表示。

A 点磁能 W_{mA} = 面积 OAD；

B 点磁能 W_{mB} = 面积 OBC；

Δt 时间内磁能增量

$$\Delta W_m = W_{mB} - W_{mA} = 面积（OBC - OAD）$$

Δt 时间内输入的净电能

$$\Delta W_{el} = \int_{\psi_1}^{\psi_2}i_1\mathrm{d}\psi = i_1\left(\psi_2 - \psi_1\right) = 面积 ABCD$$

Δt 时间内电磁力所做的机械功

$$\Delta W_{mec} = \Delta W_{el} - \Delta W_m = 面积\left(ABCD + OAD - OBC\right) = 面积 OAB$$

在图 1-3-1（a）中用阴影线表示等于 ΔW_{mec} 面积。在 i=常量的条件下，这部分面积就是耦合磁场 Δt 时间内的磁共能增量 $\Delta W_m'$。

$$f_{m(\mathrm{av})}\cdot\Delta x = \Delta W_{mec} = \Delta W_m'$$

所以可得衔铁在位移 Δx 内受到的平均电磁力为

$$f_{m(\text{av})} = \frac{\Delta W'_m}{\Delta x}\Big|_{i\text{恒定}} \qquad (1\text{-}3\text{-}2)$$

（2）第二种理想情况：Δt 时间内线圈磁链为常量。

如图 1-3-1（b）所示，电磁铁工作点由 A 点到 B 点的过渡轨迹是一条 $\psi = \psi_1$ 的直线段 AB，并且 Δt 时间内输入的净电能 $\Delta W_{el} = 0$。于是，Δt 时间内总机械能为

$$\Delta W_{mec} = \Delta W_{el} - \Delta W_m = -\Delta W_m = W_{mA} - W_{mB} = 面积(OAC - OBC) = 面积 OAB$$

这说明在 ψ 为常量的条件下，机电装置的总机械能，也就是电磁力所做的机械功是耦合磁场释放部分磁能转换而来的，它等于耦合场磁能的负增量。所以平均电磁力为

$$f_{m(\text{av})} = -\frac{\Delta W_m}{\Delta x}\Big|_{\psi\text{恒定}} \qquad (1\text{-}3\text{-}3)$$

（3）第三种情况：Δt 时间内线圈电流和磁链均为变量。

这是一般情况。如图 1-3-1（c）所示，电磁铁工作点由 A 点到 B 点的过渡轨迹既不是与横坐标垂直的直线段，也不是水平直线段，而是取决于电磁铁实际动态情况的一条由 A 点到 B 点的曲线。应用上述同样的方法可求得图 1-3-1（c）中阴影线部分面积 OAB 即为电磁力所做的机械功。

综合上述三种情况，电磁力所做的机械功总是由两条磁化曲线与过渡轨迹所包围的面积来确定。如果取极限使 Δx 趋近于零，那么三种情况下等于机械功的阴影面积 OAB 就趋近于相等，由式（1-3-2）或式（1-3-3）算得的平均电磁力都趋近为衔铁在 x_1 位置上所受电磁力的值。所以把这两式改写成微分形式，电磁力的表达式为

$$f_m = \frac{\partial W'_m}{\partial x}\Big|_{i\text{恒定}} \qquad (1\text{-}3\text{-}4)$$

或

$$f_m = -\frac{\partial W_m}{\partial x}\Big|_{\psi\text{恒定}} \qquad (1\text{-}3\text{-}5)$$

上两式表明电磁力既可用磁共能对 x 的偏导数来计算，也可用磁能对 x 的偏导数来计算。由于衔铁位移 ∂x 趋近于零的极限只是个虚位移，所以可不考虑衔铁运动的速度、i 和 ψ 是如何变化的，应用式（1-3-4）或式（1-3-5）计算将得到同样正确的结果。关于两种表达式的符号相反问题，∂x 为正时意味着气隙减小，对应的磁共能增量 $\partial W'_m$ 为正（i 恒定），磁能增量 ∂W_m 为负（ψ 恒定）。两式结果相同，得到的 f_m 皆为正值，表示 f_m 与 ∂x 同号，都是指向气隙缩小的方向。

二、电磁力的数学推导

下面分析电磁铁衔铁位移 $\mathrm{d}x$ 期间，机电能量转换情况和产生电磁力的结果进行普遍性的数学推导。

（一）用电流 i 和位移 x 作为独立变量

在机电装置机电能量转换过程中，磁能 W_m 及磁链 ψ 都是线圈电流 i 和衔铁位移 x 两

个变量的函数，即 $W_m = W_m(i,x), \psi = \psi(i,x)$。转换过程中，输入的净电能 $\mathrm{d}W_{el}$、磁能增量 $\mathrm{d}W_m$ 和电磁力所做的机械功 $\mathrm{d}W_{mec}$ 分别为

$$\left.\begin{aligned} \mathrm{d}W_{el} &= -ei\mathrm{d}t = i\mathrm{d}\psi = i\frac{\partial\psi}{\partial i}\mathrm{d}i + i\frac{\partial\psi}{\partial x}\mathrm{d}x \\ \mathrm{d}W_m &= \frac{\partial W_m}{\partial i}\mathrm{d}i + \frac{\partial W_m}{\partial x}\mathrm{d}x \\ \mathrm{d}W_{mec} &= f_m\mathrm{d}x \end{aligned}\right\} \tag{1-3-6}$$

代入能量微分平衡式（1-1-3）得

$$\begin{aligned} f_m\mathrm{d}x &= \mathrm{d}W_{el} - \mathrm{d}W_m \\ &= \left(i\frac{\partial\psi}{\partial i}\mathrm{d}i + i\frac{\partial\psi}{\partial x}\mathrm{d}x\right) - \left(\frac{\partial W_m}{\partial i}\mathrm{d}i + \frac{\partial W_m}{\partial x}\mathrm{d}x\right) \\ &= \left(i\frac{\partial\psi}{\partial i} - \frac{\partial W_m}{\partial i}\right)\mathrm{d}i + \left(i\frac{\partial\psi}{\partial x} - \frac{\partial W_m}{\partial x}\right)\mathrm{d}x \end{aligned} \tag{1-3-7}$$

由于 i 和 x 是独立变量，$\mathrm{d}i$ 和 $\mathrm{d}x$ 没有函数关系，等式两边 $\mathrm{d}i$ 项和 $\mathrm{d}x$ 项的系数应分别相等。由此可推得与式（1-3-4）一致的电磁力表达式如下：

$$\begin{aligned} f_m &= i\frac{\partial\psi(i,x)}{\partial x} - \frac{\partial W_m(i,x)}{\partial x} \\ &= \frac{\partial}{\partial x}\left[i\psi(i,x) - W_m(i,x)\right] \\ &= \frac{\partial W_m'(i,x)}{\partial x} \end{aligned} \tag{1-3-8}$$

当磁路为线性时，装置的电感 $L=L(x)$ 仅是衔铁位移 x 的函数，与电流 i 无关。$W_m' = W_m = \frac{1}{2}L(x)i^2$，所以式（1-3-8）可改写为

$$f_m = \frac{\partial W_m(i,x)}{\partial x} = \frac{1}{2}i^2\frac{\partial L(x)}{\partial x} \tag{1-3-9}$$

（二）用磁链 ψ 和位移 x 作为独立变量

此时 $i = i(\psi,x)$，$W_m = W_m(\psi,x)$，式（1-3-4）的各项为

$$\left.\begin{aligned} \mathrm{d}W_{el} &= i\mathrm{d}\psi \\ \mathrm{d}W_m &= \frac{\partial W_m}{\partial \psi}\mathrm{d}\psi + \frac{\partial W_m}{\partial x}\mathrm{d}x \\ \mathrm{d}W_{mec} &= f_m\mathrm{d}x \end{aligned}\right\} \tag{1-3-10}$$

代入能量微分平衡式（1-3-4）得

$$i\mathrm{d}\psi = \frac{\partial W_m}{\partial \psi}\mathrm{d}\psi + \left(\frac{\partial W_m}{\partial x} + f_m\right)\mathrm{d}x$$

等式两边 $\mathrm{d}\psi$ 项和 $\mathrm{d}x$ 项的系数分别相等。所以可推得与式（1-3-5）一致的电磁力表达式如下：

$$f_m = -\frac{\partial W_m(\psi, x)}{\partial x} \tag{1-3-11}$$

对于上述推导强调说明以下三点。

（1）dW_{el} 的表达式表明，由于线圈的磁链变化从而在线圈中产生感应电动势，是耦合磁场从电源输入（或向电源输出）电能的必要条件。磁链可表达为 $\psi = \psi(i, x)$，则感应电动势为

$$e = -\frac{d\psi}{dt} = -\left(\frac{\partial \psi}{\partial i}\frac{di}{dt} + \frac{\partial \psi}{\partial x}\frac{dx}{dt} \right) \tag{1-3-12}$$

在线性系统中，上式可简写为

$$e = -\left[L(x)\frac{di}{dt} + i\frac{dL(x)}{dx}\frac{dx}{dt} \right] \tag{1-3-13}$$

在上两式中，等式右边第一项是由电流变化引起的感应电动势，称为变压器电动势；右边第二项是由可动部件运动和电感随位移变化所引起的电动势，称为运动电动势(它不完全是切割电动势)。运动电动势的存在与否是动态电路与静止电路的主要差别之一。由机械运动引起的运动电动势是机电装置中的一个机电耦合项。

（2）机电装置中的另一个机电耦合项是电磁力。电磁力与运动电动势是机电能量转换的一对机电耦合项。与运动电动势在机电系统中的作用相对应，产生电磁力是耦合磁场向机械系统输出(或从机械系统输入)机械能的必要条件。

电磁力表达式有式（1-3-8）、式（1-3-9）和式（1-3-11），它们被称为虚位移原理（虚功原理）表达式。这些表达式表明，当机电装置的某一部分发生微小位移时（既可以是真位移，也可以是虚位移），例如在恒电流或恒磁链的条件下，整个系统的磁能会随之变化，则该部分上就会受到电磁力的作用。电磁力的大小等于单位微增位移时磁共能的增量（电流约束为常量）或单位微增位移时磁能的增量（磁链约束为常量）；力的方向倾向使线圈自感增大的方向，在恒电流下，则倾向使整个系统的磁能增大的方向，并且只有到 $\frac{\partial W_m}{\partial x} = 0$，即整个系统的磁能达到最大值的位置时，电磁力才等于零。应用关于电磁力的这一物理概念，在解决实际问题时常可迅速地得出正确的判断和一些有用的结论。

（3）电磁式机电装置的机电能量转换过程：当装置的可动部件发生位移时，气隙磁场将发生变化，包括线圈磁链的变化和气隙磁能的变化。磁链的变化引起线圈内感应电动势，通过感应电动势的作用耦合磁场将从电源补充能量；同时，磁能的变化产生电磁力，通过电磁力对外做功使部分磁能释放出来变为机械能。这样，耦合磁场依靠感应电动势和电磁力分别作用于电和机械系统，使电能转换成机械能或反之。

上述机电能量转换的基本原理，虽是从单边激励机电装置得出的，它同样适用于多边激励机电装置。

例 1-3-1　一个电磁铁如图 1-3-2 所示，衔铁 M 和中心铁柱的截面积都为 A，气隙长为 δ，激磁线圈匝数为 N。若接在直

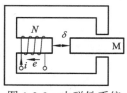

图 1-3-2　电磁铁系统

流电源上电流为 I，若接在交流电源上则线圈的感应电动势 $e=\sqrt{2}E\sin\omega t$。假设铁心磁导率 μ_{Fe} 为 ∞，不计气隙的边缘效应和漏磁，忽略衔铁与固定铁心滑动面的间隙。试对直流和交流两种情况，分别求作用在衔铁上的电磁力 f_m。

解　磁路是线性的，磁导 $\Lambda=\dfrac{\mu_0 A}{\delta}$（$\mu_0=4\pi\times10^{-7}$ H/m）。

（1）接在直流电源上，已知电流 I。磁势

$$F=NI$$

磁能

$$W_m=\frac{1}{2}F^2\Lambda=\frac{(NI)^2\mu_0 A}{2\delta}=W_m(i,\delta)$$

电磁力公式在数学推导中没有限定位移 x 的正方向，所以选用式（1-3-9），并把 x 替换成 δ，则得电磁力为

$$f_m=\frac{\partial W_m(i,\delta)}{\partial\delta}=-\frac{(NI)^2\mu_0 A}{2\delta^2}$$

式中：负号表示衔铁所受的电磁力是倾向使气隙缩小的吸引力。上式可改写为

$$f_m=-\frac{B^2 A}{2\mu_0}$$

或

$$\frac{|f_m|}{A}=\frac{B^2}{2\mu_0}=w_m \tag{1-3-14}$$

即衔铁截面上单位面积所受的电磁力大小等于气隙磁能密度。

（2）接在交流电源上，已知线圈的感应电动势 $e=\sqrt{2}E\sin\omega t$。气隙磁通为

$$\phi=-\frac{1}{N}\int e\,\mathrm{d}t=\frac{\sqrt{2}E}{N\omega}\cos\omega t=\phi_m\cos\omega t=B_m A\cos\omega t$$

磁能为

$$W_m=\frac{\phi^2}{2\Lambda}=\frac{\phi^2\delta}{2\mu_0 A}=W_m(\psi,\delta)$$

可得电磁力

$$f_m=-\frac{\partial W_m(\psi,\delta)}{\partial\delta}=-\frac{\phi^2}{2\mu_0 A}=-\frac{B^2 A}{2\mu_0}$$

该式与式（1-3-14）一致，说明该式是交、直流电磁铁计算电磁力的普遍公式。

忽略不计线圈电阻，$U\approx E$，则

$$f_m=-\frac{A}{2\mu_0}(B_m\cos\omega t)^2$$

$$=-\frac{A}{4\mu_0}B_m^2(1+\cos2\omega t)$$

$$=-\frac{A}{4\mu_0}\left(\frac{\sqrt{2}E}{AN\omega}\right)^2(1+\cos2\omega t)$$

$$\approx-\frac{U^2}{2\mu_0 AN^2\omega^2}(1+\cos2\omega t)$$

可见，交流电磁铁的电磁力 f_m 与 δ 无关，在时间上以两倍电源频率脉动，引起衔铁的振

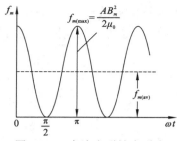

图 1-3-3　交流电磁铁电磁力

动，如图 1-3-3 所示。平均电磁力为

$$f_{m(av)} = -\frac{AB_m^2}{4\mu_0} \approx -\frac{U^2}{2\mu_0 AN^2 w^2}$$

式中：负号表示吸引力方向。

例 1-3-2　一台单相磁阻电动机如图 1-3-4 所示。凸极转子上没有线圈，它的机械角速度为 Ω，在 $t=0$ 时初相角为 δ，任意瞬时的转角 $\theta = \Omega t + \delta$。假设磁路是线性的，定子绕组的自感随 θ 变化为 $L(\theta) = L_0 + L_2 \cos 2\theta$，定子电流 $i = \sqrt{2} I \sin \omega t$。试求该电动机的瞬时电磁转矩和平均转矩。

解　平移的电磁力公式应用于旋转运动，只要用 θ 替代 x，瞬时电磁转矩 T_m 替代 f_m 即可。由于磁路为线性，选用式（1-3-9），改写为 $T_m = \frac{1}{2} i^2 \frac{\partial L(\theta)}{\partial \theta}$，代入已知条件，得瞬时电磁转矩为

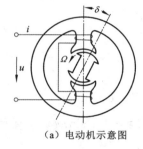

（a）电动机示意图

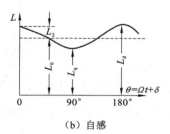

（b）自感

图 1-3-4　单相磁阻电动机

$$T_m = \frac{1}{2}(\sqrt{2} I \sin \omega t)^2 (-2L_2 \sin 2\theta)$$

$$= -2I^2 L_2 \sin 2\theta \sin^2 \omega t = -I^2 L_2 (\sin 2\theta - \sin 2\theta \cos 2\omega t)$$

$$= -I^2 L_2 \left[\sin 2(\Omega t + \delta) - \frac{1}{2} \sin 2(\Omega t + \omega t + \delta) - \frac{1}{2} \sin 2(\Omega t - \omega t + \delta) \right]$$

由上可知，若 $\Omega \neq \omega$，则每个周期的平均电磁转矩 $T_{m(av)} = 0$；只在 $\Omega = \omega$ 时，才有平均电磁转矩为

$$T_{m(av)} = \frac{1}{2} I^2 L_2 \sin 2\delta = \frac{1}{4} I^2 (L_d - L_q) \sin 2\delta$$

式中：L_d 为转子轴线与定子绕组轴线重合时定子的自感，称为直轴电感；L_q 为转子轴线与定子轴线正交时定子的自感，称为交轴电感。$\Omega = \omega$ 时，转子的转速为同步速度。所以磁阻电动机是一种同步电动机，它仅在同步速度且 $L_d \neq L_q$ 时才有平均电磁转矩。这种转矩因为是直轴电感 L_d 与交轴电感 L_q 大小不同所引起，也就是由直轴磁阻与交轴磁阻大小不同所引起，所以称为磁阻转矩，δ 则称为转矩角。由式可知，磁阻转矩与 2δ 角的正弦成正比，其最大值为 $\frac{1}{4} I^2 (L_d - L_q)$。

第四节　双边激励的机电装置

旋转电机是典型的双边激励的机电装置。旋转电机中大多装有多个绕组，这些绕组一般分为两组：一组装在定子上、一组装在转子上。若两组线圈都接通电源就成为定、转子双边激励的机电装置。

图 1-4-1 为一台最简单的双边激励的机电装置。该装置的定、转子各有一个绕组，定、转子绕组的磁链以及气隙磁场的储能随着定、转子电流以及转子位置的不同而变化，由此产生运动电动势和电磁转矩，并完成机电能量的转换。

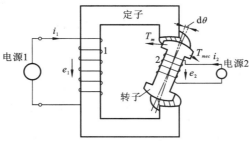

图 1-4-1　双边激励的机电装置

一、感应电动势和电能输入

一般双边激励的机电装置的定、转子磁链既是定子电流 i_1、转子电流 i_2 的函数，又是转子转角 θ 的函数，即

$$\psi_1 = \psi_1(i_1, i_2, \theta); \quad \psi_2 = \psi_2(i_1, i_2, \theta)$$

根据法拉第定律可知，定、转子绕组的感应电动势 e_1 和 e_2 分别为

$$e_1 = -\frac{\mathrm{d}\psi_1}{\mathrm{d}t} = -\left(\frac{\partial\psi_1}{\partial i_1}\frac{\mathrm{d}i_1}{\mathrm{d}t} + \frac{\partial\psi_1}{\partial i_2}\frac{\mathrm{d}i_2}{\mathrm{d}t} + \frac{\partial\psi_1}{\partial\theta}\frac{\mathrm{d}\theta}{\mathrm{d}t}\right) \tag{1-4-1}$$

$$e_2 = -\frac{\mathrm{d}\psi_2}{\mathrm{d}t} = -\left(\frac{\partial\psi_2}{\partial i_1}\frac{\mathrm{d}i_1}{\mathrm{d}t} + \frac{\partial\psi_2}{\partial i_2}\frac{\mathrm{d}i_2}{\mathrm{d}t} + \frac{\partial\psi_2}{\partial\theta}\frac{\mathrm{d}\theta}{\mathrm{d}t}\right) \tag{1-4-2}$$

式中：括号内加法算式中第一和第二项为变压器电动势；第三项则为运动电动势。

对于线性系统，定子绕组和转子绕组的磁链 ψ_1、ψ_2 分别为

$$\psi_1 = L_{11}(\theta)i_1 + L_{12}(\theta)i_2 \tag{1-4-3}$$

$$\psi_2 = L_{21}(\theta)i_1 + L_{22}(\theta)i_2 \tag{1-4-4}$$

式中：$L_{11}(\theta)$、$L_{22}(\theta)$ 分别为定子和转子绕组的自感；$L_{12}(\theta) = L_{21}(\theta)$ 为定、转子绕组之间的互感；在旋转电机中，一般都是转角 θ 的周期性函数。因此式（1-4-1）和式（1-4-2）可改写成如下形式：

$$e_1 = -\left[L_{11}(\theta)\frac{\mathrm{d}i_1}{\mathrm{d}t} + L_{12}(\theta)\frac{\mathrm{d}i_2}{\mathrm{d}t}\right] - \left[i_1\frac{\mathrm{d}L_{11}(\theta)}{\mathrm{d}\theta} + i_2\frac{\mathrm{d}L_{12}(\theta)}{\mathrm{d}\theta}\right]\frac{\mathrm{d}\theta}{\mathrm{d}t} \tag{1-4-5}$$

$$e_2 = -\left[L_{21}(\theta)\frac{\mathrm{d}i_1}{\mathrm{d}t} + L_{22}(\theta)\frac{\mathrm{d}i_2}{\mathrm{d}t}\right] - \left[i_1\frac{\mathrm{d}L_{21}(\theta)}{\mathrm{d}\theta} + i_2\frac{\mathrm{d}L_{22}(\theta)}{\mathrm{d}\theta}\right]\frac{\mathrm{d}\theta}{\mathrm{d}t} \tag{1-4-6}$$

在时间 $\mathrm{d}t$ 内，通过定、转子绕组由电源输入耦合场的净电能 $\mathrm{d}W_{el}$ 应为

$$\mathrm{d}W_{el} = -(e_1 i_1 \mathrm{d}t + e_2 i_2 \mathrm{d}t) = i_1 \mathrm{d}\psi_1 + i_2 \mathrm{d}\psi_2 \tag{1-4-7}$$

在线性情况下可得

$$\mathrm{d}W_{el} = i_1 \mathrm{d}\left[L_{11}(\theta)i_1 + L_{12}(\theta)i_2\right] + i_2 \mathrm{d}\left[L_{21}(\theta)i_1 + L_{22}(\theta)i_2\right] \tag{1-4-8}$$

二、磁能

对于两个具有互感的绕组系统，磁能 W_m 应为

$$W_m = \int_0^{\psi_1} i_1 \mathrm{d}\psi_1 + \int_0^{\psi_2} i_2 \mathrm{d}\psi_2 \tag{1-4-9}$$

对于线性系统可写为

$$W_m = \frac{1}{2}L_{11}(\theta)i_1^2 + L_{12}(\theta)i_1 i_2 + \frac{1}{2}L_{22}(\theta)i_2^2 \tag{1-4-10}$$

在时间 $\mathrm{d}t$ 内，由于电流的变化、转子的偏转所引起的磁场储能的变化 $\mathrm{d}W_m$ 应为

$$\mathrm{d}W_m = \frac{\partial W_m}{\partial i_1}\mathrm{d}i_1 + \frac{\partial W_m}{\partial i_2}\mathrm{d}i_2 + \frac{\partial W_m}{\partial \theta}\mathrm{d}\theta \tag{1-4-11}$$

对于线性系统为

$$\mathrm{d}W_m = \left[L_{11}(\theta)i_1 + L_{12}(\theta)i_2\right]\mathrm{d}i_1 + \left[L_{21}(\theta)i_1 + L_{22}(\theta)i_2\right]\mathrm{d}i_2$$
$$+ \left[\frac{1}{2}i_1^2\frac{dL_{11}}{d\theta} + i_1 i_2\frac{dL_{12}}{d\theta} + \frac{1}{2}i_2^2\frac{dL_{22}}{d\theta}\right]\mathrm{d}\theta \tag{1-4-12}$$

三、电磁转矩和机械功

设在时间 $\mathrm{d}t$ 内，转子转过的角度为 $\mathrm{d}\theta$。若转过 $\mathrm{d}\theta$ 时同时引起磁场储能的变化，则转子上将受到一个电磁转矩 T_m。此时电磁转矩对外加机械转矩所作的机械功 $\mathrm{d}W_{mec}$ 为

$$\mathrm{d}W_{mec} = T_m \mathrm{d}\theta \tag{1-4-13}$$

根据系统的能量关系

$$\mathrm{d}W_{el} = \mathrm{d}W_m + T_m \mathrm{d}\theta$$

在线性情况下，把 $\mathrm{d}W_{el}$ 用式（1-4-8）代入，$\mathrm{d}W_m$ 用式（1-4-12）代入，可得

$$T_m \mathrm{d}\theta = \mathrm{d}W_{el} - \mathrm{d}W_m$$
$$= \left[L_{11}(\theta)i_1 + L_{12}(\theta)i_2\right]\mathrm{d}i_1 + \left[L_{21}(\theta)i_1 + L_{22}(\theta)i_2\right]\mathrm{d}i_2$$
$$+ \left[i_1^2\frac{dL_{11}}{d\theta} + 2i_1 i_2\frac{dL_{12}}{d\theta} + i_2^2\frac{dL_{22}}{d\theta}\right]\mathrm{d}\theta$$
$$- \left[L_{11}(\theta)i_1 + L_{12}(\theta)i_2\right]\mathrm{d}i_1 + \left[L_{21}(\theta)i_1 + L_{22}(\theta)i_2\right]\mathrm{d}i_2$$
$$- \left[\frac{1}{2}i_1^2\frac{dL_{11}}{d\theta} + i_1 i_2\frac{dL_2}{d\theta} + \frac{1}{2}i_2^2\frac{dL_{22}}{d\theta}\right]\mathrm{d}\theta$$

$$= \left[\frac{1}{2}i_1^2 \frac{dL_{11}}{d\theta} + i_1 i_2 \frac{dL_{12}}{d\theta} + \frac{1}{2}i_2^2 \frac{dL_{22}}{d\theta} \right] d\theta$$

从上式可知，输入电能中对应于 di_1 和 di_2 的部分，恰好被磁场储能变化中相应的部分所抵消；也就是电流的微分变化对电磁转矩不产生作用。由此可得

$$T_m = \frac{1}{2}i_1^2 \frac{dL_{11}}{d\theta} + i_1 i_2 \frac{dL_{12}}{d\theta} + \frac{1}{2}i_2^2 \frac{dL_{22}}{d\theta} \tag{1-4-14}$$

式中：等式右侧第一项和第三项是由定、转子的自感系数随转角 θ 的变化所引起，是磁阻转矩，它与单边激励时的情况相类似；第二项是由定、转子电流和互感的相互作用所产生，称为主电磁转矩。主电磁转矩是定、转子双边激励的机电系统的特点，它是旋转电机电磁转矩中的主要部分。

式（1-4-14）可写为

$$T_m = \frac{\partial W_m(i_1, i_2, \theta)}{\partial \theta} \tag{1-4-15}$$

上式说明，电磁转矩等于单位微增转角时磁场储能的增量，电磁转矩的方向是在恒电流下磁能储能增加的方向。

对非线性系统

$$T_m d\theta = dW_{el} - dW_m$$
$$= i_1 d\psi_1 + i_2 d\psi_2 - \left(\frac{\partial W_m}{\partial i_1} di_1 + \frac{\partial W_m}{\partial i_2} di_2 + \frac{\partial W_m}{\partial \theta} d\theta \right) \tag{1-4-16}$$

由于

$$d\psi_1 = \frac{\partial \psi_1}{\partial i_1} di_1 + \frac{\partial \psi_1}{\partial i_2} di_2 + \frac{\partial \psi_1}{\partial \theta} d\theta$$

$$d\psi_2 = \frac{\partial \psi_2}{\partial i_1} di_1 + \frac{\partial \psi_2}{\partial i_2} di_2 + \frac{\partial \psi_2}{\partial \theta} d\theta$$

所以

$$T_m d\theta = \left(i_1 \frac{\partial \psi_1}{\partial i_1} + i_2 \frac{\partial \psi_2}{\partial i_1} - \frac{\partial W_m}{\partial i_1} \right) di_1 + \left(i_1 \frac{\partial \psi_1}{\partial i_2} + i_2 \frac{\partial \psi_2}{\partial i_2} - \frac{\partial W_m}{\partial i_2} \right) di_2$$
$$+ \left(i_1 \frac{\partial \psi_1}{\partial \theta} + i_2 \frac{\partial \psi_2}{\partial \theta} - \frac{\partial W_m}{\partial \theta} \right) d\theta \tag{1-4-17}$$

式中

$$\frac{\partial W_m}{\partial i_1} = i_1 \frac{\partial \psi_1}{\partial i_1} + i_2 \frac{\partial \psi_2}{\partial i_1}$$

$$\frac{\partial W_m}{\partial i_2} = i_1 \frac{\partial \psi_1}{\partial i_2} + i_2 \frac{\partial \psi_2}{\partial i_2}$$

因此在非线性情况下，电磁转矩 T_m 应为

$$T_m = i_1 \frac{\partial \psi_1}{\partial \theta} + i_2 \frac{\partial \psi_2}{\partial \theta} - \frac{\partial W_m(i_1, i_2, \theta)}{\partial \theta} \tag{1-4-18}$$

双边激励时，除电磁转矩中出现主电磁转矩之外，机电能量转换与单边激励相类似。

例 1-4-1 一个双边激励的机电装置示意图如图 1-4-2 所示，两个电端口的伏安特性已知为

$$u_1 = 2ai_1\frac{\mathrm{d}i_1}{\mathrm{d}t} + \frac{\mathrm{d}\left[b(x)i_2\right]}{\mathrm{d}t}$$

$$u_2 = 2ci_2\frac{\mathrm{d}i_2}{\mathrm{d}t} + \frac{\mathrm{d}\left[b(x)i_1\right]}{\mathrm{d}t}$$

式中：a 和 c 是正的实常数；$b(x)$ 是 x 的单值函数。求：（1）装置的磁共能和磁能；（2）用 i_1, i_2 和 x 作为独立变量表达的电磁力。

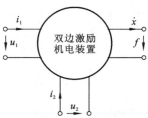

图 1-4-2 双边激励机电装置示意图

解 （1）两个电端口伏安特性可改写为

$$u_1 = \frac{\mathrm{d}\left[ai_1^2 + b(x)i_2\right]}{\mathrm{d}t} = \frac{\mathrm{d}\psi_1}{\mathrm{d}t}$$

$$u_2 = \frac{\mathrm{d}\left[ci_2^2 + b(x)i_1\right]}{\mathrm{d}t} = \frac{\mathrm{d}\psi_2}{\mathrm{d}t}$$

由此可得装置中两个绕组的 $\psi - i$ 关系为

$$\psi_1 = ai_1^2 + b(x)i_2$$
$$\psi_2 = ci_2^2 + b(x)i_1$$

应用式（1-2-11）计算磁共能。先令 $i_2 = 0$，使 i_1 从零增到终值，然后保持 i_1 不变，使 i_2 从零增到终值。即

$$\begin{aligned}
W_m'\left(i_1, i_2, x\right) &= \int_{0,0}^{i_1,0}\psi_1\mathrm{d}i_1 + \int_{i_1,0}^{i_1,i_2}\psi_2\mathrm{d}i_2 \\
&= \int_0^{i_1}ai_1^2\mathrm{d}i_1 + \int_0^{i_2}\left[ci_2^2 + b(x)i_1\right]\mathrm{d}i_2 \\
&= \frac{1}{3}ai_1^3 + \frac{1}{3}ci_2^3 + b(x)i_1i_2
\end{aligned}$$

则

$$\begin{aligned}
W_m &= i_1\psi_1 + i_2\psi_2 - W_m' \\
&= i_1\left[ai_1^2 + b(x)i_2\right] + i_2\left[ci_2^2 + b(x)i_1\right] - \left[\frac{1}{3}ai_1^3 + \frac{1}{3}ci_2^3 + b(x)i_1i_2\right] \\
&= \frac{2}{3}ai_1^3 + \frac{2}{3}ci_2^3 + b(x)i_1i_2
\end{aligned}$$

可见由于 $\psi - i$ 关系非线性，从而 $W_m \neq W_m'$，装置是非线性装置。

（2）电磁力为

$$f_m = \frac{\partial W_m'(i_1, i_2, x)}{\partial x} = i_1 i_2 \frac{\mathrm{d}b(x)}{\mathrm{d}x}$$

第五节　多边激励机电装置的电磁转矩

各种机电装置的机电能量转换机理是共通的。推广应用可以解决多边激励机电装置的许多问题。本节以具有 n 边激励的一般的旋转机电装置为模型，只对电磁转矩表达式给予必要的扩充。

选用电流 $i_1, i_2, \cdots, i_n$ 和转角 θ 为独立变量时，则 $W_m' = W_m'(i_1, i_2, \cdots, i_n, \theta)$，能量微分平衡式中各项可写成

$$\mathrm{d}W_{el} = \sum_{j=1}^{n} i_j \mathrm{d}\psi_j = \mathrm{d}\sum_{j=1}^{n} i_j \psi_j - \sum_{j=1}^{n} \psi_j \mathrm{d}i_j$$

$$\mathrm{d}W_m = \mathrm{d}\sum_{j=1}^{n} i_j \psi_j - \mathrm{d}W_m' = \mathrm{d}\sum_{j=1}^{n} i_j \psi_j - \left(\sum_{j=1}^{n} \frac{\partial W_m'}{\partial i_j} \mathrm{d}i_j + \frac{\partial W_m'}{\partial \theta} \mathrm{d}\theta \right)$$

$$\mathrm{d}W_{mec} = T_m \mathrm{d}\theta$$

故

$$\sum_{j=1}^{n} \frac{\partial W_m'}{\partial i_j} \mathrm{d}i_j + \frac{\partial W_m'}{\partial \theta} \mathrm{d}\theta = \sum_{j=1}^{n} \psi_j \mathrm{d}i_j + T_m \mathrm{d}\theta$$

考虑到等式两边同一独立变量微分项的系数相等，即得电磁转矩普遍公式为

$$T_m = \frac{\partial W_m'(i_1, i_2, \cdots, i_n, \theta)}{\partial \theta} \tag{1-5-1}$$

或

$$T_m = \sum_{j=1}^{n} i_j \frac{\partial \psi_j(i_1, i_2, \cdots, i_n, \theta)}{\partial \theta} - \frac{\partial W_m(i_1, i_2, \cdots, i_n, \theta)}{\partial \theta}$$

选用磁链 $\psi_1, \psi_2, \cdots, \psi_n$ 和转角 θ 为独立变量时，仿照式（1-3-11）推导可得电磁转矩普遍公式的另一形式为

$$T_m = -\frac{\partial W_m(\psi_1, \psi_2, \cdots, \psi_n, \theta)}{\partial \theta} \tag{1-5-2}$$

或

$$T_m = \frac{\partial W_m'(\psi_1, \psi_2, \cdots, \psi_n, \theta)}{\partial \theta} - \sum_{j=1}^{n} \psi_j \frac{\partial i_j(\psi_1, \psi_2, \cdots, \psi_n, \theta)}{\partial \theta}$$

若磁路为线性时，可得

$$T_m = \frac{1}{2} \sum_{j=1}^{n} \sum_{k=1}^{n} i_j i_k \frac{\partial L_{jk}}{\partial \theta} \tag{1-5-3}$$

将上式写成矩阵形式为

$$T_m = \frac{1}{2} \boldsymbol{i}_t \frac{\partial \boldsymbol{L}}{\partial \theta} \boldsymbol{i} \tag{1-5-4}$$

有关机电装置电磁转矩的普遍公式归纳于表 1-5-1。

表 1-5-1　有关机电装置电磁转矩的普遍公式

项目		非线性情况	线性情况
磁能		$$W_m = \int_{0,\cdots,0}^{\psi_1,\cdots,\psi_n} \sum_{j=1}^{n} i_j \mathrm{d}\psi_j$$	
磁共能		$$W'_m = \int_{0,\cdots,0}^{i_1,\cdots,i_n} \sum_{j=1}^{n} \psi_j \mathrm{d}i_j \\ = \sum_{j=1}^{n} i_j \psi_j - W_m$$	$$W_m = W'_m \\ = \frac{1}{2}\sum_{j=1}^{n}\sum_{k=1}^{n} i_j i_k L_{jk} = \frac{1}{2} i_t L i$$
能量微分平衡式		$$\sum_{j=1}^{n} i_j \mathrm{d}\psi_j = \mathrm{d}W_m + T_m \mathrm{d}\theta$$	
电磁转矩	独立变量为 i,θ	$$T_m = \frac{\partial W'_m}{\partial \theta}$$	$$T_m = \frac{1}{2}\sum_{j=1}^{n}\sum_{k=1}^{n} i_j i_k \frac{\partial L_{jk}}{\partial \theta} = \frac{1}{2} i_t \frac{\partial L}{\partial \theta} i$$
	独立变量为 ψ,θ	$$T_m = -\frac{\partial W_m}{\partial \theta}$$	

式（1-5-1）和式（1-5-2）都是机电装置电磁转矩的普遍公式，可得相同的计算结果。当独立变量选用 i 和 θ 时，应用式（1-5-1）计算 T_m 比较方便；若选用 ψ 和 θ 作为独立变量时，则用式（1-5-2）计算 T_m 比较方便。

平移的机电装置与旋转的机电装置具有相似性。所以，用平移的 x 和 f_m 替换旋转的 θ 和 T_m，可以将电磁转矩普遍公式改变为成电磁力普遍公式。

在电磁转矩普遍公式中，磁能 W_m 或磁共能 W'_m 对 θ 求偏导数时，视 ψ 或 i 为常量，这仅是独立变量选择所带来的数学制约，并不涉及实际端口的电的制约(例如电源电压的变化规律等)，因此这不影响公式的普遍性。

第六节　电场为耦合场的机电装置

与磁场类似，电场也可作为机电装置的耦合场。以平板式电容器为例，当电容的两个极板上分别充正、负电荷 q 时，极板之间将形成电场，并有一定的储能。若电容为线性，则电场储能 W_e 应为

$$W_e = \frac{1}{2}\frac{q^2}{C} = \frac{1}{2}Cu^2 \tag{1-6-1}$$

式中：u 为电容两端的电压。

若整个装置由两组极板组成，一组极板固定，另一组极板活动；定片和动片之间接上交流电压 u，则动片就可能旋转。这就是一台最简单的静电式电动机，如图 1-6-1 所示。

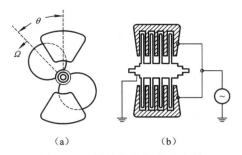

图 1-6-1　最简单的静电式电机

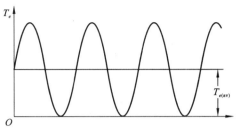

图 1-6-2　静电式电机的转矩 T_e

一、电场力产生的转矩

与用磁场作为耦合场的机电装置相类似，利用虚位移法和能量守恒原理可推出由电场力产生的转矩 T_e 为

$$T_e = \frac{\partial W_e(u,\theta)}{\partial \theta} = \frac{1}{2}u^2\frac{\partial C}{\partial \theta} \tag{1-6-2}$$

T_e 的方向为倾使电容增加的方向。

图 1-6-2 表示电源电压 u 随时间变化，电容 C 随转角 θ 作正弦变化，动片的角速度达到与电源的角频率 ω 同步（即 $\theta = \omega t$）时，T_e 随时间的变化曲线。不难看出，此时转矩 T_e 有一平均值 $T_{e(av)}$，所以动片可转动起来。

二、电磁式电机与静电式电机的比较

要进行机电能量转换，必须有储存能量的耦合场。耦合场既可以是磁场，也可以是电场。一般来讲以磁场作为耦合场的电磁式电机是大电流的电机；以电场作为耦合场的静电式电机则是高电压电机。由于单位体积内可以得到的磁场储能量比电场储能量要大得多，且磁性材料和导线相对来讲成本要低，所以目前实践中作为机电能量转换用的旋转电机大多数均为电磁式电机。

图 1-6-3（a）所示为一个简单的电磁式机电装置的磁路。若气隙磁感强度为 B，则作用在铁心表面单位面积的磁场力 $\dfrac{f_m}{A}$ 应为

$$\frac{f_m}{A} = \frac{1}{2}\frac{B^2}{\mu_0} \tag{1-6-3}$$

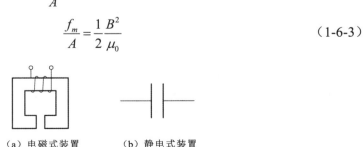

（a）电磁式装置　　（b）静电式装置

图 1-6-3　空气内单位体积电场储能和磁场储能

若气隙磁感应强度为 0.8 T，则

$$\frac{f_m}{A} = \frac{1}{2}\frac{0.8^2}{4\pi \times 10^{-7}} = 2.55 \times 10^5 \text{ N/m}^2$$

或单位体积的磁能为 2.55×10^5 J/m³，这是旋转电机定、转子表面径向电磁力和单位体积内气隙磁场储能的典型数据。

图 1-6-3（b）表示一个简单的静电式机电装置的等效电路。若耦合场为电场，电场强度为 E，则作用在单位面积上的电场力 $\frac{f_e}{A}$ 为

$$\frac{f_e}{A} = \frac{1}{2}\varepsilon E^2 \tag{1-6-4}$$

若以空气作为介质，在标准大气压下，空气所能忍受的最大电场强度为 3×10^6 N/C，空气的介电常数 $\varepsilon_0 = 8.85 \times 10^{-12}$ F/m，于是

$$\frac{f_e}{A} = \frac{1}{2} \times 8.85 \times 10^{-12} \times \left(3 \times 10^6\right)^2 = 39.8 \text{ N/m}^2$$

或单位体积的最大电场储能为 39.8 J/m³。两者相比，单位体积的磁能要比电场储能大6 000 倍以上。

习 题 一

1. 什么是保守力和状态函数？

2. 什么是磁共能。磁能和磁共能有什么关系？

3. 为什么说磁能、磁共能和电磁力是状态函数？

4. 电力电抗器的铁心具有适当的气隙，这是为什么？试说明其理由。

5. 试写出机电装置的电磁转矩普遍公式。为什么用磁共能或磁能计算电磁转矩的公式相差一个负号？

6. 考虑单边激励机电装置的情况，应用数学演算公式，直接从 $f_m = \dfrac{\partial W_m'(i,x)}{\partial x}$ 推导出 $f_m = -\dfrac{\partial W_m(\psi,x)}{\partial x}$。说明这两式是一致的。

7. 试比较静电式和电磁式旋转电机的主要特点和实用性。

8. 题图 1-1 为起吊电磁铁，设铁心磁导率为无穷大，铁心截面积 $A = 1.44 \times 10^3$ m²，气隙长 $\delta = 0.5$ cm，气隙磁通密度 $B_\delta = 0.5$ T。不计漏磁和边缘效应。试求此时起吊电磁铁的吸力。

9. 一个磁路为线性的电磁铁如题图 1-2 所示。当气隙长 $\delta = 0.8$ cm 时，激磁线圈的自感 $L = 2$ H。如果线圈导通 2 A 直流电，忽略线圈电阻和机械摩擦阻力，不计漏磁、边缘效应和滑动间隙。试求：（1）$\delta = 0.8$ cm 时的磁能；（2）$\delta = 0.8$ cm 时衔铁所受的电磁力；（3）衔铁从 $\delta = 0.8$ cm 移动到 $\delta = 1.4$ cm 外力所做的机械功。

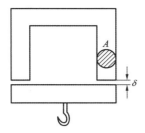

题图 1-1　习题 8 的起吊电磁铁

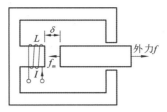

题图 1-2　习题 9 的电磁铁

10. 有一电磁铁如题图 1-3 所示。中间铁心柱与衔铁的宽都为 4 cm，四周铁轭宽为 2 cm，衔铁与铁轭之间的滑动间隙每边为 0.02 cm，铁心与衔铁的截面皆为矩形，其厚皆为 4 cm。已知激磁线圈的匝数为 1 000，通入 3 A 直流电流。不记漏磁，设 $\mu_{Fe} = \infty$。试求：（1）衔铁缓慢运动，使气隙 δ 从 1 cm 缩小到 0.2 cm，其间电磁力所做的机械功；（2）不计电阻损耗，在上述情况下线圈从电源吸收的能量。

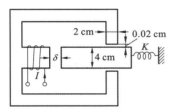

题图 1-3　习题 10 的电磁铁

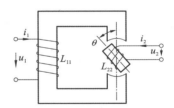

题图 1-4　习题 11 的双边激励机电装置

11. 题图 1-4 为双边激励机电装置。已知 $L_{11} = L_{22} = L_0 + L_2 \cos 2\theta$，$L_{12} = L_{21} = M \cos \theta$，$u_1 = u_2 = U \sin \omega t$，磁路是线性的，不计绕组电阻。试导出它的电磁转矩 $T_m(\theta, t)$ 表达式。

12. 有一台双边激励的两极电机，绕组电阻忽略不计，定子绕组的自感 $L_{11} = 2.25$ H，转子绕组的自感 $L_{22} = 1$ H，两绕组的互感 $M = 1.5 \cos \theta$ H，其中 θ 为定、转子绕组轴线间的夹角。试求：（1）两绕组串联，通入电流 $i = \sqrt{2} \sin \omega t$ 时，作用在转子上的瞬时电磁转矩 $T_m(\theta, t)$ 和平均电磁转矩 $T_{m(av)}(\theta)$；（2）转子被卡住不动，转子绕组短路，定子绕组通入电流 $i_1 = 20 \sin \omega t$ A 时，作用在转子上的瞬时电磁转矩 $T_m(\theta, t)$ 和平均电磁转矩 $T_{m(av)}(\theta)$。

第二章

旋转电机机电能量转换条件

第一章以动铁换能器作为电磁式机电装置的模型，它的原理简单、概念清晰；但不便于进行机电能量持续转换。实践证明，旋转电机最适合于机电能量持续转换，改变转子的位置不会引起气隙变化，而且转子没有最终位置，所以旋转电机作为机电能量持续转换装置被广泛应用于各个领域。

《电机学》（刘慧娟，机械工业出版社，2021）从已有的电机结构出发，分别对直流电机、异步电机和同步电机三大旋转电机进行了稳态运行分析。本章将系统分析讨论电机(即电磁式旋转电机)中机电能量转换的条件，尤其是电机中电流的频率约束。这将有助于我们掌握机电能量转换的内在机理。

第一节 旋转电机的功率平衡

一般化旋转电机的定子有 m 个绕组，转子有 n 个绕组，磁路线性，各物理量的正方向按电动机惯例。因为电机每个绕组电路的电压方程都是外施电压与绕组电阻压降和感应电动势的平衡式，感应电动势又可分解为变压器电动势和运动电动势两部分，所以电机电压方程的矩阵表达式为

$$\begin{aligned} \boldsymbol{u} &= \boldsymbol{R}\boldsymbol{i} + \frac{\mathrm{d}}{\mathrm{d}t}(\boldsymbol{L}\boldsymbol{i}) \\ &= \boldsymbol{R}\boldsymbol{i} + \boldsymbol{L}\frac{\mathrm{d}\boldsymbol{i}}{\mathrm{d}t} + \frac{\partial \boldsymbol{L}}{\partial \theta}\Omega\boldsymbol{i} \\ &= \boldsymbol{R}\boldsymbol{i} + \boldsymbol{L}\frac{\mathrm{d}\boldsymbol{i}}{\mathrm{d}t} + \boldsymbol{E}_\Omega \end{aligned} \qquad (2\text{-}1\text{-}1)$$

式中：$\boldsymbol{u}$、$\boldsymbol{I}$、$\boldsymbol{R}$ 和 $\boldsymbol{L}$ 分别为电机的电压、电流、电阻和电感矩阵；θ 为机械转角；Ω 为机械角速度；$\boldsymbol{E}_\Omega$ 则是运动电动势矩阵，为

$$\boldsymbol{E}_\Omega = \frac{\partial \boldsymbol{L}}{\partial \theta}\Omega\boldsymbol{i} \qquad (2\text{-}1\text{-}2)$$

电机的转矩方程在忽略转轴的扭转变形时，电磁转矩 T_m 与转子上承受的外加机械转矩 T_{mec}、惯性转矩 T_j 和阻力转矩 T_n 的平衡式，即

$$T_m = T_{mec} + T_j + T_n = T_{mec} + J\frac{\mathrm{d}^2\theta}{\mathrm{d}t^2} + R_\Omega\frac{\mathrm{d}\theta}{\mathrm{d}t} \qquad (2\text{-}1\text{-}3)$$

式中：J 为转子的转动惯量；R_Ω 为旋转阻力系数，可近似为常量。按式（1-5-3）电磁转矩为

$$T_m = \frac{1}{2}\boldsymbol{i}_t\frac{\partial \boldsymbol{L}}{\partial \theta}\boldsymbol{i} \qquad (2\text{-}1\text{-}4)$$

上式等式两边同乘以 Ω，得

$$T_m\Omega = \frac{1}{2}\boldsymbol{i}_t\frac{\partial \boldsymbol{L}}{\partial \theta}\boldsymbol{i}\Omega = \frac{1}{2}\boldsymbol{i}_t\boldsymbol{E}_\Omega \qquad (2\text{-}1\text{-}5)$$

该式表明，耦合磁场通过运动电动势从电系统吸收的电功率，其一半转换为电磁转矩所做的机械功率。

式（2-1-1）两边均左乘以电流的转置矩阵 i_t，得电机的功率平衡式为

$$\underbrace{i_t u}_{\text{输入电功率}} = \underbrace{i_t Ri}_{\text{电阻损耗}} + \underbrace{i_t L \frac{di}{dt} + i_t E_\Omega}_{\text{进入耦合场的功率}} \qquad (2\text{-}1\text{-}6)$$

$$= \underbrace{i_t Ri}_{\text{电阻损耗}} + \underbrace{i_t L \frac{di}{dt} + \frac{1}{2} i_t E_\Omega}_{\text{磁能增量的功率}} + \underbrace{\frac{1}{2} i_t E_\Omega}_{\text{机械功率}}$$

式（2-1-6）可知，电机在机电能量转换中，转化为磁能增量的功率是由两部分组成：一部分是运动电动势引起的与机械功率数值相等的功率；另一部分是由变压器电动势引起的输入磁场的功率。忽略不计介质损耗，则电机稳态运行时，在一个周期内使磁能增量的功率的平均值必须为零，即

$$\left(i_t L \frac{di}{dt} + \frac{1}{2} i_t E_\Omega \right)_{\text{av}} = 0 \qquad (2\text{-}1\text{-}7)$$

同时，机电能量持续转换中机械功率必须有平均值，故

$$-\left(i_t L \frac{di}{dt} \right)_{\text{av}} = \left(\frac{1}{2} i_t E_\Omega \right)_{\text{av}} = (T_m \Omega)_{\text{av}} \neq 0 \qquad (2\text{-}1\text{-}8)$$

这表明当电机所有绕组的电流都是直流时，$\frac{di}{dt} = 0$ 就不可能获得持续的机电能量转换。

可见，旋转电机要进行持续机电能量转换，除了要满足机电能量转换的基本条件：存在耦合磁场，有一对机电耦合项运动电动势和电磁转矩，转子转速不等于零外，还必须至少有一个电机绕组通交流电，这是旋转电机机电能量持续转换的必要条件之一。它的实质是：对于一个没有稳态感应电动势的直流电系统，耦合磁场是无法持续向它吸收（或输出）电能的。

第二节　旋转电机的电磁转矩

电磁转矩是进行机电能量转换的一个重要物理量。本节从 $T_m = -\dfrac{\partial W}{\partial \theta_m}$ 出发，分别用动态电路观点和场的观点导出旋转电机电磁转矩的通用公式。

一、动态电路观点

第一章分析了单边激励和双边激励的机电系统中的电磁转矩。对于定子和转子上共装有 N 个绕组（定子有 m 个绕组，转子有 n 个绕组，$m+n=N$）的旋转电机，设系统为线性，则整个系统的磁共能 W_m' 为

$$W_m' = \frac{1}{2} \sum_{j=1}^{N} \sum_{k=1}^{N} L_{jk} i_j i_k = \frac{1}{2} i_t Li \qquad (2\text{-}2\text{-}1)$$

式中：i 表示电机的电流矩阵，i_t 为 i 的转置矩阵；L 表示电机的电感矩阵。

$$i = \begin{bmatrix} i_1 \\ i_2 \\ \vdots \\ \vdots \\ i_N \end{bmatrix}; \quad L = \begin{bmatrix} L_{11} & L_{12} & \cdots & \vdots & \cdots & L_{1N} \\ L_{21} & L_{22} & \cdots & \vdots & \cdots & L_{2N} \\ \vdots & \vdots & & \vdots & & \vdots \\ \cdots & \cdots & \cdots & \cdots & \cdots & \cdots \\ \vdots & \vdots & & \vdots & & \vdots \\ L_{N_1} & L_{N_2} & \cdots & \vdots & \cdots & L_{NN} \end{bmatrix} \tag{2-2-2}$$

于是电磁转矩 T_m 应为

$$T_m = \frac{\partial W_m'(i, \theta_m)}{\partial \theta_m} = p \frac{\partial W_m'(i, \theta)}{\partial \theta}$$
$$= \frac{1}{2} p \left(i_t \frac{\partial L}{\partial \theta} i \right) \tag{2-2-3}$$

把电流矩阵分成定子电流矩阵 i_s 和转子电流矩阵 i_r，电感矩阵分成定子电感矩阵 L_s、转子电感矩阵 L_r 和定、转子互感矩阵 L_{sr}、L_{rs}，式（2-2-2）可化为

$$i = \begin{bmatrix} i_s \\ \cdots \\ i_r \end{bmatrix}, \quad L = \begin{bmatrix} L_s & L_{sr} \\ \hline L_{rs} & L_r \end{bmatrix} \tag{2-2-4}$$

则式（2-2-3）可改写成

$$T_m = \frac{1}{2} p \begin{bmatrix} i_{st} & i_{rt} \end{bmatrix} \begin{bmatrix} \dfrac{\partial L_s}{\partial \theta} & \dfrac{\partial L_{sr}}{\partial \theta} \\ \dfrac{\partial L_{rs}}{\partial \theta} & \dfrac{\partial L_r}{\partial \theta} \end{bmatrix} \begin{bmatrix} i_s \\ i_r \end{bmatrix} \tag{2-2-5}$$

$$= \frac{1}{2} p \left(i_{st} \frac{\partial L_s}{\partial \theta} i_s + i_{st} \frac{\partial L_{sr}}{\partial \theta} i_r + i_{rt} \frac{\partial L_{rs}}{\partial \theta} i_s + i_{rt} \frac{\partial L_r}{\partial \theta} i_r \right)$$

下面分隐极和凸极电机两种情况来研究。

（一）隐极电机动态电路分析

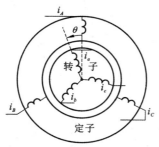

图 2-2-1　隐极对称三相电机示意图

转子为隐极（即气隙均匀），定、转子上分别装有对称三相绕组（$m = n = 3$）的对称三相电机，如图 2-2-1 所示。

定、转子电流矩阵 i_s 和 i_r，分别为

$$i_s = \begin{bmatrix} i_A \\ i_B \\ i_C \end{bmatrix}; \quad i_r = \begin{bmatrix} i_a \\ i_b \\ i_c \end{bmatrix} \tag{2-2-6}$$

定子和转子的电感矩阵 L_s 和 L_r 分别为

$$L_s = \begin{bmatrix} L_{AA} & L_{AB} & L_{AC} \\ L_{BA} & L_{BB} & L_{BC} \\ L_{CA} & L_{CB} & L_{CC} \end{bmatrix}; \quad L_r = \begin{bmatrix} L_{aa} & L_{ab} & L_{ac} \\ L_{ba} & L_{bb} & L_{bc} \\ L_{ca} & L_{cb} & L_{cc} \end{bmatrix} \tag{2-2-7}$$

式（2-2-7）中，对角线分别为定子和转子各相的自感，其他则分别为定子两个绕组或转子两个绕组间的互感。由于气隙均匀，所以定子和转子绕组的自感以及定子绕组间的互感和转子绕组间的互感均为常值，与转子的位置无关。由于定子和转子绕组为对称三相绕组，即每相的有效匝数相等，绕组的轴线在圆周空间互相相差 120° 电角度，故

$$L_{AA} = L_{BB} = L_{CC} = L_s$$
$$L_{AB} = L_{BA} = L_{BC} = L_{CB} = L_{CA} = L_{AC} = -M_s$$
（2-2-8）

$$L_{aa} = L_{bb} = L_{cc} = L_r$$
$$L_{ab} = L_{ba} = L_{bc} = L_{cb} = L_{ca} = L_{ac} = -M_r$$
（2-2-9）

于是式（2-2-7）可写为

$$\boldsymbol{L}_s = \begin{bmatrix} L_s & -M_s & -M_s \\ -M_s & L_s & -M_s \\ -M_s & -M_s & L_s \end{bmatrix}; \quad \boldsymbol{L}_r = \begin{bmatrix} L_r & -M_r & -M_r \\ -M_r & L_r & -M_r \\ -M_r & -M_r & L_r \end{bmatrix}$$
（2-2-10）

定子绕组和转子绕组间的互感子矩阵 $\boldsymbol{L}_{sr}$、$\boldsymbol{L}_{rs}$ 为

$$\boldsymbol{L}_{sr} = \begin{bmatrix} L_{Aa} & L_{Ab} & L_{Ac} \\ L_{Ba} & L_{Bb} & L_{Bc} \\ L_{Ca} & L_{Cb} & L_{Cc} \end{bmatrix}; \quad \boldsymbol{L}_{rs} = \begin{bmatrix} L_{aA} & L_{aB} & L_{ac} \\ L_{bA} & L_{bB} & L_{bC} \\ L_{cA} & L_{cB} & L_{cC} \end{bmatrix}$$
（2-2-11）

若定子和转子绕组所产生的磁场均为正弦分布，则定子绕组与转子绕组间的互感将随两绕组轴线间夹角的余弦变化。设定子 A 相绕组与转子 a 相绕组的轴线重合时互感为 M_{sr}，则当该两绕组轴线间的夹角为 θ 时，其互感为

$$L_{Aa} = L_{aA} = L_{Bb} = L_{bB} = L_{Cc} = L_{cC} = M_{sr}\cos\theta$$
$$L_{Ab} = L_{bA} = L_{Bc} = L_{cB} = L_{Ca} = L_{aC} = M_{sr}\cos(\theta+120°)$$
$$L_{Ac} = L_{cA} = L_{Ba} = L_{aB} = L_{Cb} = L_{bC} = M_{sr}\cos(\theta-120°)$$
（2-2-12）

故式（2-2-11）可改写为

$$\boldsymbol{L}_{sr} = M_{sr} \begin{bmatrix} \cos\theta & \cos(\theta+120°) & \cos(\theta-120°) \\ \cos(\theta-120°) & \cos\theta & \cos(\theta+120°) \\ \cos(\theta+120°) & \cos(\theta-120°) & \cos\theta \end{bmatrix} = \boldsymbol{L}_{rs(t)}$$
（2-2-13）

根据式（2-2-5），并考虑到 $\dfrac{\partial \boldsymbol{L}_s}{\partial\theta} = \dfrac{\partial \boldsymbol{L}_r}{\partial\theta} = [0]$，则电磁转矩应为

$$\begin{aligned} T_m &= \frac{1}{2}p\left(\boldsymbol{i}_{st}\frac{\partial \boldsymbol{L}_{sr}}{\partial\theta}\boldsymbol{i}_r + \boldsymbol{i}_{rt}\frac{\partial \boldsymbol{L}_{rs}}{\partial\theta}\boldsymbol{i}_s\right) \\ &= -pM_{sr}\Big[\left(i_A i_a + i_B i_b + i_C i_c\right)\sin\theta \\ &\quad + \left(i_A i_b + i_B i_c + i_C i_a\right)\sin(\theta+120°) \\ &\quad + \left(i_A i_c + i_B i_a + i_C i_b\right)\sin(\theta-120°)\Big] \end{aligned}$$
（2-2-14）

若定子和转子上只有一个绕组，则电磁转矩为

$$T_m = -pM_{sr}i_A i_a \sin\theta$$
（2-2-15）

（二）凸极电机动态电路分析

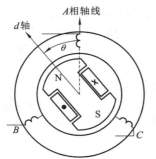

图 2-2-2　凸极三相电机示意图

现在进一步研究转子为凸极并仅有一个绕组，定子上装有对称三相绕组（即 $m=3, n=1$）的情况。图 2-2-2 为示意图。

电机的电流矩阵为

$$\boldsymbol{i} = \begin{bmatrix} i_A \\ i_B \\ i_c \\ \vdots \\ i_f \end{bmatrix} = \begin{bmatrix} \boldsymbol{i}_s \\ \boldsymbol{i}_r \end{bmatrix} \quad (2\text{-}2\text{-}16)$$

电感矩阵为

$$\boldsymbol{L} = \left[\begin{array}{ccc|c} L_{AA} & L_{AB} & L_{AC} & L_{Af} \\ L_{BA} & L_{BB} & L_{BC} & L_{Bf} \\ L_{CA} & L_{CB} & L_{CC} & L_{Cf} \\ \hline L_{fA} & L_{fB} & L_{fC} & L_{ff} \end{array} \right] = \left[\begin{array}{c|c} \boldsymbol{L}_s & \boldsymbol{L}_{sr} \\ \hline \boldsymbol{L}_{rs} & \boldsymbol{L}_r \end{array} \right] \quad (2\text{-}2\text{-}17)$$

先分析定子绕组的自感和互感的变化规律。

由于转子为凸极，所以定子绕组的自感和互感将随转子转角 θ 的变化而作周期性变化，这是凸极电机的一个特点。从图 2-2-2 可见，由于转子的结构具有对称性，并且定子的自感和互感仅与磁路的磁阻有关，而与转子的极性无关，所以转子位置为 θ 和 $\pi+\theta$ 时，定子的电感值相同。当转子轴线 d 与定子 A 相绕组的轴线重合时，由于磁路的磁阻最小，此时 A 相的自感值将达到最大；当转子轴线与定子 A 相轴线成 90° 电角度时，磁路的磁阻最大，A 相的自感值将最小。所以定子 A 相绕组的自感可以写成下式：

$$L_{AA} = L_{s0} + L_{s2} \cos 2\theta + L_{s4} \cos 4\theta + \cdots \quad (2\text{-}2\text{-}18)$$

通常在设计交流凸极电机的转子外形时，常把高次空间谐波磁场抑制到较小的值，此时 L_{s4} 以及更高的谐波电感很小，可以忽略不计，于是可以认为

$$\left. \begin{array}{l} L_{AA} = L_{s0} + L_{s2} \cos 2\theta \\ L_{BB} = L_{s0} + L_{s2} \cos 2(\theta - 120°) \\ L_{CC} = L_{s0} + L_{s2} \cos 2(\theta + 120°) \end{array} \right\} \quad (2\text{-}2\text{-}19)$$

式（2-2-19）中自感恒定项 L_{s0} 可以认为与整个极距下的平均气隙相对应，变动项 $L_{s2} \cos 2\theta$ 则与气隙的周期性变化（由凸极所引起）相对应。由于 B 相绕组在空间滞后于 A 相 120° 电角度，C 相超前 A 相 120° 电角度，所以 L_{BB} 和 L_{CC} 中角度分别为 $\theta - 120°$ 和 $\theta + 120°$。

同理，定子三相绕组间的互感亦随 θ 角的两倍角的余弦而变化。分析表明，当 $\theta = -30°$ 时，A、B 两相绕组间的互感最大；当 $\theta = 60°$ 时，互感为最小。于是

$$\left. \begin{array}{l} L_{AB} = L_{BA} = -M_{s0} - M_{s2} \cos 2(\theta + 30°) \\ L_{BC} = L_{CB} = -M_{s0} - M_{s2} \cos 2(\theta - 90°) \\ L_{CA} = L_{AC} = -M_{s0} - M_{s2} \cos 2(\theta + 150°) \end{array} \right\} \quad (2\text{-}2\text{-}20)$$

分析可得

$$M_{s2} \approx L_{s2} \qquad (2\text{-}2\text{-}21)$$

定、转子绕组间的互感，其变化规律仍与隐极时相同；即

$$\left.\begin{array}{l} L_{Af} = L_{fA} = M_{sr}\cos\theta \\ L_{Bf} = L_{fB} = M_{sr}\cos(\theta - 120°) \\ L_{Cf} = L_{fC} = M_{sr}\cos(\theta + 120°) \end{array}\right\} \qquad (2\text{-}2\text{-}22)$$

由于定子内部为圆柱形，所以转子的自感 L_{ff} 为常值而与 θ 角无关。于是，电机的电磁转矩为

$$T_m = p\frac{\partial W'_m(i,\theta)}{\partial\theta} = p\frac{\partial}{\partial\theta}\left(\frac{1}{2}\boldsymbol{i}_t \boldsymbol{L}\boldsymbol{i}\right)$$

$$= p\left(\frac{1}{2}i_A^2\frac{\partial L_{AA}}{\partial\theta} + \frac{1}{2}i_B^2\frac{\partial L_{BB}}{\partial\theta} + \frac{1}{2}i_C^2\frac{\partial L_{CC}}{\partial\theta} + i_A i_B\frac{\partial L_{AB}}{\partial\theta} + i_B i_C\frac{\partial L_{BC}}{\partial\theta}\right. \qquad (2\text{-}2\text{-}23)$$

$$\left. + i_C i_A\frac{\partial L_{CA}}{\partial\theta}\right) + p\left(i_f i_A\frac{\partial L_{Af}}{\partial\theta} + i_f i_B\frac{\partial L_{Bf}}{\partial\theta} + i_f i_C\frac{\partial L_{Cf}}{\partial\theta}\right)$$

把式（2-2-19）、式（2-2-20）和式（2-2-22）代入上式，经整理可得

$$T_m = -pL_{s2}\left[i_A^2\sin 2\theta + i_B^2\sin(2\theta + 120°) + i_C^2\sin(2\theta - 120°)\right.$$

$$\left. + 2i_A i_B\sin(2\theta - 120°) + 2i_B i_C\sin 2\theta + 2i_C i_A\sin(2\theta + 120°)\right] \qquad (2\text{-}2\text{-}24)$$

$$- pM_{sr}i_f\left[i_A\sin\theta + i_B\sin(\theta - 120°) + i_C\sin(\theta + 120°)\right]$$

式中：第一部分为转子凸极所引起的磁阻转矩；第二部分为定、转子磁场相互作用所产生的主电磁转矩。

若定子上仅有一个绕组，则式（2-2-24）简化为

$$T_m = -p\left(L_{s2}i_A^2\sin 2\theta + M_{sr}i_f i_A\sin\theta\right) \qquad (2\text{-}2\text{-}25)$$

二、场的观点

电磁转矩公式也可以从气隙内定、转子磁场的相互作用推导得出。

（一）隐极电机电磁转矩

隐极电机的气隙均匀，假设磁路为线性，定、转子磁动势分别产生沿气隙圆周按正弦分布的径向气隙磁场，具有相同的极对数 p，在空间相对静止，如图 2-2-3 所示。

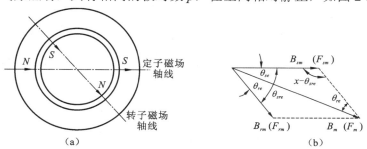

图 2-2-3　隐极电机气隙磁场

任一瞬时定、转子磁场的表达式为

$$
\left.\begin{aligned}
b_s &= B_{sm}\cos p\theta_s \\
b_r &= B_{rm}\cos p(\theta_s + \theta_{sr}) \\
&= B_{rm}\cos(p\theta_s + \theta_{sre})
\end{aligned}\right\}
\tag{2-2-26}
$$

式中：B_{sm}、B_{rm} 分别为定、转子磁场的幅值；θ_s 是从定子磁场轴线到气隙任意点径线之间的机械角；θ_{sr} 为定、转子磁场轴线之间的机械角，它的电角度 $\theta_{sre} = p\theta_{sr}$。

电机气隙内的合成磁场 b 为

$$
b = b_s + b_r = B_{sm}\cos p\theta_s + B_{rm}\cos(p\theta_s + \theta_{sre})
\tag{2-2-27}
$$

电机气隙处的平均直径为 D，轴向有效长度为 l，气隙长为 δ，整个气隙体积内的磁共能为

$$
\begin{aligned}
W_m' = W_m &= \int_v \frac{b^2}{2\mu_0}\mathrm{d}V = \frac{Dl\delta}{4\mu_0}\int_0^{2\pi} b^2\mathrm{d}\theta_s \\
&= \frac{Dl\delta}{4\mu_0}\int_0^{2\pi}\left\{\frac{B_{sm}^2}{2}(1+\cos 2p\theta_s) + \frac{B_{rm}^2}{2}\left[1+\cos 2(p\theta_s + \theta_{sre})\right]\right. \\
&\quad \left. + B_{sm}B_{rm}\left[\cos(2p\theta_s + \theta_{sre}) + \cos\theta_{sre}\right]\right\}\mathrm{d}\theta_s \\
&= \frac{\pi Dl\delta}{4\mu_0}\left(B_{sm}^2 + B_{rm}^2 + 2B_{sm}B_{rm}\cos\theta_{sre}\right)
\end{aligned}
\tag{2-2-28}
$$

电机的电磁转矩为

$$
T_m = \frac{\partial W_m'}{\partial \theta_{sr}} = p\frac{\partial W_m'}{\partial \theta_{sre}} = -p\frac{\pi Dl\delta}{2\mu_0}B_{sm}B_{rm}\sin\theta_{sre}
\tag{2-2-29}
$$

式（2-2-29）说明，电磁转矩与定、转子磁场的幅值以及它们之间的空间相位角的正弦成正比。负号表示电磁转矩的方向是企图缩小相位角 θ_{sre}，即使定、转子磁场轴线趋于重合的方向。利用正弦定理，从图 2-2-3（b）可得

$$
\frac{B_{sm}}{\sin\theta_{re}} = \frac{B_{rm}}{\sin\theta_{se}} = \frac{B_m}{\sin(\pi - \theta_{sre})} = \frac{B_m}{\sin\theta_{sre}}
$$

即

$$
B_{rm}\sin\theta_{sre} = B_m\sin\theta_{se}
$$
$$
B_{sm}\sin\theta_{sre} = B_m\sin\theta_{re}
$$

又因为 $B_{sm} = \mu_0\dfrac{F_{sm}}{\delta}$，$B_{rm} = \mu_0\dfrac{F_{rm}}{\delta}$，$F_{sm}$ 和 F_{rm} 分别为沿气隙正弦分布的定、转子磁动势幅值；正弦分布磁场的每极磁通 $\phi = \dfrac{2}{\pi}B_m\tau l = \dfrac{B_m Dl}{p}$；产生基波正弦磁动势 $F_m\sin\dfrac{\pi}{\tau}x$ 的线负载基波 $A_x = \dfrac{\mathrm{d}}{\mathrm{d}x}\left(F_m\sin\dfrac{\pi}{\tau}x\right) = \dfrac{\pi}{\tau}F_m\sin\left(\dfrac{\pi}{\tau}x + \dfrac{\pi}{2}\right)$。所以，电磁转矩的基本公式中的每个磁通密度可以分别用磁动势、磁通或是线负载来表示，从而可以演变出许多形式不同、但本质一样的电磁转矩公式，例如

$$T_m = -p \frac{\mu_0 \pi Dl}{2\delta} F_{sm} F_{rm} \sin\theta_{sre} \qquad (2\text{-}2\text{-}30)$$

$$T_m = -p \frac{\pi Dl\delta}{2\mu_0} \left(\mu_0 \frac{F_{sm}}{\delta} \right) B_m \sin\theta_{se}$$
$$ \qquad (2\text{-}2\text{-}31)$$
$$= -\frac{\pi}{2} p^2 \phi F_{sm} \sin\theta_{se}$$

$$T_m = -\frac{\pi}{2} p^2 \phi F_{rm} \sin\theta_{re} \qquad (2\text{-}2\text{-}32)$$

$$T_m = -\frac{\pi}{2} p^2 \phi_s F_{rm} \sin\theta_{sre} \qquad (2\text{-}2\text{-}33)$$

$$T_m = -\frac{\pi}{2} p^2 \phi_r F_{sm} \sin\theta_{sre} \qquad (2\text{-}2\text{-}34)$$

式（2-2-31）和式（2-2-32）为隐极电机电磁转矩通用公式。这两式表明，对于气隙合成磁场和定子磁动势（或转子磁动势)均为正弦分布的电机来讲，电磁转矩与气隙合成磁场的每极磁通 ϕ、定子磁动势幅值 F_{sm}（或转子磁动势幅值 F_{rm}）以及两者轴线在空间的夹角 θ_{se}（或 θ_{re}）的正弦成正比。θ_{se}（或 θ_{re}）称为电机的转矩角。在隐极电机中转矩角是由于定、转子磁场轴线不重合引起的。广义说转矩角可以由凸极、磁滞或其他效应所引起。

这些电磁转矩公式都是从式（2-2-29）演变而来的，所以无论用任意哪一式来计算都可得相同结果，因此可以根据具体电机的已知条件选用最便于计算的公式。

上述电磁转矩公式是普遍的。它对于定、转子磁动势和气隙合成磁场等参量的性质并没有限定，它们可以是脉振的，也可以是恒幅恒速的圆形旋转磁动势或磁场，或者是变幅和变速的椭圆形旋转磁动势或磁场。

此外，上述结果是在假设定、转子极对数 p_s 与 p_r 相等的条件下推导出的。若 $p_s \neq p_r$，则气隙合成磁场为

$$b = B_{sm} \cos p_s \theta_s + B_{rm} \cos p_r (\theta_s + \theta_{sr})$$

代入式(2-2-28)求磁共能，积分结果右边前两项保持不变，第三项则变为零，即磁共能 W_m' 与 θ_{sr} 无关，因而 $T_m = \dfrac{\partial W_m'}{\partial \theta_{sr}} = 0$。由此可见，定、转子的极对数相等，也是电机进行机电能量持续转换的一个必要条件，否则合成电磁转矩为零。

（二）凸极电机电磁转矩

对于转子（或定子）为凸极的交流电机，式（2-2-31）仍然适用，此时 ϕ 为气隙合成磁场的磁通量，F_s 则规定为非凸极边的磁势（例如转子为凸极，则 F_s 为定子边的磁势）。

通常的直流电机均为凸极电机。直流电机的电磁转矩公式亦可用式（2-2-31）导出。在直流电机中，主极磁场在空间固定不动；由于换向器的换向作用，电枢磁势的轴

线在空间固定不动（图 2-2-4）。通常把主极的轴线称为直轴，与直轴成 90° 电角度的轴线称为交轴。若电刷放在几何中性线上，则电枢磁势的轴线将与主极磁场的轴线差 90° 电角度即与交轴重合。设气隙合成磁场与电枢磁势间的夹角为 δ_a，则从图 2-2-4 可见，$\phi \sin \delta_a = \phi_d$，$\phi_d$ 为直轴每极下的磁通量。考虑到电枢基波磁势的幅值 $F_{a1} = \dfrac{8}{\pi^2} F_a = \dfrac{N_a I_a}{\pi^2 pa}$，并把 F_{a1} 代入式（2-2-31），可得到直流电机的电磁转矩为

$$T_m = \frac{p}{2\pi} \frac{N_a}{a} \phi I_a \qquad (2\text{-}2\text{-}35)$$

式（2-2-35）是在气隙磁场正弦分布时导出的。在直流电机中，电磁转矩的大小仅与一个极下的直轴磁通量有关，而与直轴磁场的具体分布规律无关。

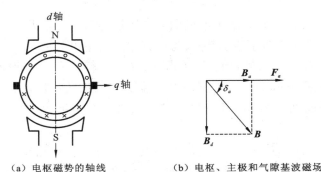

（a）电枢磁势的轴线　　　　（b）电枢、主极和气隙基波磁场

图 2-2-4　直流电机主极磁场和电枢磁势的轴线

第三节　机电能量转换的条件

要判断电机能否持续转换机电能量，一般只用讨论它的稳态运行。

若电动机转轴上总负载转矩(包括阻力转矩)为零，转轴的弹性变形可忽略不计，则可起动条件是转子在任意位置的电磁转矩 $T_m(\theta)$ 必须具有相同的方向，即

$$T_m(\theta) > 0 \qquad (0 \leqslant \theta \leqslant 2\pi) \qquad (2\text{-}3\text{-}1)$$

如果电动机具有如图 2-3-1 的 $T_m(\theta)$ 特性就不满足上式，因为它可能会在图中的 A 或 B 点卡住，不能起动。

当电机进行机电能量转换时，不仅要瞬时电磁转矩 $T_m \neq 0$，而且要电机能转动。考虑到电机的转子具有转动惯量，稳态运行中转子转速为一常量，若电机在给定的激励和转速下能够产生平均电磁转矩，就能在给定的转速下旋转，驱动电磁转矩与负载转矩相等使机电能量持续转换。

因此电机可运行条件是转子的平均电磁转矩不等于零，即

$$T_{m(av)} = \frac{1}{2\pi} \int_0^{2\pi} T_m \mathrm{d}\theta \neq 0 \qquad (2\text{-}3\text{-}2)$$

可见，电机可运行条件比可起动条件宽。图 2-3-1 的电动机的 $T_m(\theta)$ 特性，它不满足可起动条件，但能满足可运行条件。

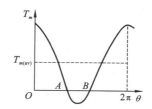

图 2-3-1　适用运行但不适用起动的 $T_m(\theta)$ 特性

以下将分别讨论隐极和凸极电机如何在旋转时具有平均电磁转矩。设电机满足定、转子极对数相等的条件，根据式（2-3-2），进一步求取和讨论机电能量持续转换的另一个必要条件——电机绕组内电流的频率约束。

一、隐极电机的频率约束

隐极电机的气隙均匀，在忽略定、转子齿槽影响和铁心磁饱和的情况下，定、转子绕组的自感、定子绕组之间的互感以及转子绕组之间的互感皆为常量，与转子的位置无关。只有定、转子绕组之间的互感是变量。当定子某一相绕组的轴线和转子某一相绕组的轴线重合时，互感为最大值 $M_{\mathrm m}$；当两者的轴线相差 $\pi/2$ 电弧度时，互感为零；在任意瞬时，设定、转子磁动势所产生的磁场沿气隙圆周均为正弦分布，则互感正比于瞬时定、转子绕组轴线间夹角 θ_e 的余弦，即

$$L_{sr} = L_{rs} = M_{\mathrm m}\cos\theta_e = M_{\mathrm m}\cos(p\Omega t + \alpha) \tag{2-3-3}$$

式中：随时间变化的夹角 $\theta_e = p\Omega t + \alpha$。$\alpha$ 为 $t=0$ 时定、转子绕组轴线间的初相角，为常量。转子机械角速度 Ω 稳态运行时也是个常量。

设电机定子有 m 个绕组，转子有 n 个绕组，应用电磁转矩公式（1-5-2），得

$$
\begin{aligned}
T_m &= \frac{1}{2}\sum_{j=1}^{m+n}\sum_{k=1}^{m+n} i_j i_k \frac{\partial L_{jk}}{\partial\theta} \\
&= \frac{1}{2}\sum_{s=1}^{m}\sum_{r=1}^{n} i_s i_r \frac{\partial L_{sr}}{\partial\theta} + \frac{1}{2}\sum_{r=1}^{n}\sum_{s=1}^{m} i_r i_s \frac{\partial L_{rs}}{\partial\theta} \\
&= \sum_{s=1}^{m}\sum_{r=1}^{n} i_s i_r \frac{\partial L_{sr}}{\partial\theta} = -pM_{\mathrm m}\sum_{s=1}^{m}\sum_{r=1}^{n} i_s i_r \sin(p\Omega t + \alpha)
\end{aligned}
\tag{2-3-4}
$$

式（2-3-4）共有 mn 项，每项具有共同的形式为

$$K i_s i_r \sin(p\Omega t + \alpha)$$

式中：K 为常量。根据三角函数积化和差公式可知，只有在 i_s 和 i_r 的乘积产生 $p\Omega t$ 的正弦或余弦函数项，即 $i_s i_r = A\cos p\Omega t + B\sin p\Omega t$（其中 A 与 B 不同时为零）时，T_m 才可能有平均值。因此定、转子电流的角频率相加或相减应与转子角速度 $p\Omega$ 数值相等，即

$$\pm\omega_s \pm \omega_r = p\Omega \tag{2-3-5}$$

式（2-3-5）就是隐极电机产生平均电磁转矩的条件：定、转子电流必须满足的频率约束，即在定、转子的一方电流的角频率为 ω 时，另一方电流的角频率必须是 $|p\Omega\pm\omega|$，才能产生平均电磁转矩。

角频率本身只有正值，但在式（2-3-5）中角频率前有正负号，它的物理意义是单相定、转子电流在电机中产生的脉振磁动势可分解为正、反方向旋转的两个磁动势，电流

角频率的正负号是反映该电流产生的旋转磁动势在空间的转向。当电机满足式（2-3-5）的频率约束条件时，则定、转子中就有一对磁动势同步旋转，从而产生平均电磁转矩。所以频率约束的实质是定、转子磁极要相对静止。

从式（2-3-5）可见，若定、转子电流的频率为固定值，即 $\omega_s =$ 常值，$\omega_r =$ 常值，则转子仅在某一个固定的同步转速下运行时，才能产生平均电磁转矩，并获得连续的机电能量转换。同步电机就属于这种情况。在同步电机中，转子通以直流 $\omega_r = 0$，定子为三相交流，其角频率为 ω_s，故转子仅在同步角速度 $\Omega = \dfrac{\omega_s}{p}$ 下运行时，才能正常工作。

若转子在连续的转速范围内均有平均电磁转矩，则定子或转子电流中必有一组电流，其频率为随转速的变化而变化。这种可变频率的电流，可由以下几种办法得到。

（1）定子绕组接通恒频电源，转子绕组的电流由定子边通过电磁感应关系产生。随着转子转速的变化，转子电流的频率将相应自动发生变化。三相感应电动机就属于这种情况。感应电动机的转子电流频率 $f_2 = sf_1$，其中 s 为转差率，$s = \dfrac{n_s - n}{n_s}$，它是转速的线性函数。

（2）由可控调频电源得到可变频率的电流，这种情况应用于调速电机。

（3）用物理约束的办法来得到可变频率的电流，直流电机属于这种情况。在直流电机中，利用换向器作为旋转的机械变频器，把外电源输入的直流电流变换为电枢线圈内的交流电流，电流的频率与旋转的角速度"同步"，以获得一定的平均电磁转矩。

二、凸极电机的频率约束

电机模型为转子是对称凸极，定子是圆柱体结构。在忽略齿槽影响和铁心磁饱和的条件下，与隐极电机情况相同的是转子绕组的自感和转子绕组之间的互感为常量，定、转子绕组之间的互感为 $L_{sr} = L_{rs} = M_m \cos\theta_e$；不同的是定子绕组的自感和定子绕组之间的互感随着凸极转子旋转按两倍频率变化。

定子绕组的自感。当某相绕组轴线与转子凸极轴线（d 轴）重合时，该相自感为最大值 L_{sd}；当转子旋转 $\pi/2$ 电角度后，该相轴线与转子极间中心线（q 轴）重合时，其自感降为最小值 L_{sq}；转子每转 π 电弧度，自感的大小变化一周。所以在忽略高次谐波分量下，定子绕组的自感可近似表示为

$$L_s = L_{s0} + L_{s2}\cos 2\theta_e = L_{s0} + L_{s2}\cos 2(p\Omega t + \alpha) \tag{2-3-6}$$

式中：$L_{s0} \approx \dfrac{L_{sd} + L_{sq}}{2}$ 为平均自感；$L_{s2} \approx \dfrac{L_{sd} - L_{sq}}{2}$ 为自感的两倍频交变分量的幅值；α 为 $t = 0$ 时定子某相绕组轴线与转子 d 轴之间的初相角。

定子绕组间的互感。当转子 d 轴或 q 轴处在定子两相绕组轴线的正中时，该两相绕组之间的互感具有最大值或最小值。随着转子转动，忽略高次谐波分量，定子绕组之间的互感近似表示为

$$M_s = M_{s0} + M_{s2}\cos 2(\theta_e - \theta_0) \tag{2-3-7}$$

式中：M_{s0} 为定子某两相绕组互感的平均值；M_{s2} 为互感的两倍频交变分量的幅值；θ_0 是常量，等于该两相绕组轴线间夹角的一半。

如定子三相绕组中 A 相和 B 相之间的互感 M_{AB}。先把 A 相绕组分解为 d 轴分量（乘 $\cos\theta_e$）和 q 轴分量（乘 $\sin\theta_e$），再把 B 相绕组也分解成 d 轴分量[乘 $\cos(\theta_e - 120°)$]和 q 轴分量[乘 $\sin(\theta_e - 120°)$]，考虑 d、q 轴绕组之间没有互感，便可得

$$M_{AB} = L_{sd}\cos\theta_e \cos(\theta_e - 120°) + L_{sq}\sin\theta_e \sin(\theta_e - 120°)$$

$$= -\frac{L_{sd} + L_{sq}}{4} + \frac{L_{sd} - L_{sq}}{2}\cos(2\theta_e - 120°)$$

$$= -\frac{L_{s0}}{2} + L_{s2}\cos 2(\theta_e - 60°) = M_{s0} + M_{s2}\cos 2(\theta_e - \theta_0)$$

式中：$M_{s0} = -\dfrac{L_{s0}}{2}$；$M_{s2} = L_{s2}$；$\theta_0 = 60°$。

设电机定子有 m 个绕组，转子有 n 个绕组，应用式（1-5-2）推导可得

$$T_m = \frac{1}{2}\sum_{j=1}^{m+n}\sum_{k=1}^{m+n} i_j i_k \frac{\partial L_{jk}}{\partial \theta}$$

$$= -pM_m\sum_{s=1}^{m}\sum_{r=1}^{n} i_s i_r \sin(p\Omega t + \alpha) - pL_{s2}\sum_{s=1}^{m} i_s^2 \sin 2(p\Omega t + \alpha) \tag{2-3-8}$$

$$- pM_{s2}\sum_{s=1}^{m}\sum_{\substack{s'=1 \\ s'\neq s}}^{m} i_s i_{s'}\sin 2(p\Omega t + \alpha_e - \theta_0)$$

式（2-3-8）右边有三个合成项：第一合成项表示定、转子电流相互作用产生的主电磁转矩，它与隐极电机的式（2-3-4）结果相同，所以对应的电流频率约束与式（2-3-5）相同，即

$$\pm\omega_s \pm \omega_r = p\Omega \tag{2-3-9}$$

第二合成项包含 m 项，共同的形式为

$$K i_s^2 \sin(2p\Omega t + \alpha')$$

第三合成项包含项 $m^2 - m$，共同的形式为

$$K' i_s i_{s'}\sin(2p\Omega t + \alpha'')$$

其中 K、α'、K'、α'' 皆为常量。后两个合成项是凸极电机所特有的，仅与定子电流有关，即转子上可以不加激励，是由于电机气隙各向磁阻不等所引起的，倾向于使整个系统的磁阻变为最小的电磁转矩，通常称为磁阻转矩。

先分析第三合成项的共同形式，可得产生平均电磁转矩的频率约束是定子某一个绕组电流角频率 ω_s 与另一个绕组电流角频率 $\omega_{s'}$ 符合

$$\pm\omega_s \pm \omega_{s'} = 2p\Omega \tag{2-3-10}$$

例如多相电机中定子有的相电流为直流，有的相电流的角频率等于 $2p\Omega$，它们相互作用，并在凸极效应下，能产生平均磁阻转矩。

实际应用中，定子各相电流通常是同频率。这时式（2-3-8）的第三合成项可归入第二合成项，因此下面不再考虑式（2-3-10）的频率约束。根据第二合成项的共同形式，

产生平均磁阻转矩的条件是 $i_s = A\cos p\Omega t + B\sin p\Omega t$ （其中 A 与 B 不同时为零）。因此定子电流的角频率应等于转子角速度，即

$$\pm\omega_s = p\Omega \qquad (2\text{-}3\text{-}11)$$

所以要使凸极电机的主电磁转矩和磁阻转矩的平均值均不为零，则定、转子电流的频率约束应为

$$\left.\begin{array}{r} \pm\omega_s \pm \omega_r = p\Omega \\ \pm\omega_s = p\Omega \end{array}\right\} \qquad (2\text{-}3\text{-}12)$$

对凸极同步电机和直流电机，这两个条件自动得到满足。例如直流电机，可把电枢看作定子，把磁极看作转子，电枢电流的基波角频率 ω 取决于电机的转速，即 $\omega_s = p\Omega$，励磁电流的角频率为 $\omega_r = 0$，所以满足式（2-3-12）。这说明在直流电机中，凸极结构也产生平均电磁转矩。根据式（2-3-8）得，平均主电磁转矩正比于 $\sin\alpha$，平均磁阻转矩正比于 $\sin 2\alpha$，其中 α 的大小在直流电机中取决于电刷的位置。通常，直流电机的电刷安放在几何中性线上，$\alpha = 90°$，使平均主电磁转矩为最大值；而 $\sin 2\alpha = \sin 180° = 0$，平均磁阻转矩为零。如果电刷不放在几何中性线上，$\alpha \neq 90°$，则 $\sin 2\alpha \neq 0$，就会出现凸极效应产生的平均磁阻转矩。

根据产生平均磁阻转矩的频率约束条件，还可以得出存在一种转子 d、q 轴磁阻不等且无激励，定子接在交流电网上的电机。它借助于平均磁阻转矩来工作的同步电机，称为磁阻同步电机。

与分析隐极电机频率约束的物理意义相似，凸极电机产生平均电磁转矩的电流频率约束条件式（2-3-12）的实质也是定、转子磁极要相对静止。其第一分式和隐极电机一样，表示定、转子电流相互作用，只有在任一对定、转子磁动势相对静止时才会产生平均主电磁转矩；第二分式则表示非凸极方电流同它自身作用，当任一非凸极方旋转磁动势与凸极相对静止时，才会有凸极效应而产生的平均磁阻转矩。

进一步分析可得出如下两点：

（1）凸极效应。式（2-3-12）表明在双边激励的凸极电机中，只要凸极方电流的角频率 $\omega_r \neq 0$，则两个分式就不可能同时成立。通常电机是以主电磁转矩为主的，即总是在满足第一分式的条件下正常运行的。若 $\omega_r \neq 0$，第二分式不成立，平均磁阻转矩为零，使电机增添了若干因凸极引起的脉振转矩，反而产生振动、噪声、增加损耗与发热等效应。这说明在凸极绕组电流不是直流的电机中，凸极效应是有害无益的。

如果感应电机中采用凸极，由于转子电流是依靠电磁感应产生的，在同步转速下，转子没有感应电流就不存在主电磁转矩，所以感应电机必须在异步转速下，感应 $\omega_r \neq 0$ 的转子电流，才能产生主电磁转矩。感应电机在正常运行时不能满足 $\pm\omega_s = p\Omega$ 的条件，平均磁阻转矩为零，则凸极效应反而会产生一系列有害作用。所以感应电机通常采用隐极结构。

为使式（2-3-12）的两个分式同时成立，在定、转子双边激励的电机中，只有使凸极方电流角频率等于零以及转子同步 $\Omega_1 = \dfrac{\omega_s}{p}$ 旋转。此时，凸极效应产生的平均磁阻转矩

叠加在平均主电磁转矩上，能增加电机的总平均电磁转矩，改善运行性能，起到有益的作用。这就是同步电机选用直流励磁的理由。由此可知设计同步电动机和四极以上的同步发电机时，选用凸极结构比隐极合理；至于两、四极的同步发电机，因容量大、转速高、转子各部分受到强大的离心力，才采用机械上更坚固的隐极结构。

（2）单相脉振磁场的效应。单相交流电流在电机中会产生转向相反的双旋转磁动势，反映在式（2-3-12）中单相电流角频率的前面带有正负号。于是，单相绕组电机不论是感应电机，还是同步电机，在正常运行时除了有同步旋转的定、转子磁动势会产生平均电磁转矩外，还有别的定、转子磁动势对应不同速度旋转，产生随时间作周期性脉振的转矩。这些脉振转矩会引发电机振动、产生噪声、增加损耗和发热等有害的效应，还使单相绕组感应电动机不能自起动。可见，单相绕组电机从原理就不可能消除脉振转矩，电机的振动和噪声总是存在的，只是大小不同而已，电机的性能和效率也比较差。

而三相对称交流电机的基波磁动势是圆形旋转磁动势，反映在式（2-3-12）中对称三相（或多相）电流的角频率前面只有一种符号。在电机正常运行时就可消除由单相引起的多余定、转子磁动势对，避免单相引起的一系列有害作用，从而大大改善电机的运行性能。

三、产生恒定电磁转矩的条件

对于电动机，必须区别起动转矩和运行转矩。若电动机的轴上没有任何机械负载，电机的阻力转矩又可忽略不计，则电动机能够起动的条件是

$$T_m(\theta_m) > 0, \quad 0 \leqslant \theta_m \leqslant 2\pi \tag{2-3-13}$$

式中：$T_m(\theta_m)$ 为转子处于任意位置时的电磁转矩。若不满足式（2-3-13），则电动机可能在图 2-3-2 所示的位置 S 或 R 点卡住；如果转子位置初始位置就在 S 点或 R 点，则电动机不能起动。不难看出，达到 $T_m(\theta_m) > 0$ 的要求将比达到 $T_{m(av)} > 0$ 的要求更为苛刻。

为减少振动、噪声和功率波动，从运行观点来看，电磁转矩应是一个单方向的、不随时间而变化的恒定转矩。要得到恒定的电磁转矩，除定、转子的极数必须相等，并满足前述电流的频率约束之外，还进一步要求：

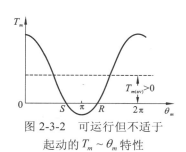

图 2-3-2　可运行但不适于起动的 $T_m \sim \theta_m$ 特性

（1）气隙合成磁场与定子（转子）磁势轴线间的夹角（即转矩角 δ_s）应保持恒定，即它们之间不能有相对运动。换言之，若定子磁势为固定磁势，则气隙合成磁场应为固定磁场；若定子磁势为旋转磁势，则气隙合成磁场应为同速、同向运动的旋转磁场。

（2）定子磁势和气隙磁场的幅值应始终为常值，换言之，必须是恒幅的旋转磁势和磁场，或者是恒定的磁势和磁场。

通过分析可知，稳态对称运行时，对称三相（多相）电机的电磁转矩是恒定的；稳态运行时，直流电机的电磁转矩也是恒定的；单相交流电机的电磁转矩则是随时间脉振

的。而暂态过程中的电磁转矩，一般都是脉振的。

综上所述，无论是什么型式的旋转电机，其能量转换和转矩产生的机制都是相同的，只是由于激励的方式不同、转速不同，因此要求定、转子电流满足特定的频率约束和幅值、相位要求。表 2-3-1 列出了常用的几种电机的气隙磁场和定、转子电流的性质。

表 2-3-1　常用电机的气隙磁场和定、转子电流性质

气隙磁场性质	绕组和电流性质		电磁转矩性质	电机名称
	定子	转子		
（一）磁场轴线固定 1.恒幅	直流集中绕组	直流换向器绕组 （线圈电流为交流）	恒定	直流电机
（二）行波磁场 1.恒幅、恒速	对称三相交流绕组	直流绕组	恒定	三相同步电机
2.恒幅、恒速	对称三相交流绕组	对称多相交流绕组 （转差频率电流）	恒定	三相感应电动机
3.幅值变动、速度变动	单相交流绕组	对称多相交流绕组 （转子电流为双频）	脉振	单相感应电动机

习　题　二

1. 为什么旋转电机的所有绕组电流是直流时，就不可能持续正常运行？

2. 一般电机产生平均主电磁转矩和平均磁阻转矩的电流频率约束各是什么？

3. 一台三相六极绕线式异步电动机，定子接在 50 Hz 的电源上，转子接在 25 Hz 的电源上，试问在什么转速下才能正常运行？

4. 一般情况下，感应电动机通常采用隐极结构，而同步电动机通常转子采用凸极结构，这是为什么？

5. 试述在交流电机中产生恒定电磁转矩的条件。

6. 试证明定子上只有一个单相绕组，凸极转子上只有一个绕组的电机，产生平均电磁转矩的电流频率约束为 $\pm\omega_s \pm \omega_r = p\Omega$ 和 $\pm\omega_s = p\Omega$。

7. 有一台串励交直流两相电动机接在交流电网上运行，问作用在转子上的电磁转矩是恒定的还是脉动的，为什么？

8. 一台磁阻同步电动机如题图 2-1 所示。转子上有 K 个齿，没有绕组。定子上有一个绕组，定子电流 $i = I_m \cos\omega t$，定子电感 L_s 为 $L_s = L_0 + L_K \cos k\theta$。试推导：（1）电动机的电磁转矩公式；（2）产生平均电磁转矩时电机的转速。

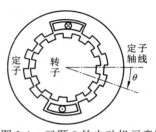

题图 2-1　习题 8 的电动机示意图

第三章

对偶与类比

　　机电装置中存在紧密联系的电磁系统和机械系统。必须同时分析这两方面才能建立整个装置的运动方程并研究其动态特性。本章将研究系统的构成元件和其中的对偶与类比关系。

　　能以形式相同的微分方程来描述的两个物理系统称为相似系统。若两者属于同一类型（例如同为电磁系统或同为机械系统），则两系统具有对偶关系；若为不同类型（例如一为机械系统，另一为电磁系统），则两系统具有类比关系。

　　若对于相似的两物理系统之一的微分方程已求出解答，则另一系统的解答也必为相同形式。对任一系统都可以选取其更易求解的对偶或类比系统去分析，将结果还原为原系统的量得出最后解答，这为解决工程技术问题提供了很大的灵活性。

　　由于电路系统与磁路系统、机械系统、热路系统和音响系统等均具有相似性，而电量易于精确测量和模拟，对电网络已有许多成熟的解析方法和数值解法，所以掌握了对偶和类比后，即可将这些方法推广应用于磁路、机械、热路、声学和其他系统的分析。

第一节　对　偶　电　路

一、对偶电路和对偶关系

　　若有两个电路，一个用基尔霍夫电压定律列出的回路电压方程与另一个用基尔霍夫电流定律列出的节点电流方程具有相同的形式，则称这两个电路互为对偶电路。

　　例如图 3-1-1 为由电动势 e 供电的 RLC 串联电路，其回路电压方程为

$$L\frac{di}{dt} + Ri + \frac{1}{C}\int i dt = e = u \qquad (3\text{-}1\text{-}1)$$

且有

$$\left.\begin{array}{l} u = u_R + u_L + u_C \\ u_R = Ri_R \\ u_L = L\dfrac{di_L}{dt} \\ u_C = \dfrac{1}{C}\int i_C dt \\ i = i_R = i_L = i_C \end{array}\right\} \qquad (3\text{-}1\text{-}2)$$

　　图 3-1-2 为由电流源供电的 GCL 并联回路，其节点电流方程为

$$C\frac{du}{dt} + Gu + \frac{1}{L}\int u dt = i \qquad (3\text{-}1\text{-}3)$$

且有

$$\left.\begin{array}{l} i = i_G + i_C + i_L \\[4pt] i_C = Gu_G \\[4pt] i_C = C\dfrac{\mathrm{d}u_C}{\mathrm{d}t} \\[4pt] i_L = \dfrac{1}{L}\displaystyle\int u_L\mathrm{d}t \\[4pt] u = u_G = u_C = u_L \end{array}\right\} \qquad （3\text{-}1\text{-}4）$$

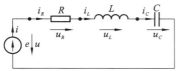

图 3-1-1　RLC 串联电路　　　　　　图 3-1-2　GCL 并联电路

比较式（3-1-1）、式（3-1-2）和式（3-1-3）、式（3-1-4）可知，这两组方程具有相同的形式，这样的两个电路就是对偶电路。显然当图 3-1-2 中的 G、C、L 和电流源 i 的数值分别依次等于图 3-1-1 中的 R、L、C 和电动势 e 的数值时，则由式（3-1-1）解出的 i 值必然等于由式（3-1-3）解出的 u 值。比较这两个互为对偶的电路的图形和表达式，可得全部对偶关系，如表 3-1-1 所示。

表 3-1-1　对偶电路的对偶关系

电源型式	电压源 $e(=u)$	电流源 i
自变量	电流	电压
对偶元件 及其对应表达式	$u_R = Ri_R$	$i_G = Gu_G$
	$u_L = L\dfrac{\mathrm{d}i_L}{\mathrm{d}t}$	$i_C = C\dfrac{\mathrm{d}u_C}{\mathrm{d}t}$
	$u_C = \dfrac{1}{C}\displaystyle\int i_C\mathrm{d}t$	$i_L = \dfrac{1}{L}\displaystyle\int u_L\mathrm{d}t$
元件连接方式 及其对应表达式	串联 $i = i_R = i_L = i_C$ $u = u_R + u_L + u_C$ 回路电压方程	并联 $u = u_G = u_C = u_L$ $i = i_G + i_C + i_L$ 节点电流方程

对于更为复杂的情况，上述对偶关系也同样适用。

例 3-1-1 图 3-1-3（a）为具有两个电动势和三个回路的电路。试化为如图 3-1-3（b）所示的具有两个电流源和三个节点的对偶电路。

解 ① R_3 与 L_3 串联化为 G_c 与 C_c 并联；

② e_2 与 C_2 串联化为 i_C 与 L_{bc} 并联；

③以上两支路并联化为其对偶的两部分串联；

④再与 R_2 串联化为再与 G_b 并联；

⑤再与 L_1 并联化为再与 C_{ab} 串联；

⑥再与 e_1、R_1、C_1 的串联电路相并联转化为再与 i_a、G_a、L_a 的并联电路相串联，于是得出图 3-1-3（b）。

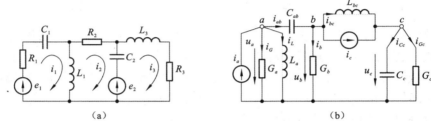

图 3-1-3 较复杂的对偶电路

由图 3-1-3（a）三个回路可列出方程组：

$$
\left.
\begin{aligned}
e_1 &= R_1 i_1 + \frac{1}{C_1}\int i_1 \mathrm{d}t + L\frac{\mathrm{d}}{\mathrm{d}t}(i_1 - i_2) \\
L_1\frac{\mathrm{d}}{\mathrm{d}t}(i_1 - i_2) &= R_2 i_2 + \frac{1}{C_2}\int(i_2 - i_3)\mathrm{d}t + e_2 \\
e_2 &= -\frac{1}{C_2}\int(i_2 - i_3)\mathrm{d}t + L_3\frac{\mathrm{d}i_3}{\mathrm{d}t} + R_3 i_3
\end{aligned}
\right\}
\tag{3-1-5}
$$

由图 3-1-3（b）中 a、b、c 三个节点可得

$$
\left.
\begin{aligned}
i_a = i_G + i_L + i_{ab} &= G_a u_a + \frac{1}{L_a}\int u_a \mathrm{d}t + C_{ab}\frac{\mathrm{d}}{\mathrm{d}t}(u_a - u_b) \\
i_{ab} = C_{ab}\frac{\mathrm{d}}{\mathrm{d}t}(u_a - u_b) = i_b + i_{bc} + i_c &= G_b u_b + \frac{1}{L_{bc}}\int(u_b - u_c)\mathrm{d}t + i_c \\
i_c = -i_{bc} + i_{C_c} + i_{G_c} &= -\frac{1}{L_{bc}}\int(u_b - u_c)\mathrm{d}t + C_c\frac{\mathrm{d}u_c}{\mathrm{d}t} + G_c u_c
\end{aligned}
\right\}
\tag{3-1-6}
$$

式（3-1-5）和式（3-1-6）形式相同，故图 3-1-3（a）、（b）为对偶电路，各物理量对偶关系如表 3-1-2 所示。

表 3-1-2 对偶电路的对偶关系

图 3-1-3（a）	e_1	e_2	i_1	i_2	i_3	R_1	L_1	C_1	R_2	C_2	L_3	R_3
图 3-1-3（b）	i_a	i_c	u_a	u_b	u_c	G_a	C_{ab}	L_a	G_b	L_{bc}	C_c	G_c

二、对偶电路的图解求法

根据例 3-1-1 求对偶电路方法的原理，可以总结出一种由图解直接求对偶电路的一般方法，它适用于任意复杂电路。

（1）在电路的每一回路中取一点，依次编号为 1，2，…，n；在电路外任意绘一包围线，相当于等电位的节点 O。

（2）从每个编号点出发，向该回路的每一元件和电源画辐射线，到达包围线或到达相邻的编号点。回路的每个编号点对应于其对偶图中的节点（O 点对应于零电位节点），而这些辐射线则对应于对偶图中的对偶支路。

（3）对每一回路按相同方向标出回路电流参考方向，使流经两回路边界支路的两个回路电流方向相反，对每一电动势、元件电流和元件电压也都给出参考方向。按照表 3-1-1 进行对偶变换。把电动势换为电流源时，若电动势 e 与回路电流的参考方向一致（此时电压 $u=e$ 与电流参考方向相反），则此电动势对偶换为流入节点的电流源，而回路电流则换为离开节点的电压，从而保持此电流源仍产生电功率。同理，如一元件的电压与回路电流取相同参考方向，则换为流出节点进入其对偶元件的电流，如该元件电流与回路电流取相同参考方向，则换为离开节点跨越其对偶元件的电压。

例 3-1-2 如图 3-1-4（a）所示为具有三个回路的电路。试画出其对偶电路。

解 （1）图 3-1-4（a）中每回路内取一点，分别编号为 1、2、3，在电路外围画一虚线。在其对偶电路图 3-1-4（b）上，1、2、3 对应于节点 1′、2′、3′，虚线上参考点 O 对应于零电位点 O′。

（2）从图 3-1-4（a）上的编号点 1、2、3 分别穿过元件（或电动势）画辐射线 1-O_1，1-O_2，1-O_3，1-2，1-3，…。每 1 条辐射线在对偶图上为一条支路。

（3）按照表 3-1-1 进行对偶变换，即将 R_1 换成 G_1，C_1 换成 L_1，C_2 换成 L_2，…，各电动势也换成电流源。在图 3-1-4（a）中 e_1 方向与回路电流 i_1 方向一致，故在对偶图上电流源 i_2 的方向应指向节点 1′。e_2 与回路电流 i_2 反向，在对偶图上电流源 i_2 的方向为离开节点 2′，…。最后整理得出具有 4 个电流源的节点电路，如图 3-1-4（b）所示。

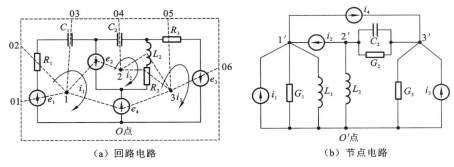

（a）回路电路 　　　　　　　　（b）节点电路

图 3-1-4　用图解法求对偶电路

除了电路可互为对偶电路外，一个磁路也可和一个电路具有对偶关系，因为磁路方程组与电路方程组在形式上是相似的。

第二节 机械系统

机械系统有动能储存、位能储存，还有各种形式摩擦引起的机械损耗。任何机械元件都不同程度地存在以上三种效应，但在实际分析时，常将机械系统表示为只有一种效应的理想元件。与以上三种效应相对应的元件分别为惯性元件、弹性元件和阻力元件，其符号如图 3-2-1 所示。

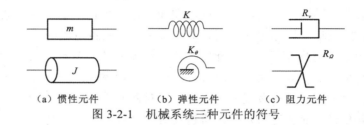

（a）惯性元件　　　　（b）弹性元件　　　　（c）阻力元件

图 3-2-1　机械系统三种元件的符号

一、机械系统的元件

（一）惯性元件

具有质量 m 或转动惯量 J 的元件称为惯性元件。

对于平移运动，若元件的质量为 m，加速度为 a，则惯性力 f_{ma} 为

$$f_{ma} = ma = m\frac{\mathrm{d}v}{\mathrm{d}t} = m\frac{\mathrm{d}^2 x}{\mathrm{d}t^2} \tag{3-2-1}$$

对于旋转运动，若元件的转动惯量为 J，角加速度为 α，则惯性转矩 T_J 为

$$T_J = J\alpha = J\frac{\mathrm{d}\Omega}{\mathrm{d}t} = J\frac{\mathrm{d}^2 \theta}{\mathrm{d}t^2} \tag{3-2-2}$$

（二）弹性元件

线性的理想弹簧或线性的理想扭力弹簧称为弹性元件。

对于平移运动，若弹簧的刚性系数为 K，变形为 x，则弹簧的弹力 f_K 为

$$f_K = K\int v\mathrm{d}t = Kx \tag{3-2-3}$$

式中：x 从变形为 0 的位置与平衡位置的位移长度。

对于旋转运动，若扭转弹簧的扭转刚性系数为 K_θ，扭转角为 θ，则扭转力矩 T_K 为

$$T_K = K_\theta \int \Omega \mathrm{d}t = K_\theta \theta \qquad (3\text{-}2\text{-}4)$$

式中：扭转角 θ 为从无扭转时与平衡位置时的旋转角度。

（三）阻力元件

对平移或旋转运动产生阻力作用的阻尼器（黏性或线性摩擦元件）称为阻力元件。

对于线性的阻力元件，在平移运动时，阻力 f_R 与运动速度 v 成正比，即

$$f_R = R_v v = R_v \frac{\mathrm{d}x}{\mathrm{d}t} \qquad (3\text{-}2\text{-}5)$$

式中： R_v 称为阻力系数。

对于旋转运动，若 R_Ω 为旋转时的阻力系数， Ω 为旋转角速度，则阻力转矩 T_R 为

$$T_R = R_\Omega \Omega = R_\Omega \frac{\mathrm{d}\theta}{\mathrm{d}t} \qquad (3\text{-}2\text{-}6)$$

式中： R_Ω 为旋转阻力系数。

二、平移和旋转机械系统的相似性

由以上可见，平移与旋转系统的三种元件相对应，各物理量也相对应。如图 3-2-2 （a）所示，一个由质量 m 、刚性系数 K 和阻力系数 R_v 所构成的平移机械系统，其作用的外力为 f 。此系统的运动方程为

$$f = m\frac{\mathrm{d}v}{\mathrm{d}t} + R_v v + K \int v \mathrm{d}t \qquad (3\text{-}2\text{-}7)$$

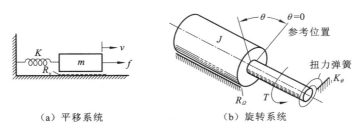

（a）平移系统　　　　　（b）旋转系统

图 3-2-2　两种机械系统

如图 3-2-2（b）所示，一个由旋转惯量 J 、扭转刚性系数 K_θ 和旋转阻力系数 R_Ω 所构成的扭转机械系统，其外部作用的转矩为 T 。此系统的运动方程为

$$T = J\frac{\mathrm{d}\Omega}{\mathrm{d}t} + R_\Omega \Omega + K_\theta \int \Omega \mathrm{d}t \qquad (3\text{-}2\text{-}8)$$

从式（3-2-7）和式（3-2-8）可见，两式的数学形式相同，所以这两个系统是相似系统，其对应量如表 3-2-1 所示。

表 3-2-1　平移和旋转相似系统之间的对应参量

平移系统			旋转系统		
参量	符号	单位	参量	符号	单位
力	f	N	转矩	T	N·m
加速度	a	m/s²	角加速度	α	rad/s²
速度	v	m/s	角速度	Ω	rad/s
位移	x	m	转角	θ	rad
质量	m	kg	转动惯量	J	Kg·m²
刚性系数	K	N/m	扭转刚性系数	K_θ	N·m/rad
阻力系数	R_v	N·s/m	旋转阻力系数	R_Ω	N·m·s/rad

第三节　机电系统的类比

一、机械系统和电系统相似性的依据

电系统的基本定律是基尔霍夫定律。基尔霍夫电流定律的含义为在电路中的任意一个节点处，流入和流出的电流的代数和恒等于零，其数学表达式为

$$\sum i = 0 \tag{3-3-1}$$

基尔霍夫电压定律的含义为对于电路中的任一闭合回路，各段电压的代数和恒等于零，其数学表达式为

$$\sum u = 0 \tag{3-3-2}$$

机械系统的基本定律是达朗贝尔原理和速度（或位移）的连续定律。达朗贝尔原理是根据牛顿第二运动定律得出，它可叙述为任一机械系统达到动力平衡时，作用在任一物体上的各种力（包括外加力、惯性力、阻力等）的代数和恒等于零，其数学表达式为

$$\sum f = 0 \tag{3-3-3}$$

速度（或位移）连续定律可叙述为环绕任一机械回路，其各段位移（或速度）的代数和应恒等于零，即

$$\sum x = 0 \quad \text{或} \quad \sum v = 0 \tag{3-3-4}$$

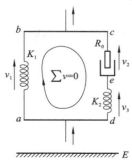

图 3-3-1　平移机械回路

例如，图 3-3-1 所示，假设梁 ad 和梁 bc 的两端均夹在垂直的滑轨中，故只能作上下平移运动，沿 $abceda$ 一圈，按式（3-3-4）可得 $\sum v = v_1 - v_2 - v_3 = 0$，其中 v_1 为 b 点对 a 点的相对速度，即 $v_1 = \dfrac{d}{dt}\{x_b(t) - x_a(t)\}$，式中：$x_a(t)$ 和 $x_b(t)$ 为 a 点、b 点在 t 时刻对基准面 E 的高度。同理 v_2 为 c 点对 e 点的相对速度，而 v_3 为 e 点对 d 点的相对速度。

由于上述可见，电系统和机械系统的基本定律具有同样的数学形式，即它们之间具有相似性，这给两种系统的类比提供了理论依据。

二、机械系统与电系统的类比

（一）力−电流（f-i）类比

图 3-2-2（a）所示机械系统的运动方程为

$$f = m\frac{\mathrm{d}v}{\mathrm{d}t} + R_v v + K\int v\mathrm{d}t \tag{3-3-5}$$

对图 3-1-2 并联电路的节点电流方程为

$$i = C\frac{\mathrm{d}u}{\mathrm{d}t} + Gu + \frac{1}{L}\int u\mathrm{d}t \tag{3-3-6}$$

若把机械系统的力 f 和电系统的电流 i，速度 v 与电压 u 类比，则不难看出，上面这两式具有相同的形式，因此这种机-电类比就称为力−电流（f-i）类比。

（二）力−电动势（f-e）类比

由于图 3-1-1 为图 3-1-2 的对偶电路，所以图 3-2-2（b）的机械系统也可和图 3-1-1 的串联电路相类比，后者的回路电压方程为 $e = L\frac{\mathrm{d}i}{\mathrm{d}t} + Ri + \frac{1}{C}\int i\mathrm{d}t$。

此时机械系统的 f 与电系统的 e 类比，称为 f-e 类比，又称经典类比。在这种类比中，质量 m 与电感 L 类比，刚性系数 K 与电容的倒数 $\frac{1}{C}$ 类比，阻力系数 R_v 与电阻 R 类比，均与通常的习惯吻合。

由上述可知，平移机械系统的 $\sum f = 0$，当类比于 GCL 节点电路 $\sum i = 0$ 时，得到 f-i 类比；当类比于 RCL 回路电路 $\sum u = 0$ 时，得到 f-e 类比。即同一平移机械系统可以有两种类比方法，这同样可推广到 $R_\Omega J K_\theta$ 旋转机械系统。表 3-3-1 中详细列出两种类比中各物理量之间的类比关系。

表 3-3-1 机械系统与电系统的类比

名称		机械系统		电系统	
		平移运动	旋转运动	f-e 类比	f-i 类比
广义变量	坐标	位移 x	角度 θ	电荷 q	磁链 ψ
	速度	速度 $v=\dfrac{\mathrm{d}x}{\mathrm{d}t}$	角速度 $\Omega=\dfrac{\mathrm{d}\theta}{\mathrm{d}t}$	电流 $i=\dfrac{\mathrm{d}q}{\mathrm{d}t}$	电动势 e $\left(u=-e=\dfrac{\mathrm{d}\psi}{\mathrm{d}t}\right)$
	动量	动量 p	角动量 p_Ω	磁链 ψ	电荷 q
	力	力 $f=\dfrac{\mathrm{d}p}{\mathrm{d}t}$	转矩 $T=\dfrac{\mathrm{d}p_\Omega}{\mathrm{d}t}$	电动势 e（$u=-e=\dfrac{\mathrm{d}\psi}{\mathrm{d}t}$）	电流 $i=\dfrac{\mathrm{d}q}{\mathrm{d}t}$

名称		机械系统		电系统	
		平移运动	旋转运动	$f\text{-}e$ 类比	$f\text{-}i$ 类比
系统元件	阻力作用	阻力系数 R_v	旋转阻力系数 R_Ω	电阻 R	电导 G
		阻力 $f_R = R_v v$ $= R_v \dfrac{\mathrm{d}}{\mathrm{d}t}(x_1 - x_2)$	阻力转矩 $T_R = R_\Omega \Omega$ $= R_\Omega \dfrac{\mathrm{d}}{\mathrm{d}t}(\theta_1 - \theta_2)$	电压 $u = Ri$ $= R\dfrac{\mathrm{d}}{\mathrm{d}t}(q_1 - q_2)$	电流 $i = Gu$ $= G\dfrac{\mathrm{d}\psi}{\mathrm{d}t}$
		损耗函数 $F = \dfrac{1}{2}v^2 R_v$	损耗函数 $F = \dfrac{1}{2}\Omega^2 R_\Omega$	损耗函数 $F_R = \dfrac{1}{2}i^2 R$	损耗函数 $F_\Omega = \dfrac{1}{2}u^2 G$
	惯性作用	质量 m	转动惯量 J	电感 L	电容 C
		惯性力 $f_M = m\dfrac{\mathrm{d}v}{\mathrm{d}t}$ $= m\dfrac{\mathrm{d}^2 x}{\mathrm{d}t^2} = \dfrac{\mathrm{d}p}{\mathrm{d}t}$	惯性转矩 $T_J = J\dfrac{\mathrm{d}\Omega}{\mathrm{d}t}$ $= J\dfrac{\mathrm{d}^2\theta}{\mathrm{d}t^2} = \dfrac{\mathrm{d}p_\Omega}{\mathrm{d}t}$	电压 $u = L\dfrac{\mathrm{d}i}{\mathrm{d}t}$ $= L\dfrac{\mathrm{d}^2 q}{\mathrm{d}t^2} = \dfrac{\mathrm{d}\psi}{\mathrm{d}t}$	电流 $i = C\dfrac{\mathrm{d}u}{\mathrm{d}t}$ $= C\dfrac{\mathrm{d}^2\psi}{\mathrm{d}t^2} = \dfrac{\mathrm{d}q}{\mathrm{d}t}$
		动能 $W = \dfrac{1}{2}mv^2$	动能 $W = \dfrac{1}{2}J\Omega^2$	储能 $W_m = \dfrac{1}{2}Li^2$	储能 $W_e = \dfrac{1}{2}Cu^2$
	弹性作用	刚性系数 K	扭转刚性系数 K_θ	电容的倒数 $\dfrac{1}{C}$	电感的倒数 $\dfrac{1}{L}$
		弹力 $f = K(x_1 - x_2)$	扭力矩 $T_K = K_\theta(\theta_1 - \theta_2)$	电压 $u = \dfrac{1}{C}(q_1 - q_2) = \dfrac{q}{C}$	电流 $i = \dfrac{1}{L}(\psi_1 - \psi_2)$
		位能 $V = \dfrac{1}{2}Kx^2$	位能 $V = \dfrac{1}{2}K_\theta\theta^2$	储能 $W_e = \dfrac{1}{2}\dfrac{q^2}{C}$	储能 $W_m = \dfrac{1}{2}\dfrac{\psi^2}{L}$

图 3-3-2 表示 $f\!-\!i$ 和 $f\!-\!e$ 两种类比的对偶关系。机械系统的 $\sum f = 0$ 类比于电路的 $\sum i = 0$ 时，得到 $f\!-\!i$ 类比；机械系统的 $\sum f = 0$ 类比于电路的 $\sum u = 0$ 时，得到 $f\!-\!e$ 类比。因而对于同一机械系统，由于两种不同类比，可得到两种电路。

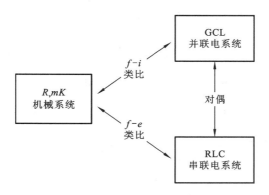

图 3-3-2　$f-i$ 和 $f-e$ 类比时的对偶关系

根据对应关系，在 $f-i$ 类比中，机械系统的位能 $\frac{1}{2}Kx^2$ 对应于电系统的磁场储能 $\frac{1}{2}\frac{\psi^2}{L}$，动能 $\frac{1}{2}mv^2$ 对应于电场储能 $\frac{1}{2}Cu^2$。在 $f-e$ 类比中，机械系统的位能对应于电系统中的电场储能 $\frac{1}{2}\frac{q^2}{C}$，动能应对应于磁场储能 $\frac{1}{2}Li^2$。这些关系如图 3-3-3 所示。

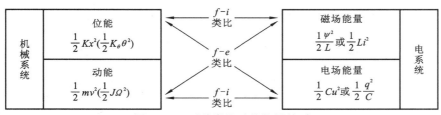

图 3-3-3　两种类比时的能量关系

三、具有两个自由度的旋转机械系统

类比可推广到具有两个自由度的机械系统。如图 3-3-4 所示，一台具有转动惯量 J_1 的电动机带动一个转动惯量 J_2 的负载的机械系统为例，图中第一对轴承和第二对轴承的转动阻力系数分别为 R_{Ω_1} 和 R_{Ω_2}；T_1 和 Ω_1 为电动机的驱动转矩和转速；T_2 和 Ω_2 为负载的阻力转矩和转速；K_θ 为传动轴的扭转刚性系数。

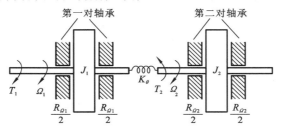

图 3-3-4　具有两个自由度的旋转机械系统

将电动机和负载取分离体，该机械系统的运动方程为

$$\left.\begin{aligned}J_1\frac{\mathrm{d}\Omega_1}{\mathrm{d}t}+R_{\Omega_1}\Omega_1+K_\theta\int(\Omega_1-\Omega_2)\mathrm{d}t&=T_1\\K_\theta\int(\Omega_1-\Omega_2)\mathrm{d}t&=J_2\frac{\mathrm{d}\Omega_2}{\mathrm{d}t}+R_{\Omega_2}\Omega_2+T_2\end{aligned}\right\}$$ （3-3-7）

式（3-3-7）的第二式可改写为

$$J_2\frac{\mathrm{d}\Omega_2}{\mathrm{d}t}+R_{\Omega_2}\Omega_2+K_\theta\int(\Omega_2-\Omega_1)\mathrm{d}t=-T_2$$

采用 $f\text{-}e$ 类比，对应电路的回路电压方程为

$$\left.\begin{aligned}L_1\frac{\mathrm{d}i_1}{\mathrm{d}t}+R_1i_1+\frac{1}{C}\int(i_1-i_2)\mathrm{d}t&=e_1\\L_2\frac{\mathrm{d}i_2}{\mathrm{d}t}+R_2i_2+\frac{1}{C}\int(i_2-i_1)\mathrm{d}t&=-e_2\end{aligned}\right\}$$ （3-3-8）

如果采用 $f\text{-}i$ 类比，则对应电路的节点电流方程为

$$\left.\begin{aligned}C_1\frac{\mathrm{d}u_1}{\mathrm{d}t}+G_1u_1+\frac{1}{L}\int(u_1-u_2)\mathrm{d}t&=i_1\\C_2\frac{\mathrm{d}u_2}{\mathrm{d}t}+G_2u_2+\frac{1}{L}\int(u_2-u_1)\mathrm{d}t&=-i_2\end{aligned}\right\}$$ （3-3-9）

根据上两式可分别画出该系统的两个类比电路，如图 3-3-5 所示。

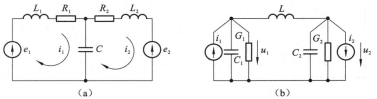

（a）   （b）

图 3-3-5　与图 3-3-4 机械系统对应的类比电路图

应当指出，用类比关系来分析机械系统的方法有两种：①根据机械系统的微分方程，找出类比的电路方程，然后求解电路方程，再还原得出机械系统未知量的解；②根据表 3-3-1 的类比关系，直接把机械系统的模型转换成其模拟电路。第二种方法因为不必列出微分方程即可直接得出模拟电路，所以使用更为方便。下面举两个例子来说明。

例 3-3-3　试列出如图 3-3-6 所示机械系统的运动方程。

解　首先对 m_1 和 m_2 分别设置位移变量 x_1 和 x_2（以外力作用前的平衡位置作为测量起点）。分析作用在 m_1 上的各种力，可得

$$\begin{aligned}f&=f_{ma_1}+f_{R_1}+f_{R_2}\\&=m_1\frac{\mathrm{d}^2x_1}{\mathrm{d}t^2}+R_{v1}\frac{\mathrm{d}x_1}{\mathrm{d}t}+R_{v2}\frac{\mathrm{d}}{\mathrm{d}t}(x_1-x_2)\\&=m_1\frac{\mathrm{d}v_1}{\mathrm{d}t}+(R_{v1}+R_{v2})v_1-R_{v_2}v_2\end{aligned}$$ （3-3-10）

作用在 m_2 上的各种力

$$0 = f_{ma_2} + f'_{R_2} + f_K$$

$$= m_2 \frac{\mathrm{d}^2 x_2}{\mathrm{d}t^2} + R_{v2} \frac{\mathrm{d}}{\mathrm{d}t}(x_2 - x_1) + Kx_2 \tag{3-3-11}$$

$$= m_2 \frac{\mathrm{d}v_2}{\mathrm{d}t} + R_{v2}v_2 - R_{v2}v_1 + K \int v_2 \mathrm{d}t$$

上两式完整地描述了系统的运动。

采用 f-e 类比，对应电路的方程为

$$L_1 \frac{\mathrm{d}i_1}{\mathrm{d}t} + (R_1 + R_2)i_1 - R_2 i_2 = e \tag{3-3-12}$$

$$0 = L_2 \frac{\mathrm{d}i_2}{\mathrm{d}t} + R_2 i_2 - R_1 i_1 + \frac{1}{C}\int i_2 \mathrm{d}t \tag{3-3-13}$$

此类比电路如图 3-3-7 所示，于是机械系统的响应可通过研究其类比的模拟电路来解决。

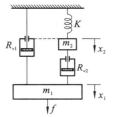 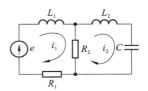

图 3-3-6　一个双坐标机械　　　　　图 3-3-7　图 3-3-6 的机械系统的模拟电路

例 3-3-4　图 3-3-8（a）为一旋转机械系统。竖直圆棒为扭转弹簧元件，其扭转刚性系数为 K_θ，下端接 1 个飞轮，其转动惯量为 J，3～4 为一旋转制动元件，其旋转阻力系数为 R_Ω。试直接求该机械系统的模拟电路。

解　先利用第二种方法：

① 标出机械元件的参数和位移量（即各点的 θ），加上有关的约束关系；

② 根据类比关系把它们化为模拟电路的元件的对应量；

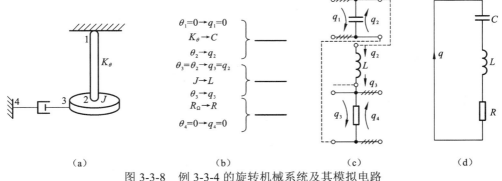

图 3-3-8　例 3-3-4 的旋转机械系统及其模拟电路

③ 根据对应的约束关系，即 $q_1 = 0$，$q_3 = q_2$ 和 $q_4 = 0$，把各模拟电路元件连接起来。整个演化过程如图 3-3-8（a）～（d）图，由于各电路元件流过相同的电荷 q，所以最终得到一个 RLC 串联电路图 3-3-8（d）。

再利用第一种方法求解：

先将该机械系统解除约束，得出如图 3-3-9（a）所示的机械模型受力图。图中 $R_{\Omega}\dfrac{\mathrm{d}\theta}{\mathrm{d}t}$ 为当飞轮具有瞬时角速度 Ω（设曾在其上施加外力使其转动起来再撤除外力）时由旋转制动元件产生的阻力转矩，$K_{\theta}\theta$ 是由于弹性圆棒的扭转所生的扭转矩，而 $J\dfrac{\mathrm{d}^2\theta}{\mathrm{d}t^2}$ 为飞轮惯性力矩，各转矩的实际方向如图 3-3-9（a）所示，根据达朗贝尔原理，可得

$$J\frac{\mathrm{d}^2\theta}{\mathrm{d}t^2}+R_{\Omega}\frac{\mathrm{d}\theta}{\mathrm{d}t}+K_{\theta}\theta=0$$

按 f-e 类比关系，与上式所对应的电路方程为

$$L\frac{\mathrm{d}^2q}{\mathrm{d}t^2}+R\frac{\mathrm{d}q}{\mathrm{d}t}+\frac{1}{C}q=0$$

如用 $i=\dfrac{\mathrm{d}q}{\mathrm{d}t}$ 代入上式，可得

$$L\frac{\mathrm{d}i}{\mathrm{d}t}+Ri+\frac{1}{C}\int i\mathrm{d}t=0$$

上式对应的电路如图 3-3-9（b）所示，其结果与第二种方法求得图 3-3-8（d）的结果完全一致。

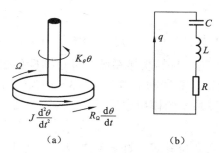

（a）　　　　　　　　　（b）

图 3-3-9　例 3-3-4 的受力图及模拟电路

习　题　三

1. 什么是对偶？什么是类比？
2. 分别写出作用于机械系统的惯性、弹性和阻力元件各物理量之间的关系。
3. 求题图 3-1 所示机械系统的模拟电路。

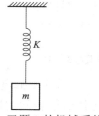

题图 3-1　习题 3 的机械系统

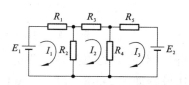

题图 3-2　习题 4 的对偶电路

4. 求题图 3-2 所示电路的对偶电路。

5. 求题图 3-3（a）所示机械系统的模拟电路。

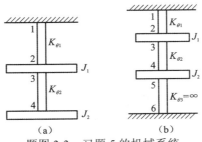

题图 3-3 习题 5 的机械系统

6. 如题图 3-4 所示，一具有转动惯量 J 的皮带轮，它一端由刚性系数为 K_1 的弹簧制动，另一端突然加上由一刚性系数为 K_2 的弹簧所悬吊的质量为 m 的物体，试求：

（1）该系统的运动方程；

（2）绘出其模拟电路。

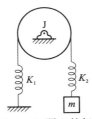

题图 3-4 习题 6 的机械系统

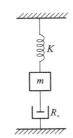

题图 3-5 习题 7 的机械系统

7. 如题图 3-5 所示的一个机械系统，其上下两端均固定，试求其模拟电路。

8. 如题图 3-6 所示，一个机械系统有 2 个弹性系数分别为 K_1 和 K_2 的弹簧元件，2 个质量分别为 m_1 和 m_2 的物体以及阻力系数分别为 R_{v1} 和 R_{v2} 的制动元件。试直接求外力 $f_1(t)$ 作用下该机械系统运动的模拟电路。

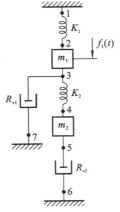

题图 3-6 习题 8 的机械系统

第四章

机电系统运动方程

研究机电系统（包含机电装置）的特性，通常包含两个论题：①系统的物理过程分析；②系统的运动微分方程（以下简称运动方程）的建立及求解。第一、二章针对机电装置论述了第一个论题。本章将论述第二个论题，重点阐明能导出机电系统运动方程的拉格朗日方程。

第一节　建立机电系统运动方程的两种方法

为求得各种不同形式的激励下机电系统的响应和运行特性，必须导出系统的运动方程。

对具有集中参数的机电系统，运动方程通常有两组：一组是电路方程，也就是系统的电压方程，另一组为机械方程，也就是转矩（或力）方程。

把处于运动状态的机电系统作为一个动态电路，利用基尔霍夫定律可以写出系统的电压方程，利用牛顿运动定律（或达朗贝尔原理）可以写出系统的转矩（或力）方程。

利用式（2-1-1）～式（2-1-4），应用电学、力学的基本定律写出机电系统动态的电压平衡方程和转矩（力）平衡方程，前者比静态电路多 1 项运动电动势，后者比纯机械系统多 1 项电磁转矩（力），共多出 1 对机电耦合项。因此，加以按电磁感应定律导出的运动电动势表达式，以及应用虚位移原理导出的电磁转矩（力）表达式，把电与机械双方的参量及其方程联系在一起，就构成完整的机电系统运动方程。这种建立运动方程的方法是把处在运动状态的机电系统作为动态耦合电路来看待，故称为动态耦合电路法。

现用前面所述单边激励和双边激励的机电系统为例，分别列出其运动方程。

对于图 4-1-1 所示单边激励的模型机电系统，若电源电压为 u，线圈的电阻为 r，自感为 L，则根据基尔霍夫定律可以写出电路的电压方程为

$$u = ir + \frac{\mathrm{d}}{\mathrm{d}t}(Li) = ir + L\frac{\mathrm{d}i}{\mathrm{d}t} + i\frac{\mathrm{d}L}{\mathrm{d}x}\frac{\mathrm{d}x}{\mathrm{d}t} \tag{4-1-1}$$

式中：$i\dfrac{\mathrm{d}L}{\mathrm{d}x}\dfrac{\mathrm{d}x}{\mathrm{d}t}$ 是由轭铁运动所引起的运动电动势。

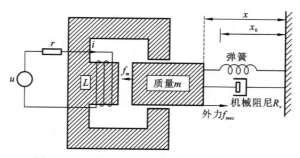

图 4-1-1　单边激励的模型机电系统示意图

若作用在轭铁上的外加机械力为 f_{mec}，电磁力为 f_m；轭铁的质量为 m，弹簧的弹性

常数为 K ，弹簧的平衡位置为 x_0 ；轭铁运动时的机械阻力系数为 R_v ，根据牛顿运动定律可知，力的方程式应为

$$f_m - f_{mec} = m\frac{\mathrm{d}^2 x}{\mathrm{d}t^2} + R_v\frac{\mathrm{d}x}{\mathrm{d}t} + K(x - x_0) \tag{4-1-2}$$

式中

$$f_m = \frac{1}{2}i^2\frac{\mathrm{d}L}{\mathrm{d}x}$$

$m\dfrac{\mathrm{d}^2 x}{\mathrm{d}t^2}$ 为惯性力； $R_v\dfrac{\mathrm{d}x}{\mathrm{d}t}$ 为机械阻力； $K(x - x_0)$ 为弹簧的拉力。

对于图 1-3-1 所示双边激励的机电装置，电路方程包括定子绕组和转子绕组两个电压方程。根据基尔霍夫定律和法拉第电磁感应定律可知

$$\begin{aligned} u_1 &= i_1 r_1 + \frac{\mathrm{d}}{\mathrm{d}t}\big[L_{11}(\theta)i_1 + L_{12}(\theta)i_2\big] \\ &= i_1 r_1 + \left(L_{11}\frac{\mathrm{d}i_1}{\mathrm{d}t} + L_{12}\frac{\mathrm{d}i_2}{\mathrm{d}t}\right) + \left(i_1\frac{\mathrm{d}L_{11}}{\mathrm{d}\theta} + i_2\frac{\mathrm{d}L_{12}}{\mathrm{d}\theta}\right)\frac{\mathrm{d}\theta}{\mathrm{d}t} \end{aligned} \tag{4-1-3}$$

$$\begin{aligned} u_2 &= i_2 r_2 + \frac{\mathrm{d}}{\mathrm{d}t}\big[L_{12}(\theta)i_1 + L_{22}(\theta)i_2\big] \\ &= i_2 r_2 + \left(L_{12}\frac{\mathrm{d}i_1}{\mathrm{d}t} + L_{22}\frac{\mathrm{d}i_2}{\mathrm{d}t}\right) + \left(i_1\frac{\mathrm{d}L_{12}}{\mathrm{d}\theta} + i_2\frac{\mathrm{d}L_{22}}{\mathrm{d}\theta}\right)\frac{\mathrm{d}\theta}{\mathrm{d}t} \end{aligned} \tag{4-1-4}$$

式中： u_1 、 u_2 为定子绕组、转子绕组的端电压； i_1 、 i_2 为定、转子电流； r_1 、 r_2 为定子和转子绕组的电阻。式中包含 $\dfrac{\mathrm{d}\theta}{\mathrm{d}t}$ 项的式子就是运动电动势。

若 T_m 为电磁转矩， T_{mec} 为轴上外加的机械转矩， T_{mec} 与 T_m 方向相反， R_Ω 为旋转阻力系数， J 为转动惯量， K_θ 为扭转弹性常数。根据牛顿运动定律，转矩方程应为

$$T_m - T_{mec} = J\frac{\mathrm{d}^2\theta}{\mathrm{d}t^2} + R_\Omega\frac{\mathrm{d}\theta}{\mathrm{d}t} + K_\theta\theta \tag{4-1-5}$$

其中

$$T_m = \frac{1}{2}i_1^2\frac{\mathrm{d}L_{11}}{\mathrm{d}\theta} + i_1 i_2\frac{\mathrm{d}L_{12}}{\mathrm{d}\theta} + \frac{1}{2}i_2^2\frac{\mathrm{d}L_{22}}{\mathrm{d}\theta}$$

通过机电类比，可以不去区别机、电各个量的物理含义和符号，而统一用任一方（如电系统）物理量的符号来表示另一方的对应量；考虑到保守系统中的力与电压都可以表示为储能的函数，因此使用某个特定的能量函数来建立一个普遍的方程——拉格朗日方程，即通过机电系统的某个特定的能量函数的积分求极值来导出它的运动方程。这种方法称为变分原理法。

导出运动方程的方法通常有两种：动态耦合电路法和变分原理法。

对于旋转电机，如果仅仅研究其稳态运行，可以根据电机内部磁场的分析，由物理过程直接写出其电压方程和转矩方程。

动态耦合电路法是用电气、力学的基本定律和能量守恒原理列出系统的运动方程。从数学物理方法上看，它们是从一组有关系统微增变化的"微分原理"作为出发点。另

一种办法是通过求出系统的某个特定状态函数的积分函数的极值来确定机电系统的运动方程，这种方法叫作变分原理法。变分原理法是以机电系统总体运动的"积分原理"作为出发点。

普遍认为动态耦合电路法的物理意义比较清晰，易于理解，但对多变量的机电系统，需要有较高的见解和判断力才能写出它的运动方程；变分原理法利用拉格朗日方程可以机械地导出机电系统的运动方程，并能自动导出机电耦合项，步骤比较简单和系统化，在解决较复杂系统的难题时发挥了明显作用，已成为动力学中一种很有效的方法。它的缺点是应用较多数学，较难洞察物理过程，而机械处理问题的方法又往往使人忽视问题的物理意义。

第二节　拉格朗日方程

同一个机电系统，应用动态耦合电路法和变分原理法导出的运动方程完全一样。当某一机电系统的运动方程用一种方法导出后，便能由此推导出另一种方法。因此取两个简单的实例，用动态耦合电路法列出运动方程来导出拉格朗日方程，我们就能从物理概念上理解拉格朗日方程，然后对它作普遍性的解释。

一、保守弹簧振子的拉格朗日方程

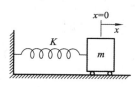

图 4-2-1　弹簧振子系统

设一理想的没有外力和损耗的弹簧振子系统如图 4-2-1 所示。振子的质量为 m，弹簧的刚性系数为 K，以系统静止时振子的中心为水平位移 x 的原点。若加外力使振子沿 x 方向到某一位移后外力消失，则振子在弹簧力的作用下将在 x 方向作往复运动。其运动方程是弹簧弹力 $f_K = Kx$ 与振子惯性力 $f_{ma} = m\dfrac{\mathrm{d}\dot{x}}{\mathrm{d}t}$ 的平衡式，即

$$m\frac{\mathrm{d}\dot{x}}{\mathrm{d}t} + Kx = 0 \tag{4-2-1}$$

该保守系统包含的动能 T 和位能 V 分别为

$$T = \frac{1}{2}m\dot{x}^2 \tag{4-2-2}$$

$$V = \frac{1}{2}Kx^2 \tag{4-2-3}$$

设想用能量的函数来表示运动过程中的力，则

$$f_{ma} = m\frac{\mathrm{d}\dot{x}}{\mathrm{d}t} = \frac{\mathrm{d}}{\mathrm{d}t}[m\dot{x}] = \frac{\mathrm{d}}{\mathrm{d}t}\left[\frac{\partial}{\partial \dot{x}}\left(\frac{1}{2}m\dot{x}^2\right)\right] = \frac{\mathrm{d}}{\mathrm{d}t}\left(\frac{\partial}{\partial \dot{x}}T\right) \tag{4-2-4}$$

$$f_K = Kx = \frac{\partial}{\partial x}\left(\frac{1}{2}Kx^2\right) = \frac{\partial}{\partial x}V \tag{4-2-5}$$

上两式表明惯性力仅与系统的动能有关，而弹力仅与系统的位能有关。把这两式代入式（4-2-1），得

$$\frac{\mathrm{d}}{\mathrm{d}x}\left(\frac{\partial}{\partial \dot{x}}T\right) + \frac{\partial}{\partial x}V = 0$$

令特定的能量函数 $\mathcal{L} = T - V$，则上式可化为

$$\frac{\mathrm{d}}{\mathrm{d}t}\left(\frac{\partial}{\partial \dot{x}}\mathcal{L}\right) - \frac{\partial}{\partial x}\mathcal{L} = 0 \tag{4-2-6}$$

该式就是一个保守系统的拉格朗日方程。其中 $\mathcal{L}$ 称为拉格朗日函数，是系统的一个能量函数，也是系统的一个状态函数，故又称拉格朗日状态函数。

二、单边激励机电装置的拉格朗日方程

非保守的机电系统以单边激励机电装置电磁铁为例，如图 4-2-2 所示，其电路的电压平衡方程

$$u = u_R - e = Ri + \frac{\mathrm{d}\psi}{\mathrm{d}t} \tag{4-2-7}$$

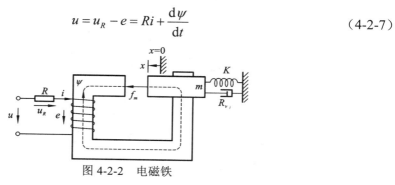

图 4-2-2　电磁铁

设通电的衔铁位移 $x = 0$，则通电后具有质量 m，刚性系数 K 和阻力系数 R_v 的衔铁系统，在电磁力 $f_m = \dfrac{\partial W_m'}{\partial x}$ 作用下其平衡方程为

$$f_m = f_{ma} + f_K + f_R = m\frac{\mathrm{d}\dot{x}}{\mathrm{d}t} + Kx + R_v\dot{x} \tag{4-2-8}$$

整个装置的能量除电源输入电能外，有

$$\left.\begin{array}{ll} \text{衔铁动能} & T_{me} = \dfrac{1}{2}m\dot{x}^2 \\[2mm] \text{弹簧位能} & V_{mec} = \dfrac{1}{2}Kx^2 \\[2mm] \text{磁能} & W_m = \displaystyle\int_0^\psi i\,\mathrm{d}\psi \\[2mm] \text{磁共能} & W_m' = \displaystyle\int_0^i \psi\,\mathrm{d}i \end{array}\right\} \tag{4-2-9}$$

采用 f-e 类比，磁能为电磁系统的广义动能，对应的磁共能为广义动共能。此外，装置还有机械损耗和电阻损耗，损耗通常引用损耗函数 F 来表示，各项 F 的大小等于所对应损耗的一半，根据表 3-3-1，可得

$$
\left.
\begin{aligned}
\text{电损耗函数} \quad & F_e = \frac{1}{2}Ri^2 \\[4pt]
\text{机械损耗函数} \quad & F_{mec} = \frac{1}{2}R_v\dot{x}^2 \\[4pt]
\text{机电总损耗函数} \quad & F = F_e + F_{mec} \\[4pt]
& = \frac{1}{2}Ri^2 + \frac{1}{2}R_v\dot{x}^2
\end{aligned}
\right\}
\tag{4-2-10}
$$

根据以上两组公式，运动方程中各项力和电压可用能量的函数表达如下：

$$
\begin{aligned}
-e &= \frac{d\psi}{dt} = \frac{d}{dt}\left(\frac{\partial}{\partial i}W_m'\right) \\[6pt]
u_R &= Ri = \frac{\partial}{\partial i}\left(\frac{1}{2}Ri^2\right) = \frac{\partial}{\partial i}F_e \\[6pt]
f_m &= \frac{\partial W_m'}{\partial x} \\[6pt]
f_{ma} &= m\frac{d\dot{x}}{dt} = \frac{d}{dt}\left[\frac{\partial}{\partial\dot{x}}\left(\frac{1}{2}m\dot{x}^2\right)\right] = \frac{d}{dt}\left[\frac{\partial}{\partial\dot{x}}T_{me}\right] \\[6pt]
f_K &= Kx = \frac{\partial}{\partial x}\left(\frac{1}{2}Kx^2\right) = \frac{\partial}{\partial x}V_{mec} \\[6pt]
f_R &= R_v\dot{x} = \frac{\partial}{\partial\dot{x}}\left(\frac{1}{2}R_v\dot{x}^2\right) = \frac{\partial}{\partial\dot{x}}F_{mec}
\end{aligned}
\tag{4-2-11}
$$

用式（4-2-11）各分式代换运动方程式（4-2-7）和式（4-2-8）中的各项，可得

$$
\begin{aligned}
&\frac{d}{dt}\left(\frac{\partial}{\partial i}W_m'\right) + \frac{\partial}{\partial i}F_e = u \\[6pt]
&\frac{d}{dt}\left[\frac{\partial}{\partial\dot{x}}T_{me}\right] - \frac{\partial}{\partial x}\left(W_m' - V_{mec}\right) + \frac{\partial}{\partial\dot{x}}F_{mec} = 0
\end{aligned}
\tag{4-2-12}
$$

机械系统也引入动共能，它与动能相等。由此得装置的总动能 $T = W_m + T_{me}$，总动共能 $T' = W_m' + T_{me}$，本例总位能 $V = V_{mec}$。

将式（4-2-12）中损耗函数统一用总损耗函数代替，其他的能量函数统一用拉格朗日函数 $\mathcal{L} = T' - V$ 取代。并且 q、x 等都用广义坐标 q 表示；i、$\dot{x}$ 等都用广义速度 $\dot{q}$ 表示；外加的 u、f 等都用外来广义驱动力 Q 表示。则，式（4-2-12）的两个分式就可用统一形式的方程表示如下：

$$
\frac{d}{dt}\left(\frac{\partial\mathcal{L}}{\partial\dot{q}_k}\right) - \frac{\partial\mathcal{L}}{\partial q_k} + \frac{\partial F}{\partial\dot{q}_k} = Q_k \qquad k = 1,2
\tag{4-2-13}
$$

该式是一般的非保守系统拉格朗日方程，它对机电以外的其他很多物理系统也普遍适用。

对线性系统，总动共能与总动能相等，则拉格朗日函数 $\mathcal{L} = T' - V = T - V$。

对保守系统，总损耗函数 $F = 0$ 和外来广义驱动力 $Q_k = 0$，则拉格朗日方程可简化与式（4-2-6）一致，即

$$\frac{d}{dt}\left(\frac{\partial \mathcal{L}}{\partial \dot{q}_k}\right) - \frac{\partial \mathcal{L}}{\partial q_k} = 0 \quad （ k = 1,2,\cdots,N ） \qquad （4\text{-}2\text{-}14）$$

三、拉格朗日方程的普遍性解释

实际的系统均为非保守系统，因为系统内部既有损耗，且各个端口还有各种非保守力；例如电端口可能有外加电源、机械端口可能有转矩等。

考虑机械损耗和电损耗的影响，引入随广义速度 $\dot{q}_k$ 的平方而变化的损耗函数 F，即

$$F = \frac{1}{2}\sum_{k=1}^{N} R_k \dot{q}_k^2$$

式中：R_k 为损耗系数，$2F$ 恰好等于系统的总损耗功率，即包括机械损耗和电损耗。与损耗相应的广义阻力则为 $\dfrac{\partial F}{\partial \dot{q}_k} = R_k \dot{q}_k$。

设作用在第 k 个坐标 q_k 上的非保守驱动力为 Q_k，即电系统的外加电源电压、机械系统的外加驱动转矩等。根据达朗贝尔原理和基尔霍夫定律，系统达到动力平衡时，要求所有作用力的总和等于零，于是可得系统的动力平衡方程为

$$\frac{\mathrm{d}}{\mathrm{d}t}\left(\frac{\partial \mathcal{L}}{\partial \dot{q}_k}\right) - \frac{\partial \mathcal{L}}{\partial q_k} = Q_k - \frac{\partial F}{\partial \dot{q}_k} = 第\ k\ 个坐标点的所有非保守力$$

或

$$\frac{\mathrm{d}}{\mathrm{d}t}\left(\frac{\partial \mathcal{L}}{\partial \dot{q}_k}\right) - \frac{\partial \mathcal{L}}{\partial q_k} + \frac{\partial F}{\partial \dot{q}_k} = Q_k \qquad （4\text{-}2\text{-}15）$$

式（4-2-15）就是推广到非保守系统的拉格朗日方程。式中：广义坐标 $q_k = q_k(t)$ 是时间的函数；N 为广义坐标个数，也即运动方程式的个数。

该方程等号左侧前两项是保守力：$\dfrac{\mathrm{d}}{\mathrm{d}t}\left(\dfrac{\partial \mathcal{L}}{\partial \dot{q}_k}\right)$ 为广义惯性力；$-\dfrac{\partial \mathcal{L}}{\partial \dot{q}_k}$ 为广义惯性力以外的保守力，包含广义弹力和电磁力等。方程等号左侧第 3 项和等号右侧 1 项是非保守力：$\dfrac{\partial F}{\partial \dot{q}_k} = R_k \dot{q}_k$ 是对应损耗的广义阻力，又称损耗力，其中 R_k 是代表电阻 R、机械阻力系数 R_v 等的广义损耗系数；$Q_k = Q_k(t)$ 为外来广义驱动力。方程的实际含义是：系统动力平衡时，作用在每一广义坐标上的广义力总和等于零。

由于应用拉格朗日方程来导出机电系统的运动方程，其关键在于选择广义坐标，明确拉格朗日函数。

对非保守系统拉格朗日函数仍然有效；只要把外部驱动力和损耗力等非保守力考虑进去，并对原来的拉格朗日方程加以修正。实质上相当于在算法上把系统的非保守部分

移出，进而把系统作为保守系统处理，然后加以修正。

（一）广义坐标选择

从动力学的观点可以把物理系统看成是由许多互相连接并受到一定约束力的质点所组成。对于静力学系统，可以用坐标量来描述系统的即时状态。例如，为了描述一个质点在空间的位置需要三个坐标，描述一个质点在空间中运动的即时状态需要三个坐标及三个速度；为了描述电容元件的即时状态，可以选用电荷作为坐标。对于动力学系统，除坐标外，还要加上坐标的导数即广义速度（机械系统中的运动速度，电系统中的电流）才能完整地描述一个系统。坐标和速度二者称为系统的动力变量。但实际上，各质点（或元件）的位置和速度常受到几何的或运动的约束，使每个质点的自由度和独立坐标都小于三个。

一个系统的动力变量，不能全部任意选定，因为它们可能不全是互相独立的。究竟有多少个独立变量，取决于系统的约束条件。若系统的自由度为 N，就有 N 个独立坐标，这一最低数目的独立坐标称为广义坐标，广义坐标通常用 q_k 表示。广义坐标的导数称为广义速度，用 $\dot{q}_k$ 表示。机电系统的即时状态取决于 N 个广义坐标和 N 个广义速度的即时值。

表 4-2-1 列举了机电系统中常用的广义坐标。表中机械系统的广义坐标选位移 x 或转角 θ，相应的广义速度为线速度 $\dot{x}$ 或角速度 $\dot{\theta}$；电系统的广义坐标选电荷 q，相应的广义速度为电流 i。设电的广义坐标有 n 个，机械的广义坐标有 m 个，则 $m+n=N$，N 就是系统的自由度。

表 4-2-1 机电系统的广义变量

广义变量	电系统	机械系统	
		平移	转动
广义坐标 q_k	电荷 q_k	位移 x_k	转角 θ_k
广义速度 $\dot{q}_k$	电流 $i_k\,(k=1,2,\cdots,n)$	速度 $\dot{x}_k\,(k=1,2,\cdots,m)$	角速度 $\dot{\theta}_k\,(k=1,2,\cdots,m)$
广义动量 p_k	磁链 ψ_k	动量 $p_k=m\dot{x}_k$	角动量 $p_{\Omega k}$
广义力 f_k	电压的负值 $-u$	机械力 $f_k=-Kx_k$	转矩 T_k

（二）拉格朗日函数

机电系统的储能是一个状态函数。系统的储能可以分为动能（动共能）和位能两类。

对于机械系统，动能是指物体运动时储存的与速度有关的能量。根据动力学可知，物体的动能 T 为

$$\left.\begin{array}{l} T=\dfrac{1}{2}m\dot{x}^2(\text{对平移运动}) \\ T=\dfrac{1}{2}J\dot{\theta}^2(\text{对旋转运动}) \end{array}\right\} \tag{4-2-16}$$

式中：m 和 J 分别表示物体的质量和转动惯量。位能指物体储存的仅与位置有关的能量。例如受压的弹簧，其位能 V 为

$$V = \frac{1}{2} K x^2 \tag{4-2-17}$$

式中：K 为弹簧的弹性常数。

对于电系统，若选电荷 q 为电的广义坐标，电流 i 为广义速度；电容储存的能量可作为位能，仅与广义坐标 q 有关；则电系统位能 V 为

$$V = \frac{1}{2} \frac{q^2}{C} \tag{4-2-18}$$

相应地，电感储存的能量可作为动能，它与电的广义速度 i 有关；那么 T 表达式为

$$T = \frac{1}{2} L i^2 = \frac{1}{2} L \dot{q}^2 \tag{4-2-19}$$

总之，无论机械系统还是电系统，位能仅为广义坐标的函数；动能则是广义速度的函数，有时也与广义坐标有关。

拉格朗日函数 $\mathcal{L}$ 表达式为

$$\mathcal{L} = T' - V \tag{4-2-20}$$

按表 1-5-1 选用动力变量，机电系统的总动共能 $T' = T'(q_k, \dot{q}_k, t)$ 包含机械系统的动能 T_{me} 和电磁系统的磁共能 W_m'，即

$$T' = T_{me} + W_m' \tag{4-2-21}$$

其中

$$T_{me} = \frac{1}{2} \sum_{i=1}^{m} m_i \dot{x}_i^2 \quad \text{或} \quad T_{me} = \frac{1}{2} \sum_{i=1}^{m} J_i \dot{\theta}_i^2 \tag{4-2-22}$$

$$W_m' = \int_{0,\cdots,0}^{i_1,\cdots,i_n} \sum_{j=1}^{m} \psi_j \, di_j \tag{4-2-23}$$

当系统为线性时，磁共能与磁能相等，从而总动共能与总动能相等，得

$$T' = T = T_{em} + W_m \tag{4-2-24}$$

$$W_m = \frac{1}{2} \sum_{j=1}^{n} \sum_{k=1}^{n} L_{jk} i_j i_k \tag{4-2-25}$$

机电系统的总位能 $V = V(q_k, t)$ 包含机械系统的弹簧位能 V_{mec} 和电磁系统的电场能 W_e，即

$$V = V_{mec} + W_e \tag{4-2-26}$$

式中

$$V_{mec} = \frac{1}{2} \sum_{i=1}^{m} K_i x_i^2 \quad \text{或} \quad V_{mec} = \frac{1}{2} \sum_{i=1}^{m} K_{\theta i} \theta_i^2 \tag{4-2-27}$$

$$W_e = \int_{0,\cdots,0}^{q_1,\cdots,q_n} \sum_{j=1}^{n} u_j \, dq_j \tag{4-2-28}$$

当系统为线性时，电场能可简化为

$$W_e = \frac{1}{2} \sum_{i=1}^{n} \frac{q_j^2}{C_j} \tag{4-2-29}$$

可见，拉格朗日函数 $\mathcal{L}$ 是广义坐标、广义速度、时间三者的函数，即

$$\mathcal{L}(q_k, \dot{q}_k, t) = T'(q_k, \dot{q}_k, t) - V(q_k, t) \qquad (4\text{-}2\text{-}30)$$

当系统为线性时，拉格朗日函数等于总动能与总位能之差。即

$$\mathcal{L}(q_k, \dot{q}_k, t) = T(q_k, \dot{q}_k, t) - V(q_k, t) \qquad (4\text{-}2\text{-}31)$$

最后指出，动力变量可有不同的选择方案，相应的系统特定能量函数也可有不同的选择方案，例如还有哈密顿函数 H，在稳定的保守系统中定义为系统的总动能与总位能之和。但对机电系统，通常用拉格朗日函数。主要原因是利用变分原理导出的运动方程，其电路方程和用基尔霍夫定律导出的方程完全相同，因而使大家感到十分熟悉、方便。

第三节　应用拉格朗日方程建立机电系统运动方程

一、哈密顿原理和拉格朗日方程

机电系统的运动方程可用不同的方法导出。但无论运动方程如何推导，一个机电系统仅能由一条动力路线来描述。哈密顿原理是拉格朗日状态函数在时间 t_1 和 t_2 之间的积分 I：

$$I = \int_{t_1}^{t_2} \mathcal{L} \, \mathrm{d}t \qquad (4\text{-}3\text{-}1)$$

对于保守系统，由状态函数 $\mathcal{L}$ 所描述的系统的实际动力路线是使 I 的变分为零，即使 I 达到极值时所确定的路线。

根据变分原理，若 N 个坐标均为独立变量，则积分 I 达到极值的条件为

$$\frac{\partial \mathcal{L}}{\partial q_k} - \frac{\mathrm{d}}{\mathrm{d}t}\left(\frac{\partial \mathcal{L}}{\partial \dot{q}_k}\right) = 0 \quad (k = 1, 2, \cdots, N) \qquad (4\text{-}3\text{-}2)$$

这就是拉格朗日方程。式（4-3-2）实际是一个方程组，它由 N 个方程组成，其中 n 个是电路方程，m 个是机械系统的方程。哈密顿原理的结论是机电系统的实际运行路线由拉格朗日方程所确定。

若动能仅是广义速度的函数，则 $\dfrac{\partial \mathcal{L}}{\partial q_k}$ 实质是系统位能所对应的广义力，$\dfrac{\mathrm{d}}{\mathrm{d}t}\left(\dfrac{\partial \mathcal{L}}{\partial \dot{q}_k}\right)$ 则是广义的惯性力。拉格朗日方程的实际含义是保守系统在动力平衡时，作用在第 k 个坐标上的广义力的总和恒等于零。从力学方面来看，这恰好与达朗贝尔原理相一致；从电路方面看，这同样与基尔霍夫定律相符合。

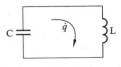

图 4-3-1　闭合的 LC 电路

例 4-3-1　试用拉格朗日方程导出图 4-3-1 所示线性 LC 闭合电路的电路方程。

解　电容 C 和电感 L 均为储能组件，若回路内无电阻和外电源，则 LC 回路组成一个保守系统。

选择电荷 q 作为广义坐标，则电流 $i = \dfrac{\mathrm{d}q}{\mathrm{d}t}$ 就是广义速度。系统的位能和动能分别为

$$V = \frac{1}{2}\frac{q^2}{C}, \qquad T = \frac{1}{2}L\dot{q}^2$$

于是，拉格朗日状态函数 $\mathcal{L}$ 为

$$\mathcal{L} = T - V = \frac{1}{2}L\dot{q}^2 - \frac{1}{2}\frac{q^2}{C}$$

拉格朗日方程为

$$\frac{\partial \mathcal{L}}{\partial q} - \frac{\mathrm{d}}{\mathrm{d}t}\left(\frac{\partial \mathcal{L}}{\partial \dot{q}}\right) = 0$$

式中

$$\frac{\partial \mathcal{L}}{\partial q} = \frac{\partial}{\partial q}(T - V) = -\frac{\partial V}{\partial q} = -\frac{q}{C}$$

$$\frac{\mathrm{d}}{\mathrm{d}t}\left(\frac{\partial \mathcal{L}}{\partial \dot{q}}\right) = \frac{\mathrm{d}}{\mathrm{d}t}\left(\frac{\partial T}{\partial \dot{q}}\right) = \frac{\mathrm{d}}{\mathrm{d}t}(L\dot{q}) = L\frac{\mathrm{d}i}{\mathrm{d}t}$$

代入拉格朗日方程，可得

$$L\frac{\mathrm{d}i}{\mathrm{d}t} + \frac{q}{C} = 0$$

上式与从基尔霍夫定律导出的结果完全一致。

二、机电系统运动方程建立

应用拉格朗日方程建立完整约束的机电系统的运动方程，不仅是用能量观点统一处理了机电双方相互作用的运动规律问题，而且方法简单，可以机械地求得运动方程并自动导出机电耦合项。其推导步骤如下。

（1）根据系统的约束条件，选择广义坐标 q_k 和广义速度 $\dot{q}_k$；

（2）确定总损耗函数 F 或广义损耗系数 R_k；列出外来广义驱动力 Q_k；

（3）用 q_k 和 $\dot{q}_k$ 表示系统的总动共能 T' 和总位能 V，并写出拉格朗日函数 $\mathcal{L} = T' - V$；

（4）将以上结果代入拉格朗日方程式（4-2-15）：

$$\frac{\mathrm{d}}{\mathrm{d}t}\left(\frac{\partial \mathcal{L}}{\partial \dot{q}_k}\right) - \frac{\partial \mathcal{L}}{\partial q_k} + R_k\dot{q}_k = Q_k \qquad (k = 1, 2, \cdots, N) \tag{4-3-3}$$

经求导后即可得到 N 个运动方程式。

例 4-3-2　试求图 4-3-2 所示电磁铁的运动方程（设磁路为线性）。

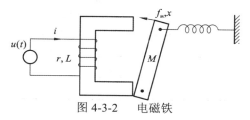

图 4-3-2　电磁铁

解 （1）先确定系统的广义变量，如表 4-3-1 所示。

表 4-3-1　电磁铁动力变量和外来广义驱动量表

广义变量	机械量	电量
q_k	x	—
$\dot{q}_k$	$\dot{x}$	i
非保守力 Q_k	—	$u(t)$

（2）系统的动能、位能和拉格朗日函数分别为

$$T = \frac{1}{2}M\dot{x}^2 + \frac{1}{2}Li^2$$

$$V = \frac{1}{2}Kx^2$$

$$\mathcal{L} = T - V = \frac{1}{2}M\dot{x}^2 + \frac{1}{2}Li^2 - \frac{1}{2}Kx^2$$

式中：M 为衔铁的质量；K 为弹簧的弹性常数。

（3）损耗函数

$$F = \frac{1}{2}ri^2 + \frac{1}{2}r_v\dot{x}^2$$

式中：r 为线圈的电阻；r_v 为衔铁的摩擦阻力系数。

（4）机械系统非保守的拉格朗日方程

$$M\frac{\mathrm{d}^2 x}{\mathrm{d}t^2} + r_v\frac{\mathrm{d}x}{\mathrm{d}t} + Kx = \frac{1}{2}i^2\frac{\mathrm{d}L}{\mathrm{d}x}$$

这是系统的力的平衡方程式，其中 $\frac{1}{2}i^2\dfrac{\mathrm{d}L}{\mathrm{d}x}$ 是电磁力 f_m。

电系统非保守的拉格朗日方程，可得

$$L\frac{\mathrm{d}i}{\mathrm{d}t} + i\frac{\mathrm{d}L}{\mathrm{d}x}\frac{\mathrm{d}x}{\mathrm{d}t} + ir = u(t)$$

这是电路的电压方程式，其中 $i\dfrac{\mathrm{d}L}{\mathrm{d}x}\dfrac{\mathrm{d}x}{\mathrm{d}t}$ 是运动电动势。

例 4-3-3　试导出图 1-3-1 所示双边激励机电系统的运动方程（设磁路为线性）。

解　（1）系统共有 3 个广义坐标，其中 2 个是电磁系统、1 个是机械系统，如表 4-3-2 所示。

表 4-3-2　电机动力变量等量表

广义变量	电系统		机械系统
	定子	转子	
q_k	—	—	θ
$\dot{q}_k$	i_1	i_2	$\dot{\theta}$
Q_k	u_1	u_2	T_{mec}

（2）系统的拉格朗日函数和损耗函数分别为

$$\mathcal{L} = T - V = \frac{1}{2}L_{11}i_1^2 + L_{12}i_1i_2 + \frac{1}{2}L_{22}i_2^2 + \frac{1}{2}J\dot{\theta}^2 - \frac{1}{2}K_\theta\theta^2$$

$$F = \frac{1}{2}r_1i_1^2 + \frac{1}{2}r_2i_2^2 + \frac{1}{2}r_\Omega\dot{\theta}^2$$

（3）定子电路的电压方程为

$$L_{11}\frac{\mathrm{d}i_1}{\mathrm{d}t} + L_{12}\frac{\mathrm{d}i_2}{\mathrm{d}t} + \left(i_1\frac{\mathrm{d}L_{11}}{\mathrm{d}\theta} + i_2\frac{\mathrm{d}L_{12}}{\mathrm{d}\theta}\right)\frac{\mathrm{d}\theta}{\mathrm{d}t} + i_1r_1 = u_1$$

转子的电压方程为

$$L_{21}\frac{\mathrm{d}i_1}{\mathrm{d}t} + L_{22}\frac{\mathrm{d}i_2}{\mathrm{d}t} + \left(i_1\frac{\mathrm{d}L_{12}}{\mathrm{d}\theta} + i_2\frac{\mathrm{d}L_{22}}{\mathrm{d}\theta}\right)\frac{\mathrm{d}\theta}{\mathrm{d}t} + i_2r_2 = u_2$$

转矩方程式为

$$J\frac{\mathrm{d}^2\theta}{\mathrm{d}t^2} + r_\Omega\frac{\mathrm{d}\theta}{\mathrm{d}t} + K_\theta\theta = \left(\frac{1}{2}i_1^2\frac{\mathrm{d}L_{11}}{\mathrm{d}\theta} + i_1i_2\frac{\mathrm{d}L_{12}}{\mathrm{d}\theta} + \frac{1}{2}i_2^2\frac{\mathrm{d}L_{22}}{\mathrm{d}\theta}\right) - T_{mec}$$

例 4-3-4 一电磁铁如图 4-3-3 所示。已知电压为 u，电阻为 R，线圈电感是 $L(x)$，提升质量为 m 的动铁，不计动铁的运动阻力。试用拉格朗日方程导出电磁铁的运动方程。

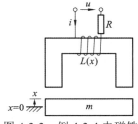

图 4-3-3 例 4-3-4 电磁铁

解 电系统是单边激励，机械系统的动铁只在垂直方向运动，因此选择电荷 q 和动铁的垂直位移 x 为广义坐标。设动铁通电前位移 $x=0$，电磁铁的动力变量和外部广义驱动力列表如表 4-3-3 所示（若不把重力 mg 作为外力处理，令 $Q_2=0$，则考虑动铁有位能为 mgx）。

表 **4-3-3** 电磁铁广义变量

广义变量	电系统 $k=1$	机械系统 $k=2$
q_k	q	x
$\dot{q}_k$	i	$\dot{x}$
Q_k	u	$-mg$

总损耗函数
$$F = \frac{1}{2}Ri^2$$

因 $L(x)$ 仅是 x 的函数，磁路又是线性的。所以有

总动能
$$T = \frac{1}{2}Li^2 + \frac{1}{2}m\dot{x}^2$$

总位能 $\qquad\qquad\qquad\qquad V = 0$

拉格朗日函数 $\qquad\qquad\qquad \mathcal{L} = T' - V = \dfrac{1}{2}Li^2 + \dfrac{1}{2}m\dot{x}^2$

逐项代入式（4-2-15）后求导，就可得电磁铁的运动方程。先取 $k=1$，此时激励回路的电压方程为

$$\frac{\mathrm{d}}{\mathrm{d}t}\left(\frac{\partial \mathcal{L}}{\partial i}\right) = \frac{\mathrm{d}}{\mathrm{d}t}(Li) = L\frac{\mathrm{d}i}{\mathrm{d}t} + i\frac{\mathrm{d}L}{\mathrm{d}x}\frac{\mathrm{d}x}{\mathrm{d}t}$$

$$\frac{\partial \mathcal{L}}{\partial q} = 0$$

$$\frac{\partial F}{\partial i} = Ri$$

得 $\qquad\qquad\qquad L\dfrac{\mathrm{d}i}{\mathrm{d}t} + i\dfrac{\mathrm{d}L}{\mathrm{d}x}\dfrac{\mathrm{d}x}{\mathrm{d}t} + Ri = u \qquad\qquad\qquad$（4-3-4）

再取 $k=2$，动铁的力平衡方程为

$$\frac{\mathrm{d}}{\mathrm{d}t}\left(\frac{\partial \mathcal{L}}{\partial \dot{x}}\right) = \frac{\mathrm{d}}{\mathrm{d}t}(m\dot{x}) = m\frac{\mathrm{d}^2 x}{\mathrm{d}t^2}$$

$$\frac{\partial \mathcal{L}}{\partial x} = \frac{1}{2}i^2\frac{\mathrm{d}L}{\mathrm{d}x}$$

$$\frac{\partial F}{\partial \dot{x}} = 0$$

得 $\qquad\qquad\qquad m\dfrac{\mathrm{d}^2 x}{\mathrm{d}t^2} - \dfrac{1}{2}i^2\dfrac{\mathrm{d}L}{\mathrm{d}x} = -mg \qquad\qquad\qquad$（4-3-5）

运动电动势 $i\dfrac{\mathrm{d}L}{\mathrm{d}x}\dfrac{\mathrm{d}x}{\mathrm{d}t}$ 和电磁力 $\dfrac{1}{2}i^2\dfrac{\mathrm{d}L}{\mathrm{d}x}$ 这一对机电耦合项都能正确地通过上述步骤导出。

例 4-3-5 一台 p 对极隐极电动机如图 4-3-4 所示。i 设磁链是线性的，定子单相绕组 a，电阻为 R_s，电感为 L_s，电源电压为 $u_a(t)$，转子两相正交绕组 b 和 c，各自短路，电阻 $R_b = R_c = R_r$，电感 $L_b = L_c = L_r$；定、转子绕组的互感是 a、b 两绕组轴线之间的机械转角 θ 的函数，$L_{ab} = L_{ba} = M\cos p\theta$，$L_{ac} = L_{ca} = M\sin p\theta$；转子的转动惯量为 J，旋转阻力系数为 R_Ω，转轴上负载转矩为 T_{mec}，不计轴的扭转变形。试用拉格朗日方程导出电动机的运动方程。

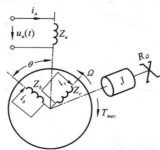

图 4-3-4 例 4-3-5 的电机示意图

解 确定电机的动力变量、广义损耗系数以及外来广义驱动力。列表如表 4-3-4 所示。

表 4-3-4

广义变量	定子绕组 a $k=1$	转子绕组 b $k=2$	转子绕组 c $k=3$	机械转子 $k=4$
q_k	q_a	q_b	q_c	θ
$\dot{q}_k$	i_a	i_b	i_c	$\dot{\theta}$
R_k	R_s	R_r	R_r	R_Ω
Q_k	$u_a(t)$	0	0	$-T_{mec}$

由此可得

$$W_m = \frac{1}{2}\sum_{j=a}^{c}\sum_{k=a}^{c} i_j i_k L_{jk}$$

$$= \frac{1}{2}\left(i_a^2 L_s + i_a i_b L_{ab} + i_a i_c L_{ac} + i_b i_a L_{ba} + i_b^2 L_r + i_c i_a L_{ca} + i_c^2 L_r\right)$$

$$= \frac{1}{2}L_s i_a^2 + \frac{1}{2}L_r i_b^2 + \frac{1}{2}L_r i_c^2 + M i_a i_b \cos p\theta + M i_a i_c \sin p\theta$$

$$\mathcal{L} = T - V = \left(W_m + T_{me}\right) - 0$$

$$= \frac{1}{2}L_s i_a^2 + \frac{1}{2}L_r i_b^2 + \frac{1}{2}L_r i_c^2 + M i_a i_b \cos p\theta + M i_a i_c \sin p\theta + \frac{1}{2}J\dot{\theta}^2$$

代入式（4-3-3）。$k=1$ 时，可导出定子绕组 a 的电压方程：

$$\frac{\mathrm{d}}{\mathrm{d}t}\left[L_s i_a + 0 + 0 + M i_b \cos p\theta + M i_c \sin p\theta + 0\right] - 0 + R_s i_a = u_a(t)$$

得

$$L_s\frac{\mathrm{d}i_a}{\mathrm{d}t} + M\cos p\theta\frac{\mathrm{d}i_b}{\mathrm{d}t} + M\sin p\theta\frac{\mathrm{d}i_c}{\mathrm{d}t} + p\left(M i_c \cos p\theta - M i_b \sin p\theta\right)\times\frac{\mathrm{d}\theta}{\mathrm{d}t} + R_s i_a = u_a(t) \quad （4-3-6）$$

$k=2$ 时，可导出转子绕组 b 的电压方程：

$$\frac{\mathrm{d}}{\mathrm{d}t}\left(0 + L_s i_b + 0 + M i_b \cos p\theta + 0 + 0\right) - 0 + R_r i_b = 0$$

得

$$L_r\frac{\mathrm{d}i_b}{\mathrm{d}t} + M\cos p\theta\frac{\mathrm{d}i_a}{\mathrm{d}t} - pM i_a \sin p\theta\frac{\mathrm{d}\theta}{\mathrm{d}t} + R_r i_b = 0 \quad （4-3-7）$$

$k=3$ 时，可导出转子绕组 c 的电压方程：

$$\frac{\mathrm{d}}{\mathrm{d}t}\left(0 + 0 + L_r i_c + 0 + pM i_a \sin p\theta + 0\right) - 0 + R_r i_c = 0$$

得

$$L_r\frac{\mathrm{d}i_c}{\mathrm{d}t} + M\sin p\theta\frac{\mathrm{d}i_a}{\mathrm{d}t} + M i_a \cos p\theta\frac{\mathrm{d}\theta}{\mathrm{d}t} + R_r i_c = 0 \quad （4-3-8）$$

$k=4$ 时，可导出转子的转矩平衡方程：

$$\frac{\mathrm{d}}{\mathrm{d}t}\left(0 + 0 + 0 + 0 + 0 + J\dot{\theta}\right) - \left(0 + 0 + 0 - M i_a i_b p\sin p\theta + M i_a i_c p\cos p\theta + 0\right) + R_\Omega\dot{\theta} = -T_{mec}$$

得

$$J\frac{\mathrm{d}^2\theta}{\mathrm{d}t^2} + R_\Omega\frac{\mathrm{d}\theta}{\mathrm{d}t} + T_{mec} = pM_a\left(i_c\cos p\theta - i_b\sin p\theta\right) \qquad (4\text{-}3\text{-}9)$$

式（4-4-6）～式（4-4-9）合起来就是电动机的运动方程。前三式中含有的 $\frac{\mathrm{d}\theta}{\mathrm{d}t}$ 项都是运动电动势，最后一式等式右边项是电磁转矩。

第四节　机电系统运动方程求解

要确定机电系统对给定激励的响应，分析其运行特性，求解其运动方程，至少要化解和判别出方程的特性。

机电系统的运动方程，一般可分为以下三类：

（1）常系数线性微分方程；

（2）变系数线性微分方程；

（3）非线性微分方程。

一个微分方程为线性的充分必要条件是适用叠加原理和具有线性。例如

$$\frac{\mathrm{d}^2 x}{\mathrm{d}t^2} + a_1\frac{\mathrm{d}x}{\mathrm{d}t} + a_0 x = f(t)$$

式中：t 为自变量；$f(t)$ 为激励函数；因变量 x 为响应函数。若系数 a_1、a_0 为常量或 t 的函数，由于方程中 x 与其导数不高于一次，方程适用叠加原理和具有线性，这是一个二阶线性微分方程，若 a_1、a_0 为常量，称为常系数线性微分方程；若 a_1、a_0 为 t 的函数，称为变系数线性微分方程。

若方程中的因变量或其导数项高于一次，或出现因变量与其导数的乘积项，则方程将不适用叠加原理，就是非线性微分方程。叠加原理不仅用来辨别方程是否线性，而且是线性微分方程求解的主要依据。如多个激励时，可逐个解出单一激励的响应，然后把这些响应叠加得到总响应。

机电系统的运动方程多数是非线性微分方程，还无通用的解析求解法，常用图解法或数值解法，不但解是近似的，而且解法相当烦琐。非线性微分方程可以采用计算机仿真或状态变量分析法求解。

应用计算机求解非线性微分方程需要有实际数值才能计算。若仅要求定性地知道系统的变化趋向和各种因素的作用，则用计算机求解未必最好。因此在某些允许条件下，将非线性微分方程线性化，然后进行求解，这在工程上也是个重要的解题手段。

对变系数线性微分方程，除了一阶方程有一定解外，一般的高阶变系数线性微分方程无一定的求解方法。常用的方法有两种：一种是方程解用幂级数来表达；另一种是换元法，即旋转电机中的坐标变换法，在旋转电机不考虑磁路饱和影响时，绕组电感仅是转角 θ 的周期函数，其运动方程的系数为周期性变化，在恒转速下应用坐标变换法可变

换成常系数线性微分方程。

对常系数线性微分方程，则不论什么激励总可用解析法求出响应。解析法有经典解法、傅里叶变换法和拉普拉斯变换法。有些工程问题，例如系统稳定性、谐波成分等，大家感兴趣的不是解的数值结果，而是方程的特性，这时常应用传递函数、频率响应、框图法或信号流图法来分析。此外，有些用常系数线性微分方程描述的系统，对于正弦激励的稳态响应引入阻抗参数概念，既有明确的物理意义又易于求解，这时利用一个等效电路来表达一组常系数线性微分方程，这一方法也得到广泛使用。

总之，机电系统的运动方程按其不同的类别、特定条件、研究目的，可有不同的求解方法，掌握运动方程的多种基本解法是解决工程问题的基础和重要的手段。

习　题　四

1. 建立机电系统的联动方程有哪两种方法？各有何优缺点？

2. 什么是拉格朗日方程中的广义坐标和广义速度？对机电系统通常选用哪些量为广义坐标和广义速度？

3. 什么叫拉格朗日函数？什么叫损耗函数？应用拉格朗日方程导出机电系统运动方程的必要条件是什么？

4. 机电系统的运动微分方程一般分为哪三类？现在各有哪些主要的求解方法？

5. 一个悬挂在弹簧上的单摆如题图 4-1 所示。设摆锤质量为 m，弹簧刚性系数为 K，弹簧无变形时长为 x_0。试用拉格朗日方程导出该单摆的无阻尼运动方程。

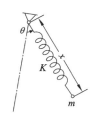

题图 4-1　习题 5 的单摆

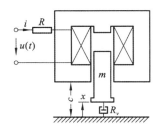

题图 4-2　习题 6 的电磁铁

6. 有一电磁铁如题图 4-2 所示，动铁柱的质量为 m，垂直运动的阻力系数为 R_v，激磁线圈电阻为 R，外施电压为 $u(t)$。已知线圈电流 i、磁链 ψ 及动铁柱位移 x 之间的关系为 $i = b\psi(c-x)$，其中 b、c 为常数。求：

（1）作用在动铁柱上的电磁力 f_m 表达式；

（2）用拉格朗日方程导出装置的运动方程。

7. 如题图 4-3 所示的磁阻电动机，已知：电源电压 $u(t) = \sqrt{2} \times U \sin \omega t$，线圈电阻为 R，电感 $L = L_0 + L_2 \cos 2\theta$，其中 L_0、L_2 为常量，转子转角 $\theta = \Omega t + \delta$；转子的转动惯量为 J，旋转阻力系数为 R_Ω，没有外部驱动转矩。试导出其运动方程。

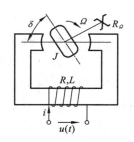

题图 4-3　习题 7 的电动机

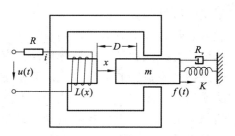

题图 4-4　习题 8 的电磁铁

8. 如题图 4-4 所示的电磁铁。已知衔铁质量 m ，阻力系数 R_v ，刚性系数 K ，电阻 R 以及线圈电感 $L(x) = \dfrac{1}{x}$ ，电源电压为 $u(t)$ ，外力为 $f(t)$ ，当 $u(t) = f(t) = 0$ 时，气隙自然长度为 D 。试列出装置的运动方程。

第五章

综合矢量和感应电机的暂态分析

第一节 综合矢量

随时间作正弦规律变化的量可用沿逆时针旋转的矢量在 y 轴的投影表示,该矢量称为时间矢量,这里 y 轴是时间轴,从理论上讲,时间轴也可以在平面上其他位置。

在电机的三相绕组中的量,例如三相对称电流,可用三个相隔120°的等长的旋转矢量在同一时间轴的投影表示,称为单时标多矢量表示法。三相对称电流也可用一个旋转矢量在相隔120°的三根时间轴上的投影表示,称为三时标单矢量表示法。这三个时间轴也可表示三相绕组的三个轴线。可同时表示三相量的旋转矢量称为综合矢量。

当综合矢量与某相轴线重合时,该相电流达最大值,故综合矢量长度应等于电流的幅值 I,转向是逆时针旋转,转速等于电流变化的角频率 ω_1。

图 5-1-1 表示综合矢量与三相瞬时值的几何关系。由前者求后者用投影法;由后者求前者可用作图法。

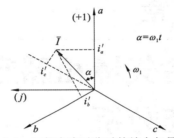

图 5-1-1 三相电流对称时的综合矢量表示法

如将图 5-1-1 放在复平面上,以 a 相轴线为实轴,以沿逆时针90°处的轴线为虚轴,则用复数表示的综合矢量 $\bar{I}$ 可从三相电流瞬时值算出,其代数关系式如下。

设三相电流是正序电流 $i'_{a+} = I_+ \cos\omega_1 t$,$i'_{b+} = I_+ \cos(\omega_1 t - 120°)$ 和 $i'_{c+} = I_+ \cos(\omega_1 t + 120°)$,则正序电流的综合矢量为

$$\bar{I}_+ = \frac{2}{3}(i'_{a+} + ai'_{b+} + a^2 i'_{c+}) \tag{5-1-1}$$

利用 $\cos\gamma = \frac{1}{2}(e^{j\gamma} + e^{-j\gamma})$ 及旋转算子 $a = e^{j120°}$ 的关系代入上式可得

$$\frac{2}{3}(i'_{a+} + ai'_{b+} + a^2 i'_{c+}) = I_+ e^{j\omega_1 t} = I_+ e^{ja} = \bar{I}_+$$

如果三相电流是负序电流 $i'_{a-} = I_- \cos(\omega_1 t + \beta)$,$i'_{b-} = I_- \cos(\omega_1 t + \beta + 120°)$ 和 $i'_{c-} = I_- \cos(\omega_1 t + \beta - 120°)$,则

$$\bar{I}_- = \frac{2}{3}(i'_{a-} + ai'_{b-} + a^2 i'_{c-}) = I_- e^{-j(\omega_1 t + \beta)} = (I_- e^{j(\omega_1 t + \beta)})^* = \bar{I}_-^*$$

式中:*代表共轭符号,要注意 $\bar{I}_-^*$ 的转向与 $\bar{I}_+^*$ 相反,是顺时针。

如果三相电流是不含零序分量的不对称电流 $i'_a = i'_{a+} + i'_{a-}$,$i'_b = i'_{b+} + i'_{b-}$ 和 $i'_c = i'_{c+} + i'_{c-}$,可得这时电流综合矢量是式(5-1-1)与上式的和,即

$$\overline{I} = \overline{I}_+ + \overline{I}_-^* = \frac{2}{3}(i_a' + ai_b' + a^2 i_c') \qquad (5\text{-}1\text{-}2)$$

式（5-1-2）表明综合矢量 $\overline{I}$ 是长度不等转向相反的两旋转矢量的合成，类似椭圆形旋转磁场。故 $\overline{I}$ 的末端轨迹是椭圆，其瞬时转速不是恒定的。

综合矢量 $\overline{I}$ 在任意方向 $S = e^{j\alpha_0}$ 上的投影为

$$I\cos(\alpha - \alpha_0) = \mathrm{Re}\,(Ie^{j\alpha}e^{-j\alpha_0}) = \mathrm{Re}\,(\overline{IS}^*) = \frac{\overline{IS}^* + \overline{I}^*\overline{S}}{2} \qquad (5\text{-}1\text{-}3)$$

因此要求解综合矢量在某一方向 $\overline{S} = e^{j\alpha_0}$ 上的投影，将综合矢量乘 $\overline{S}$ 的共轭值后取其实部即可，所以三相电流瞬时值与综合矢量关系可写成

$$\left. \begin{aligned}
i_a' &= \mathrm{Re}\,(\overline{I} \cdot 1) = \mathrm{Re}\,\overline{I} = \frac{\overline{I} + \overline{I}^*}{2} \\
i_b' &= \mathrm{Re}\,(\overline{I}a^*) = \mathrm{Re}\,(\overline{I}a^2) = \frac{\overline{I}a^2 + \overline{I}^*a}{2} \\
i_c' &= \mathrm{Re}\,(\overline{I}a^{2*}) = \mathrm{Re}\,(\overline{I}a) = \frac{\overline{I}a + \overline{I}^*a^2}{2}
\end{aligned} \right\} \qquad (5\text{-}1\text{-}4)$$

以上是综合矢量与不含零序分量的瞬时值的代数关系。

如果三相电流是含零序分量的不对称电流 $i_a = i_a' + i_0$，$i_b = i_b' + i_0$ 和 $i_c = i_c' + i_0$，则由于 $\frac{2}{3}(i_0 + ai_0 + a^2 i_0) = 0$，可得 $\overline{I}$ 与瞬时值的关系仍为

$$\overline{I} = \frac{2}{3}(i_a + ai_b + a^2 i_c) = \frac{2}{3}(i_a' + ai_b' + a^2 i_c') \qquad (5\text{-}1\text{-}5)$$

式（5-1-5）表明零序电流不影响综合矢量。故当三相不对称电流含零序电流时，综合矢量 $\overline{I}$ 在各相轴上的投影还须加上 i_0 才是该相电流的瞬时值。

图 5-1-2 表示含零序分量时电流综合矢量与三相瞬时值的几何关系。将 i_a、ai_b 和 $a^2 i_c$ 三个矢量相加取其合成矢量的 $\frac{2}{3}$ 倍，即为综合矢量 $\overline{I}$。

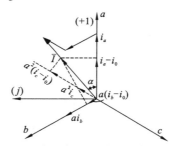

图 5-1-2　含零序分量时的电流综合矢量

以上对三相电流综合矢量的分析，可推广到三相电压、三相磁链等，也可用综合矢量 $\overline{U}$、$\overline{\psi}$ 等表示。

再推广到 m 相系统，只要将式（5-1-5）中的 3 改为 m，a 改为 $a = e^{j360°/m}$，括号内的项数等于相数，关系仍然成立。

采用综合矢量的好处在于三相变量可以同时考虑，综合矢量一经确定，三相变量（零序分量除外）也就确定了。这一结论不仅对正序分量和负序分量适用，对直流分量也同样适用。另外，综合矢量还可以在任意轴线上投影，其值即表示与该轴线上线圈有关变量的瞬时值。

第二节　综合矢量表示的常用坐标变换

旋转电机常用的坐标系统有两大类：

（1）坐标轴线放在定子上的静止坐标系统，例如 abc、$\alpha\beta O$ 和 $+-O$ 坐标系统；

（2）坐标轴线放在转子上随转子一起旋转的坐标系统，例如 dqO 和 fbO 坐标系统。

下面应用综合矢量（以电流为例）来确定这些坐标系统的变换关系。

一、dqO 坐标系统

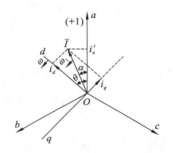

图 5-2-1　dqO 与 abc 坐标系统间的变换关系

坐标轴线放在转子上，q 轴超前 d 轴 90°，如图 5-2-1 所示。将综合矢量 $\bar{I}$ 对 dq 轴线分解。由解析几何可知：矢量在两正交轴线的投影即为该矢量在两轴线上的分量，以及矢量在轴线上的投影等于其各个分量在同一轴线上的投影之和。因此可写出用 $\bar{I}$ 在 dq 两轴线上的投影 i_d 和 i_q 来表示 $\bar{I}$ 在 abc 三轴线上的投影 i_a'、i_b'、i_c' 之间的关系式：

$$\left.\begin{array}{l} i_a' = i_d\cos\theta - i_q\sin\theta \\ i_b' = i_d\cos(\theta - 120°) - i_q\sin(\theta - 120°) \\ i_c' = i_d\cos(\theta + 120°) - i_q\sin(\theta + 120°) \end{array}\right\} \quad (5\text{-}2\text{-}1)$$

考虑含零序电流并用矩阵形式表示，则有

$$\begin{bmatrix} i_a \\ i_b \\ i_c \end{bmatrix} = \begin{bmatrix} \cos\theta & -\sin\theta & 1 \\ \cos(\theta - 120°) & -\sin(\theta - 120°) & 1 \\ \cos(\theta + 120°) & -\sin(\theta + 120°) & 1 \end{bmatrix} \times \begin{bmatrix} i_d \\ i_q \\ i_0 \end{bmatrix} \quad (5\text{-}2\text{-}2)$$

综合矢量 $\bar{I}$ 在 abc 三轴上的分量值，由式（5-1-5）可知为 $\dfrac{2}{3}i_a$、$\dfrac{2}{3}i_b$ 及 $\dfrac{2}{3}i_c$，这些分量值不同于投影值，是由三相轴线在空间互差 120° 而非正交所引起的。根据合成矢量的投影值与其分量投影值间的关系，则综合矢量在 d、q 轴上的投影值，应分别等于它的 a、b、c 轴上的分量在 d、q 轴上的投影值之和，从而得

$$i_d = \frac{2}{3}\left[i_a \cos\theta + i_b \cos(\theta - 120°) + i_c \cos(\theta + 120°)\right]$$
$$i_q = -\frac{2}{3}\left[i_a \sin\theta + i_b \sin(\theta - 120°) + i_c \sin(\theta + 120°)\right]$$

(5-2-3)

加上零序电流 $i_0 = \frac{1}{3}(i_a + i_b + i_c)$ 的关系并写成矩阵形式，则有

$$\begin{bmatrix} i_d \\ i_q \\ i_0 \end{bmatrix} = \frac{2}{3} \begin{bmatrix} \cos\theta & \cos(\theta - 120°) & \cos(\theta + 120°) \\ -\sin\theta & -\sin(\theta - 120°) & -\sin(\theta + 120°) \\ \frac{1}{2} & \frac{1}{2} & \frac{1}{2} \end{bmatrix} \times \begin{bmatrix} i_a \\ i_b \\ i_c \end{bmatrix}$$

(5-2-4)

二、$\alpha\beta O$ 坐标系统

坐标轴线放在定子上，使 α 轴与 a 轴重合，β 轴超前 90°，通过综合矢量按上节方法可确定 abc 坐标系统与 $\alpha\beta O$ 坐标系统间的关系，如图 5-2-2 所示。

不难看出，这种坐标系统 $\theta = 0°$ 时 dqO 坐标系统相同，所以，$\alpha\beta O$ 与 abc 坐标系统间的关系为

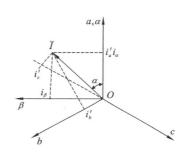

图 5-2-2 $\alpha\beta O$ 与 abc 坐标系统间的关系

$$\begin{bmatrix} i_\alpha \\ i_\beta \\ i_0 \end{bmatrix} = \frac{2}{3} \begin{bmatrix} 1 & -\frac{1}{2} & -\frac{1}{2} \\ 0 & \frac{\sqrt{3}}{2} & -\frac{\sqrt{3}}{2} \\ \frac{1}{2} & \frac{1}{2} & \frac{1}{2} \end{bmatrix} \times \begin{bmatrix} i_a \\ i_b \\ i_c \end{bmatrix}$$

(5-2-5)

和

$$\begin{bmatrix} i_a \\ i_b \\ i_c \end{bmatrix} = \begin{bmatrix} 1 & 0 & 1 \\ -\frac{1}{2} & \frac{\sqrt{3}}{2} & 1 \\ -\frac{1}{2} & -\frac{\sqrt{3}}{2} & 1 \end{bmatrix} \times \begin{bmatrix} i_\alpha \\ i_\beta \\ i_0 \end{bmatrix}$$

(5-2-6)

$\alpha\beta O$ 和 dqO 两系统间的关系为

$$\begin{bmatrix} i_d \\ i_q \end{bmatrix} = \begin{bmatrix} \cos\theta & \sin\theta \\ -\sin\theta & \cos\theta \end{bmatrix} \begin{bmatrix} i_\alpha \\ i_\beta \end{bmatrix}$$

(5-2-7)

和

$$\begin{bmatrix} i_\alpha \\ i_\beta \end{bmatrix} = \begin{bmatrix} \cos\theta & -\sin\theta \\ \sin\theta & \cos\theta \end{bmatrix} \begin{bmatrix} i_d \\ i_q \end{bmatrix}$$

(5-2-8)

三、+-O 坐标系统

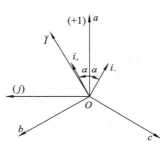

图 5-2-3 i_+、i_- 与 $\bar{I}$ 间的关系

以综合矢量的一半 $i_+ = \dfrac{\bar{I}}{2}$ 作为一个变量称为正序分量，以其共轭量 $i_- = i_+^* = \dfrac{\bar{I}^*}{2}$ 作为另一个变量称为负序分量，如图 5-2-3 所示。则先后按式（5-1-5）和式（5-1-4）可直接写出下式：

$$\begin{bmatrix} i_+ \\ i_- \\ i_0 \end{bmatrix} = \frac{1}{3}\begin{bmatrix} 1 & a & a^2 \\ 1 & a^2 & a \\ 1 & 1 & 1 \end{bmatrix} \times \begin{bmatrix} i_a \\ i_b \\ i_c \end{bmatrix} \tag{5-2-9}$$

和

$$\begin{bmatrix} i_a \\ i_b \\ i_c \end{bmatrix} = \begin{bmatrix} 1 & 1 & 1 \\ a^2 & a & 1 \\ a & a^2 & 1 \end{bmatrix} \times \begin{bmatrix} i_+ \\ i_- \\ i_0 \end{bmatrix} \tag{5-2-10}$$

+-O 与 $\alpha\beta O$ 两坐标间的关系，要明确 i_+、i_- 是复数，而 i_α、i_β 是实数。因此从 $\bar{I} = i_\alpha + ji_\beta$ 入手，可得

$$\begin{bmatrix} i_+ \\ i_- \end{bmatrix} = \frac{1}{2}\begin{bmatrix} 1 & j \\ 1 & -j \end{bmatrix}\begin{bmatrix} i_\alpha \\ i_\beta \end{bmatrix} \tag{5-2-11}$$

从而

$$\begin{bmatrix} i_\alpha \\ i_\beta \end{bmatrix} = \begin{bmatrix} 1 & 1 \\ -j & j \end{bmatrix}\begin{bmatrix} i_+ \\ i_- \end{bmatrix} \tag{5-2-12}$$

+-O 与 dqO 两坐标轴之间的关系为

$$\begin{bmatrix} i_+ \\ i_- \end{bmatrix} = \frac{1}{2}\begin{bmatrix} e^{j\theta} & je^{j\theta} \\ e^{-j\theta} & -je^{-j\theta} \end{bmatrix}\begin{bmatrix} i_d \\ i_q \end{bmatrix} \tag{5-2-13}$$

和

$$\begin{bmatrix} i_d \\ i_q \end{bmatrix} = \begin{bmatrix} e^{-j\theta} & e^{j\theta} \\ -je^{-j\theta} & je^{j\theta} \end{bmatrix}\begin{bmatrix} i_+ \\ i_- \end{bmatrix} \tag{5-2-14}$$

上两式可证明如下：因 dq 轴线以角速度 ω 旋转，转角 $\theta = \omega t + \theta_0$，故综合矢量和它的分量间的关系为 $\bar{I} = i_d e^{j\theta} + ji_q e^{j\theta}$，即

$$i_+ = \frac{\bar{I}}{2} = \frac{1}{2}(i_d e^{j\theta} + ji_q e^{j\theta})$$

又可得综合矢量 $\bar{I}$ 在 d 轴上的投影为

$$i_d = \mathrm{Re}(\bar{I}e^{-j\theta}) = \frac{\bar{I}e^{-j\theta} + \bar{I}^* e^{j\theta}}{2} = i_+ e^{-j\theta} + i_- e^{j\theta}$$

四、fbO 坐标系统

以上的综合矢量 $\bar{I}$ 的复数坐标轴放在定子上,如果把复数坐标轴放在转子上,以 d 轴

为实轴，q 轴为虚轴，跟随转子旋转，并以 $\overline{I}_x$ 表示对应于新坐标系统的综合矢量，则参照图 5-2-4 可得 $\overline{I}_x$ 与 $\overline{I}$ 间的关系为

$$\overline{I}_x = I\mathrm{e}^{j(\alpha-\theta)} = I\mathrm{e}^{j\alpha}\mathrm{e}^{-j\theta} = \overline{I}\mathrm{e}^{-j\theta} \quad (5\text{-}2\text{-}15)$$

再以 $\overline{I}_x$ 的 $\dfrac{1}{\sqrt{2}}$ 倍作为一个变量，称为前进分量 $i_F = \dfrac{1}{\sqrt{2}}\overline{I}_x$；其共轭值为另一变量，称为后退分量 $i_B = i_F^* = \dfrac{1}{\sqrt{2}}\overline{I}_x^*$。

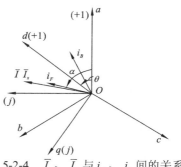

图 5-2-4　$\overline{I}$、$\overline{I}_x$ 与 i_F、i_B 间的关系

因　$i_F = \dfrac{\overline{I}_x}{\sqrt{2}} = \dfrac{\overline{I}\mathrm{e}^{-j\theta}}{\sqrt{2}} = \dfrac{\mathrm{e}^{-j\theta}}{\sqrt{2}}\dfrac{2}{3}(i_a + ai_b + a^2 i_c)$ 及 $i_B = i_F^*$，所以得

$$\begin{bmatrix} i_F \\ i_B \\ i_0 \end{bmatrix} = \frac{\sqrt{2}}{3}\begin{bmatrix} \mathrm{e}^{-j\theta} & a\mathrm{e}^{-j\theta} & a^2\mathrm{e}^{-j\theta} \\ \mathrm{e}^{j\theta} & a^2\mathrm{e}^{j\theta} & a\mathrm{e}^{j\theta} \\ \dfrac{1}{\sqrt{2}} & \dfrac{1}{\sqrt{2}} & \dfrac{1}{\sqrt{2}} \end{bmatrix}\begin{bmatrix} i_a \\ i_b \\ i_c \end{bmatrix} \quad (5\text{-}2\text{-}16)$$

将式（5-2-15）改写为 $\overline{I} = \overline{I}_x\mathrm{e}^{j\theta}$，代入式（5-1-4）三个分式，归纳可得

$$\begin{bmatrix} i_a \\ i_b \\ i_c \end{bmatrix} = \frac{1}{\sqrt{2}}\begin{bmatrix} \mathrm{e}^{j\theta} & \mathrm{e}^{-j\theta} & \sqrt{2} \\ a^2\mathrm{e}^{j\theta} & a\mathrm{e}^{-j\theta} & \sqrt{2} \\ a\mathrm{e}^{j\theta} & a^2\mathrm{e}^{-j\theta} & \sqrt{2} \end{bmatrix}\begin{bmatrix} i_F \\ i_B \\ i_0 \end{bmatrix} \quad (5\text{-}2\text{-}17)$$

fbO 与 $+-O$ 的坐标系统间的关系由 $i_F = \dfrac{1}{\sqrt{2}}\overline{I}_x = \dfrac{\overline{I}\mathrm{e}^{-j\theta}}{\sqrt{2}} = \sqrt{2}\mathrm{e}^{-j\theta}i_+$ 可写出

$$\begin{bmatrix} i_F \\ i_B \end{bmatrix} = \sqrt{2}\begin{bmatrix} \mathrm{e}^{-j\theta} & 0 \\ 0 & \mathrm{e}^{j\theta} \end{bmatrix}\begin{bmatrix} i_+ \\ i_- \end{bmatrix} \quad (5\text{-}2\text{-}18)$$

从而

$$\begin{bmatrix} i_+ \\ i_- \end{bmatrix} = \frac{1}{\sqrt{2}}\begin{bmatrix} \mathrm{e}^{j\theta} & 0 \\ 0 & \mathrm{e}^{-j\theta} \end{bmatrix}\begin{bmatrix} i_F \\ i_B \end{bmatrix} \quad (5\text{-}2\text{-}19)$$

fbO 和 dqO 两坐标系统间的关系按 $i_F = \dfrac{1}{\sqrt{2}}\overline{I}_x = \dfrac{i_d + ji_q}{\sqrt{2}}$ 可写出

$$\begin{bmatrix} i_F \\ i_B \end{bmatrix} = \frac{1}{\sqrt{2}}\begin{bmatrix} 1 & j \\ 1 & -j \end{bmatrix}\begin{bmatrix} i_d \\ i_q \end{bmatrix} \quad (5\text{-}2\text{-}20)$$

从而

$$\begin{bmatrix} i_d \\ i_q \end{bmatrix} = \frac{1}{\sqrt{2}}\begin{bmatrix} 1 & 1 \\ -j & j \end{bmatrix}\begin{bmatrix} i_F \\ i_B \end{bmatrix} \quad (5\text{-}2\text{-}21)$$

五、小结

（1）$\alpha\beta O$ 坐标系统的坐标轴放在定子上，从 abc 到 $\alpha\beta O$ 的变换是实数到实数的变换，它实质是用两相等效绕组代替三相绕组，故适用于用等效的两相分析较为方便的场合。

（2）$+-O$ 坐标系统的坐标轴也是放在定子上，从 abc 到 $+-O$ 的变换是实数到复数的变换。三相对称变换后的负序分量与对应的正序分量同时存在且互为共轭复数。

（3）dqO 坐标系统的坐标轴放在转子上，从 abc 到 $\alpha\beta O$ 坐标系统的变换是实数到实数的变换。当同步电机对称运行时，定子方面各电磁量的综合矢量都以定长恒速旋转。由于 dq 轴也与转子一起旋转，则综合矢量在 dq 轴上的投影值是恒定的，所以 abc 坐标系统随时间作正弦变化的量与 dqO 坐标系统的非周期分量相对应。凸极同步电机定、转子绕组间的互感和定子绕组的自感和互感都是 θ 角的周期函数，变换成 dqO 坐标系统后，等效 dq 绕组的自感和互感均为常量。如果定、转子的某一方对称而另一方不对称，则较合适的方法是采用把坐标轴放在不对称那一方的坐标系统。

（4）fbO 坐标系统的坐标轴也是放在转子上，但从 abc 到 fbO 坐标系统间的变换是实数到复数的变换。由于坐标轴在转子上，它具有与 dqO 相似的特点。将综合矢量的坐标轴从定子移到转子上是这种坐标系统的实质。

第三节　功率不变的坐标变换

第二节讲到的坐标变换实质是用新变量代替原变量，目的是使计算简化，待解出新变量后再返回求原变量，所以坐标变换也称为变量变换。电机理论中用到的变换一般都是线性变换。

例如，电流原变量的矩阵为 i，新变量的矩阵为 i'，则有

$$i = c_i i' \tag{5-3-1}$$

式中：c_i 表示电流变换矩阵，为了使原变量和新变量间存在单值对应关系，变换矩阵应该是满秩的，即其行列式不为零，上式可写成

$$i' = c_i^{-1} i \tag{5-3-2}$$

式中：c_i^{-1} 是矩阵 c_i 的逆矩阵，能满足这些关系的变换很多。变换矩阵中的量可以是实数或复数，可以是时变的也可以是时不变的。

在 abc 到 dqO 的坐标变换中，i_a、i_b、i_c 为原变量，i_d、i_q、i_0 为新变量。由式（5-2-2）和式（5-2-4）可写出

$$c_i = \begin{bmatrix} \cos\theta & -\sin\theta & 1 \\ \cos(\theta-120°) & -\sin(\theta-120°) & 1 \\ \cos(\theta+120°) & -\sin(\theta+120°) & 1 \end{bmatrix}$$

$$c_i^{-1} = \frac{2}{3}\begin{bmatrix} \cos\theta & \cos(\theta-120^\circ) & \cos(\theta+120^\circ) \\ -\sin\theta & -\sin(\theta-120^\circ) & -\sin(\theta+120^\circ) \\ \dfrac{1}{2} & \dfrac{1}{2} & \dfrac{1}{2} \end{bmatrix}$$

上述坐标变换的前后都是以相同的综合矢量为基础。假设三相电流对称，当综合矢量 $\overline{I}$ 与某一相轴重合时，该相电流达到最大值，等于 $\overline{I}$ 的长度；当某相电流达到最大值时，三相电流产生的合成基波磁动势幅值 $3k_wNI/\pi p$ 便与该相轴线重合。因此 $\overline{I}$ 的位置便是合成基波磁动势幅值的位置，$\overline{I}$ 的长度与合成基波磁动势幅值成正比，其比例系数为 $\pi p/3Nk_w$，其中 N 为每相绕组串联匝数，k_w 为绕组系数，p 为极对数。所以变换前后气隙的合成基波磁动势是不变的。这种变换称为磁动势不变的变换。

一般电压和电流的变换矩阵可以不同。在三相电路中，相电压和相电流的关系一般可写成如下的矩阵形式

$$\boldsymbol{u} = \boldsymbol{Zi} \tag{5-3-3}$$

若将 $\boldsymbol{u}$ 和 $\boldsymbol{i}$ 分别变换为 $\boldsymbol{u}'$ 和 $\boldsymbol{i}'$，设 $\boldsymbol{u} = c_u\boldsymbol{u}'$ 和 $\boldsymbol{i} = c_i\boldsymbol{i}'$，则有

$$\boldsymbol{u}' = c_u^{-1}\boldsymbol{u} = c_u^{-1}\boldsymbol{Zi} = c_u^{-1}\boldsymbol{Z}c_i\boldsymbol{i}' = \boldsymbol{Z}'\boldsymbol{i}' \tag{5-3-4}$$

式（5-3-4）表明变换后，电压方程组的形式保持不变。式中：$\boldsymbol{Z}'$ 表示变换后的阻抗矩阵

$$\boldsymbol{Z}' = c_u^{-1}\boldsymbol{Z}c_i \tag{5-3-5}$$

在电机的分析中，一般要求电压和电流具有相同的变换矩阵，即

$$c_i = c_u = c \tag{5-3-6}$$

则有

$$\left.\begin{array}{l} \boldsymbol{u} = c\boldsymbol{u}' \\ \boldsymbol{i} = c\boldsymbol{i}' \end{array}\right\} \tag{5-3-7}$$

且

$$\boldsymbol{u}' = c^{-1}\boldsymbol{u} = c^{-1}\boldsymbol{Z}c\boldsymbol{i}' = \boldsymbol{Z}'\boldsymbol{i}' \tag{5-3-8}$$

其中

$$\boldsymbol{Z}' = c^{-1}\boldsymbol{Z}c \tag{5-3-9}$$

此系统的功率为

$$\boldsymbol{i}_t^*\boldsymbol{u} = (c\boldsymbol{i}')_t^*\boldsymbol{u} = (\boldsymbol{i}_t'c_t)^*\boldsymbol{u} = \boldsymbol{i}_t'^*c_t^*c\boldsymbol{u}' \tag{5-3-10}$$

这里电功率用 $\boldsymbol{i}_t^*\boldsymbol{u}$ 表示适用于复数。式（5-3-10）表明用新变量表示后，系统功率可能改变。如果 $c_t^*c \neq$ 单位矩阵1，则有 $\boldsymbol{i}_t^*\boldsymbol{u} \neq \boldsymbol{i}'^*\boldsymbol{u}'$。对从 abc 到 dqO 坐标系统的变换来说可得出 $c_t^* \neq c^{-1}$，也就是

$$u_a i_a + u_b i_b + u_c i_c \neq u_d i_d + u_q i_q + u_0 i_0$$

要使变换后系统功率保持不变须满足

$$c_t^*c = 1 \text{ 或 } c_t^* = c^{-1} \tag{5-3-11}$$

在 abc 到 dqO 的变换中，如将变换矩阵 c 改为

$$c_{cp} = \sqrt{\frac{2}{3}} \begin{bmatrix} \cos\theta & -\sin\theta & \sqrt{\frac{1}{2}} \\ \cos(\theta-120°) & -\sin(\theta-120°) & \sqrt{\frac{1}{2}} \\ \cos(\theta+120°) & -\sin(\theta+120°) & \sqrt{\frac{1}{2}} \end{bmatrix} \qquad (5\text{-}3\text{-}12)$$

从而
$$c_{cp}^{-1} = \sqrt{\frac{2}{3}} \begin{bmatrix} \cos\theta & \cos(\theta-120°) & \cos(\theta+120°) \\ -\sin\theta & -\sin(\theta-120°) & -\sin(\theta+120°) \\ \sqrt{\frac{1}{2}} & \sqrt{\frac{1}{2}} & \sqrt{\frac{1}{2}} \end{bmatrix} \qquad (5\text{-}3\text{-}13)$$

就能满足式（5-3-11），即满足了功率不变约束。

　　保持功率不变的变换，矩阵和逆矩阵的系数一样，关系式比较整齐。但保持磁动势不变的变换，物理意义比较明确，要注意不论采用哪一种变换，对计算结果都没有影响。

　　从 abc 到其他坐标系统，满足功率不变约束的变换矩阵与对应的磁动势不变的变换矩阵比较，仅系数和常数稍有不同。

第四节　感应电机的磁链与电流的综合矢量

一、定转子电流单独作用的磁链

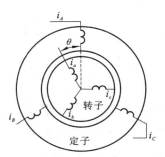

图 5-4-1　三相感应电机示意图

　　感应电机属于隐极电机，图 5-4-1 为示意图。前面已分析过它的电感，在忽略定、转子齿槽影响和铁心磁饱和的情况下，除定、转子绕组间的互感随转子位置变化是变量外，其余定、转子绕组内部的电感均为常量，与转子的位置无关。当转子绕组开路、定子绕组通过不含零序分量的三相电流时，定子 A 相绕组磁链与定子电流的关系可写成

$$\psi_A = L_{AA}i_A + L_{AB}i_B + L_{AC}i_C$$
$$= (L_{AAm} + L_{AA\sigma})i_A + (L_{ABm} + L_{AB\sigma})i_B + (L_{ACm} + L_{AC\sigma})i_C \qquad (5\text{-}4\text{-}1)$$

式中：下标 m 与主磁通相对应，下标 σ 与漏磁通相对应，由于三相绕组对称及 $L_{ABm} = L_{AAm}\cos120°$，$L_{ACm} = L_{AAm}\cos240°$，可得

$$\left. \begin{array}{l} L_{ABm} = L_{ACm} = -\dfrac{1}{2}L_{AAm} \\[2mm] L_{AB\sigma} = L_{AC\sigma} \end{array} \right\} \qquad (5\text{-}4\text{-}2)$$

由于不含零序电流，可得 $i_B + i_C = -i_A$，将该式和式（5-4-2）代入（5-4-1）得

$$\begin{aligned}
\psi_A &= \left(L_{AAm}+L_{AA\sigma}\right)i_A+\left(L_{ABm}+L_{AB\sigma}\right)\left(-i_A\right)\\
&= \left(L_{AA\sigma}-L_{AB\sigma}\right)i_A+\left(L_{AAm}-L_{ABm}\right)i_A\\
&= \left(L_{1\sigma e}+\frac{3}{2}L_{AAm}\right)i_A=\left(L_{1\sigma e}+L_{1me}\right)i_A=L_1 i_A
\end{aligned}\qquad(5\text{-}4\text{-}3)$$

式中：$L_{1\sigma e}=L_{AA\sigma}-L_{AB\sigma}$ 为考虑其他两相绕组影响的相绕组等效漏电感；$L_{1me}=\frac{3}{2}L_{AAm}=$ $\left(L_{AAm}-L_{ABm}\right)$ 为考虑其他两相绕组互感的相绕组等效主电感；$L_1=\left(L_{1\sigma e}+L_{1me}\right)$ 为考虑其他两相影响的相绕组等效总电感。

同理可推导出 B 相和 C 相绕组的磁链分别为

$$\psi_B=L_1 i_B\qquad(5\text{-}4\text{-}4)$$
$$\psi_C=L_1 i_C\qquad(5\text{-}4\text{-}5)$$

可仿式（5-1-5）写出定子绕组磁链的综合矢量为

$$\overline{\psi}=\frac{2}{3}\left(\psi_A+a\psi_B+a^2\psi_C\right)=\frac{2}{3}\left(i_A+ai_B+a^2i_C\right)L_1=L_1\overline{I}_1\qquad(5\text{-}4\text{-}6)$$

如果绕组中存在零序电流，则与零序电流相对应的磁链为

$$\begin{aligned}
\psi_{0A}&=L_{AA}i_{01}+L_{AB}i_{01}+L_{AC}i_{01}=\left(L_{AAm}+L_{AA\sigma}\right)i_{01}+\left(L_{ABm}+L_{AB\sigma}\right)i_{01}\\
&+\left(L_{ACm}+L_{AC\sigma}\right)i_{01}=\left(L_{AA\sigma}+L_{AB\sigma}+L_{AC\sigma}\right)i_{01}=L_{01}i_{01}=\psi_{0B}=\psi_{0C}=\psi_{01}
\end{aligned}\qquad(5\text{-}4\text{-}7)$$

式（5-4-7）表明零序电流只产生漏磁链，因为三相对称绕组中的零序电流在气隙产生的基波合成磁动势为 0。由于 $\frac{2}{3}\left(\psi_{0A}+a\psi_{0B}+a^2\psi_{0C}\right)=0$，所以零序电流和零序磁链存在时，式（5-4-6）仍然成立。

当定子绕组开路，转子三相绕组通过电流 i_a、i_b、i_c 时，可导出转子绕组磁链的综合矢量为

$$\overline{\psi}_2=L_{2m}\overline{I}_2\qquad(5\text{-}4\text{-}8)$$

式中：$\overline{I}_2$ 是转子三相电流的综合矢量，$L_2=L_{2\sigma e}+L_{2me}=\left(L_{aa\sigma}-L_{ab\sigma}\right)+\frac{3}{2}L_{aam}$。

式（5-4-8）的坐标轴或复平面是取在转子上，以 a 相轴为实轴，以超前 a 相轴 90° 处的轴线为虚轴。

二、定转子电流联合作用的磁链

要研究感应电机定转子都通有电流的实际情况，为了分析计算方便，把转子绕组折算到定子绕组，折算后转子绕组的相数、每相匝数和绕组系数都和定子绕组相同，因而对应的电感相等。

如图 5-4-1，设 a 相轴比 A 相轴超前 θ 角。先假设定转子绕组电流中都不含零序分量，则定子 A 相绕组的磁链可写成

$$
\begin{aligned}
\psi_A &= L_i i_A + L_{Aa} i_a + L_{Ab} i_b + L_{Ac} i_c \\
&= L_1 i_A + L_{AAm} i_a \cos\theta + L_{AAm} i_b \cos(\theta+120°) + L_{AAm} i_c \cos(\theta-120°) \\
\psi_B &= L_1 i_B + L_{AAm} i_a \cos(\theta-120°) + L_{AAm} i_b \cos\theta + L_{AAm} i_c \cos(\theta+120°) \\
\psi_C &= L_1 i_C + L_{AAm} i_a \cos(\theta+120°) + L_{AAm} i_b \cos(\theta-120°) + L_{AAm} i_c \cos\theta
\end{aligned}
\quad (5\text{-}4\text{-}9)
$$

式（5-4-9）由于转子参数已折算到定子，所以有 $L_{Aa}=L_{AAm}\cos\theta$，$L_{Ab}=L_{AAm}\cos(\theta+120°)$ 等。

应用公式 $\dfrac{2}{3}\left[\cos\theta + a\cos(\theta-120°) + a^2\cos(\theta+120°)\right]=\mathrm{e}^{j\theta}$ 和式（5-4-3），可得定子磁链的综合矢量为

$$
\begin{aligned}
\overline{\psi}_1 &= \frac{2}{3}\left(\psi_A + a\psi_B + a^2\psi_C\right) = \frac{2}{3}L_1\left(i_A + a i_B + a^2 i_C\right) \\
&\quad + L_{AAm}\left(i_A + a i_B + a^2 i_C\right)\mathrm{e}^{j\theta} = L_1\overline{I}_1 + L_{1me}\overline{I}_2\mathrm{e}^{j\theta}
\end{aligned}
\quad (5\text{-}4\text{-}10)
$$

用相似的方法可推导出转子磁链的综合矢量为

$$
\overline{\psi}_2 = L_2\overline{I}_2 + L_{1me}\overline{I}_1\mathrm{e}^{-j\theta} \quad (5\text{-}4\text{-}11)
$$

以上两式中：$\overline{\psi}_1$、$\overline{I}_1$ 的坐标轴在定子上；而 $\overline{\psi}_2$、$\overline{I}_2$ 的坐标轴在转子上。将式（5-4-11）中 $\overline{I}_1$ 的坐标轴从定子移到转子上，并以 $\overline{I}_{(1)}$ 表示对新坐标轴的综合矢量，则 $\overline{I}_{(1)}=\overline{I}_1\mathrm{e}^{-j\theta}$。可改写式（5-4-11），使各量都取转子坐标则有

$$
\overline{\psi}_2 = L_2\overline{I}_2 + L_{1me}\overline{I}_{(1)} \quad (5\text{-}4\text{-}12)
$$

同理可将式（5-4-10）中 $\overline{I}_2$ 的坐标轴移到定子上，并以 $\overline{I}_{(2)}=\overline{I}_2\mathrm{e}^{j\theta}$ 表示对应新坐标轴的综合矢量，则式（5-4-10）可改写成各量取定子坐标

$$
\overline{\psi}_1 = L_1\overline{I}_1 + L_{1me}\overline{I}_{(2)} \quad (5\text{-}4\text{-}13)
$$

以上分析是假设定、转子电流不含零序分量，由于零序分量不影响综合矢量，所以在含零序电流的一般情况下，式（5-4-12）和式（5-4-13）两式仍然成立。

第五节　感应电机运动方程的综合矢量

一、电压方程的综合矢量

定子绕组的电压微分方程为

$$
\begin{aligned}
u_A &= R_1 i_A + D\psi_A \\
u_B &= R_1 i_B + D\psi_B \\
u_C &= R_1 i_C + D\psi_C
\end{aligned}
\quad (5\text{-}5\text{-}1)
$$

式中：$D=\dfrac{d}{dt}$。第一式乘 $\dfrac{2}{3}$，第二式乘 $\dfrac{2}{3}a$，第三式乘 $\dfrac{2}{3}a^2$，然后将三式相加，得定子电压的综合矢量

$$
\overline{U}_1 = R_1\overline{I}_1 + D\overline{\psi}_1 \quad (5\text{-}5\text{-}2)
$$

如果含零序分量，需增加 $u_{01}=R_{01}i_{01}+D\psi_{01}$，其中 $\psi_{01}=L_{01}i_{01}$。据此可推导出转子电

压方程的综合矢量。

二、电功率的综合矢量

定子绕组的瞬时功率为

$$P_1 = u_A i_A + u_B i_B + u_C i_C = \left(u_A' + u_{01}\right)\left(i_A' + i_{01}\right) + \left(u_B' + u_{01}\right)\left(i_B' + i_{01}\right) + \left(u_C' + u_{01}\right)\left(i_C' + i_{01}\right)$$

考虑正序和负序分量和 $u_A' + u_B' + u_C' = 0$ 及 $i_A' + i_B' + i_C' = 0$，可简化为

$$P_1 = u_A' i_A' + u_B' i_B' + u_C' i_C' + 3u_0 i_0 \tag{5-5-3}$$

当电压电流不含零序分量时，可利用以下的公式

$$\frac{3}{2}\operatorname{Re}\left[\overline{U}_1 \overline{I}_1^*\right] = \frac{3}{2}\left(\frac{2}{3}\right)^2 \operatorname{Re}\left[\left(u_A' + a u_B' + a^2 u_C'\right)\left(i_A' + a^2 i_B' + a i_C'\right)\right]$$

$$= \frac{2}{3}\left[\left(1 + \frac{1}{2}\right)\left(u_A' i_A' + u_B' i_B' + u_C' i_C'\right) - \frac{1}{2}\left(u_A' + u_B' + u_C'\right)\left(i_A' + i_B' + i_C'\right)\right]$$

$$= u_A' i_A' + u_B' i_B' + u_C' i_C'$$

上式推导中应用了 $a^3 = 1$，a 和 a^2 的实部都是 $-\frac{1}{2}$ 和 $u_A' + u_B' + u_C' = 0$，$i_A' + i_B' + i_C' = 0$。

因此，在电压电流都含零序分量的情况下，定子瞬时功率的综合矢量可写成

$$P_1 = \frac{3}{2}\operatorname{Re}\left[\overline{U}_1 \overline{I}_1^*\right] + 3u_{01} i_{01} \tag{5-5-4}$$

三、电磁转矩的综合矢量

电磁转矩的综合矢量可由隐极电机电磁转矩的通用公式 $T_m = -\dfrac{\pi}{2} p^2 \Phi F_{sm} \sin\theta_{se}$ 导出。

其方法是将 ΦF_{sm} 转化为磁链与电流的乘积，把 $\sin\theta_{se}$ 转化为复数的虚部，具体如下：

$$|T_m| = \frac{\pi}{2} p^2 \Phi \left(\frac{3}{2}\frac{2\sqrt{2}}{\pi}\frac{k_{w1} N_1}{P}\frac{I_1}{\sqrt{2}}\right)\sin\theta_{se}$$

$$= \frac{3}{2} p\left(k_{w1} N_1 \Phi\right) I_1 \sin\theta_{se}$$

$$= \frac{3}{2} p \psi_{1\delta} I_1 \sin\left(\theta_2 - \theta_1\right)$$

$$= \frac{3}{2} p \operatorname{Im}\left[\psi_{1\delta} I_1 e^{j(\theta_2 - \theta_1)}\right]$$

$$= \frac{3}{2} p \operatorname{Im}\left[\psi_{1\delta} e^{-j\theta_1} I_1 e^{j\theta_2}\right]$$

整理后得

$$|T_m| = \frac{3}{2} p \operatorname{Im}\left[\overline{\psi}_{1\delta}^* \overline{I}_1\right] = \frac{3}{2} p \operatorname{Im}\left[\overline{\psi}_1^* \overline{I}_1\right] \tag{5-5-5}$$

上面推导中假设定子电流是对称的，$\psi_{1\delta} = k_{w1} N_1 \Phi$ 为定子气隙磁链的幅值，θ_{se} 为气

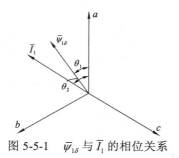

图 5-5-1 $\bar{\psi}_{1\delta}$ 与 $\bar{I}_1$ 的相位关系

隙合成磁场轴线与定子磁动势轴线间的夹角，也等于 $\psi_{1\delta}$ 与 $\bar{I}_1$ 两个综合矢量之间的夹角，如图 5-5-1 所示。由于定子绕组漏磁与定子电流作用不产生转矩，所以可写成式（5-5-5）右边一般的形式。由于综合矢量的大小不受零序电流的影响，所以当含零序电流时，式（5-5-5）仍然适用。

由于

$$\mathrm{Im}\left[\bar{\psi}_1^* \bar{I}_1\right] = \mathrm{Im}\left[L_1 \bar{I}_1 + L_{1me}\bar{I}_{(2)}\right]*\bar{I}_1 = \mathrm{Im}\left[\bar{I}_{(2)}^* L_{1me}\bar{I}_1\right]$$

$$= \mathrm{Im}\left[\bar{I}_2^* e^{-j\theta} L_{1me}\bar{I}_{(1)}e^{j\theta}\right] = \mathrm{Im}\left[\bar{I}_2^* L_{1me}\bar{I}_{(1)}\right]$$

以及

$$\mathrm{Im}\left[\bar{\psi}_2 \bar{I}_2^*\right] = \mathrm{Im}\left[L_{(1)}L_{1me} + \bar{I}_2 L_2\right]\bar{I}_2^* = \mathrm{Im}\left[\bar{I}_{(1)}L_{1me}\bar{I}_2^*\right]$$

可得

$$|T_m| = \frac{3}{2}p\,\mathrm{Im}\left[\bar{\psi}_2^* \bar{I}_2\right] \tag{5-5-6}$$

感应电机的转矩方程可写成

$$T_m - T_{mec} = J\frac{\mathrm{d}^2\theta_m}{\mathrm{d}t^2} + R_\Omega \frac{\mathrm{d}\theta_m}{\mathrm{d}t} \tag{5-5-7}$$

式中：J 为转子和负载的转动惯量；R_Ω 为旋转阻力系数；T_{mec} 为负载所引起的制动转矩；θ_m 为与 θ 相对应的机械角。

第六节　感应电机暂态过程基本方程

综合矢量法是分析感应电机暂态过程较方便的方法。采用综合矢量关系式简洁、物理意义明确、便于坐标轴和复平面的变换，所得的磁链、电压、功率、电磁转矩能准确地替代 abc 坐标系统的烦琐公式。有关的参数如 R_1、R_2、L_1、L_2、L_{1me}、L_{2me}、L_{01}、L_{02} 等在不计下列因素的假设下，可认为是恒定值。

（1）铁心磁路的饱和；

（2）铁心齿槽的存在；

（3）磁场中的高次空间谐波分量；

（4）电流中高次时间谐波分量；

（5）磁损耗以及涡流在导体所引起的损耗；

（6）在暂态过程中，转速是恒定的。

这样所列的方程是常系数线性微分方程，可用解析法求解。

在求解综合矢量方程之前，须将决定起始状态的量以及由暂态过程引起变化的量变换成相应的综合矢量，最后还需将求解所得的结果再变换成各相的数值。

在大部分感应电机暂态过程中，转子绕组是短路的，即 $\overline{U}_2 = 0$。如果转子电路接入对称的电阻或电感，可将它们附加到转子本身的电阻或电感中，计算时仍认为线端电压为零。

这种分析方法可推广到鼠笼式转子，只需将多相鼠笼式绕组折算成与定子绕组具有相同有效匝数的等效三相绕组。

考虑感应电机转速变化的暂态问题，综合矢量的电压方程须与转矩方程同时考虑，这时微分方程将是非线性或变系数，求解比较复杂。

一、变换到以电角速度 ω_b 旋转的复平面的电压方程

将定子绕组电压方程式（5-5-2）$\overline{U}_1 = R_1\overline{I}_1 + D\overline{\psi}_1$ 变换到转速为 ω_0 的复平面上，变换后的电压 $\overline{U}_{(1)} = \overline{U}_1 e^{-j\omega_b t}$，由此得 $\overline{U}_1 = \overline{U}_{(1)} e^{j\omega_b t}$。同理得出 $\overline{I}_1 = \overline{I}_{(1)} e^{j\omega_b t}$ 和 $\overline{\psi}_1 = \overline{\psi}_{(1)} e^{j\omega_b t}$，将这些关系代入式（5-5-2）得

$$\overline{U}_{(1)} e^{j\omega_b t} = R_1\overline{I}_{(1)} e^{j\omega_b t} + \frac{d}{dt}\left[\overline{\psi}_{(1)} e^{j\omega_b t}\right]$$
$$= R_1\overline{I}_{(1)} e^{j\omega_b t} + e^{j\omega_b t}\frac{d\overline{\psi}_{(1)}}{dt} + j\omega_0\overline{\psi}_{(1)} e^{j\omega_b t}$$

变换到转速为 ω_0 的复平面上的定子电压方程为

$$\overline{U}_{(1)} = R_1\overline{I}_{(1)} + \frac{d\overline{\psi}_{(1)}}{dt} + j\omega_0\overline{\psi}_{(1)} \tag{5-6-1}$$

可看出复平面从静止在定子上变换到以 ω_0 旋转时，定子电压方程中出现了运动电动势 $-j\omega_0\overline{\psi}_{(1)}$。

复平面在转子上的转子绕组电压方程为

$$R_2\overline{I}_2 + \frac{d\overline{\psi}_2}{dt} = 0 \tag{5-6-2}$$

由于转子绕组短路，所以线端电压为 0。设转子转速为 ω，则变换到以 ω_0 旋转的复平面上的转子电流和磁链为

$$\overline{I}_{(2)} = \overline{I}_2 e^{-j(\omega_0-\omega)t} \quad 或 \quad \overline{I}_2 = \overline{I}_{(2)} e^{j(\omega_0-\omega)t}$$
$$\overline{\psi}_{(2)} = \overline{\psi}_2 e^{-j(\omega_0-\omega)t} \quad 或 \quad \overline{\psi}_2 = \overline{\psi}_{(2)} e^{j(\omega_0-\omega)t}$$

将其代入式（5-6-2），并消去 $e^{j(\omega_0-\omega)t}$ 后，可得变换到以 ω_0 旋转的复平面上的转子绕组电压方程为

$$R_2\overline{I}_2 + \frac{d\overline{\psi}_{(2)}}{dt} + j(\omega_0-\omega)\overline{\psi}_{(2)} = 0 \tag{5-6-3}$$

可以看出，当新的复平面与原复平面有相对运动时，会出现运动电动势，其值与相对速度成正比。

在式（5-6-1）和式（5-6-2）中，已变换到以 ω_0 旋转的复平面上的量，都用下标加括弧区别，为书写方便，把括弧省去。在式（5-4-13）和式（5-4-12）中如将 $\overline{\psi}_1$、$\overline{I}_1$ 或 $\overline{\psi}_2$、

$\overline{I}_2$ 理解为已换算到同一复平面上的量，下标括弧也可省去。因而这四式如下

$$\left.\begin{array}{l}\overline{\psi}_1 = L_1\overline{I}_1 + L_{1me}\overline{I}_2 \\ \overline{\psi}_2 = L_{1me}\overline{I}_1 + L_2\overline{I}_2\end{array}\right\} \tag{5-6-4}$$

$$\left.\begin{array}{l}\overline{U}_1 = R_1\overline{I}_1 + \dfrac{\mathrm{d}\overline{\psi}_1}{\mathrm{d}t} + \mathrm{j}\omega_0\overline{\psi}_1 \\[2mm] 0 = R_2\overline{I}_2 + \dfrac{\mathrm{d}\overline{\psi}_2}{\mathrm{d}t} + \mathrm{j}(\omega_0 - \omega)\overline{\psi}_2\end{array}\right\} \tag{5-6-5}$$

以上方程适用于暂态分析，当然也适用于稳态，例如可用作推导感应电机的转子频率折算和等效电路等求解中。

例 5-6-1 试用综合矢量法推导出感应电机在稳态对称运行时的等效电路。

解 将复平面放在定子上，相当于式（5-6-5）中 $\omega_0 = 0$，则定子电压方程

$$\begin{aligned}\overline{U}_1 &= R_1\overline{I}_1 + \frac{\mathrm{d}\overline{\psi}_1}{\mathrm{d}t} = R_1\overline{I}_1 + \frac{\mathrm{d}}{\mathrm{d}t}\left(\dot{\psi}_1\mathrm{e}^{\mathrm{j}\omega_1 t}\right)\\ &= R_1\overline{I}_1 + \mathrm{j}\omega_1\overline{\psi}_1 = R_1\overline{I}_1 + \mathrm{j}\omega_1\left(L_1\overline{I}_1 + L_{1me}\overline{I}_2\right)\end{aligned}$$

即

$$\overline{U}_1 = R_1\overline{I}_1 + \mathrm{j}\omega_1 L_{1\sigma e}\overline{I}_1 + \mathrm{j}\omega_1 L_{1me}\left(\overline{I}_1 + \overline{I}_2\right) \tag{5-6-6}$$

式中：$\dot{\psi} = \psi\mathrm{e}^{\mathrm{j}a}$，$a$ 为 $\overline{\psi}$ 的起始角。

转子电压方程为

$$\begin{aligned}0 &= R_2\overline{I}_2 + \frac{\mathrm{d}\overline{\psi}_2}{\mathrm{d}t} - \mathrm{j}\omega\overline{\psi}_2 = R_2\overline{I}_2 + \mathrm{j}(\omega_1 - \omega)\overline{\psi}_2\\ &= R_2\overline{I}_2 + \mathrm{j}(\omega_1 - \omega)\left(L_{1me}\overline{I}_1 + L_2\overline{I}_2\right)\\ &= R_2\overline{I}_2 + \mathrm{j}(\omega_1 - \omega)L_{2\sigma e}\overline{I}_2 + \mathrm{j}(\omega_1 - \omega)L_{1me}\left(\overline{I}_1 + \overline{I}_2\right)\end{aligned}$$

将等式两边同除以转差率 $\dfrac{\omega_1 - \omega}{\omega_1} = s$，上式可写成

$$\mathrm{j}\omega_1 L_{1me}\left(\overline{I}_1 + \overline{I}_2\right) = -\left(\frac{R_2}{s} + \mathrm{j}\omega_1 L_{2\sigma e}\right)\overline{I}_2 \tag{5-6-7}$$

根据式（5-6-6）和式（5-6-7）可画出感应电机稳态对称运行时与综合矢量相对应的等效电路，如图 5-6-1 所示。图中 $x_{1\sigma} = \omega_1 L_{1\sigma e}$，$x_{2\sigma} = \omega_1 L_{2\sigma e}$，$x_m = \omega_1 L_{1me}$，转子侧均为折算量。

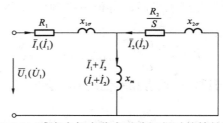

图 5-6-1 感应电机在稳态对称运行时的等效电路

瞬时值 i_A 与综合矢量的关系为 $i_A = \mathrm{Re}\,\overline{I}_1 = \mathrm{Re}\,\dot{I}_1\mathrm{e}^{\mathrm{j}\omega_1 t}$。由电工原理知，$A$ 相正弦电流的

瞬时值与相量 $\dot{I}_A$（幅值）的关系为 $i_A = \mathrm{Re}\,\dot{I}_A \mathrm{e}^{\mathrm{j}\omega_1 t}$，因此 $\dot{I}_A = \dot{I}_1$。将式（5-6-6）和式（5-6-7）两边同除以 $\mathrm{e}^{\mathrm{j}\omega_1 t}$ 可得出与相量相应的关系式，并画出相应的等效电路。可见与综合矢量或相量相应的等效电路图相同。

二、用磁链表示的电压方程

将式（5-6-4）代入式（5-6-5），可得取复平面以 ω_0 旋转的用电流表示的电压方程：

$$\left.\begin{aligned}\overline{U}_1 &= \left[R_1 + (D + \mathrm{j}\omega_0)L_1\right]\overline{I}_1 + (D + \mathrm{j}\omega_0)L_{1me}\overline{I}_2 \\ 0 &= \left[D + \mathrm{j}(\omega_0 - \omega)\right]L_{1me}\overline{I}_1 + \left[R_2 + (D + \mathrm{j}\omega_0 - \mathrm{j}\omega)\right]\overline{I}_2\end{aligned}\right\} \tag{5-6-8}$$

如复平面取在定子上，相当于 $\omega_0 = 0$，则上式可变为

$$\left.\begin{aligned}\overline{U}_1 &= (R_1 + DL_1)\overline{I}_1 + DL_{1me}\overline{I}_2 \\ 0 &= (D - \mathrm{j}\omega)L_{1me}\overline{I}_1 + \left[R_2 + (D - \mathrm{j}\omega)L_2\right]\overline{I}_2\end{aligned}\right\} \tag{5-6-9}$$

为了便于进行参数分析和简化计算，可采用磁链表示的电压方程。

将式（5-6-4）中的电流求解得

$$\left.\begin{aligned}\overline{I}_1 &= \frac{L_2\overline{\psi}_1 - L_{1me}\overline{\psi}_2}{L_1 L_2 - L_{1me}^2} = \frac{\overline{\psi}_1 - k_2\overline{\psi}_2}{L_1'} \\ \overline{I}_2 &= \frac{L_1\overline{\psi}_2 - L_{1me}\overline{\psi}_1}{L_1 L_2 - L_{1me}^2} = \frac{\overline{\psi}_2 - k_1\overline{\psi}_1}{L_2'}\end{aligned}\right\} \tag{5-6-10}$$

式中：$k_1 = \dfrac{L_{1me}}{L_1}$；$k_2 = \dfrac{L_{1me}}{L_2}$；$L_1' = L_1 - L_{1me}^2/L_2 = L_{1\sigma e} + L_{1me}L_{2\sigma e}/(L_{2\sigma e} + L_{1me})$ 为转子侧短路时从定子侧看进去的等效电感；$L_2' = L_2 - L_{1me}^2/L_1 = L_{2\sigma e} + L_{1me}L_{1\sigma e}/(L_{1\sigma e} + L_{1me})$ 为定子侧短路时从转子侧看进去的等效电感。

将式（5-6-10）代入式（5-6-5），可得

$$\left.\begin{aligned}\overline{U}_1 &= \left(\frac{R_1}{L_1'} + D + \mathrm{j}\omega_0\right)\overline{\psi}_1 - k_2\frac{R_1}{L_1'}\overline{\psi}_2 \\ 0 &= -k_1\frac{R_2}{L_2'}\overline{\psi}_1 + \left[\frac{R_2}{L_2'} + D + \mathrm{j}(\omega_0 - \omega)\right]\overline{\psi}_2\end{aligned}\right\} \tag{5-6-11}$$

式（5-6-11）是取复平面以 ω_0 旋转；如复平面取在定子上，相当于 $\omega_0 = 0$，得

$$\left.\begin{aligned}\overline{U}_1 &= \left(D + \frac{R_1}{L_1'}\right)\overline{\psi}_1 - k_2\frac{R_1}{L_1'}\overline{\psi}_2 \\ 0 &= -k_1\frac{R_2}{L_2'}\overline{\psi}_1 + \left(\frac{R_2}{L_2'} + D - \mathrm{j}\omega\right)\overline{\psi}_2\end{aligned}\right\} \tag{5-6-12}$$

如令 $s_{c1}\omega_1 = \dfrac{R_1}{L_1'}$，$s_{c2}\omega_1 = \dfrac{R_2}{L_2'}$，则式（5-6-12）可写为

$$\left.\begin{aligned}\overline{U}_1 &= (D + s_{c1}\omega_1)\overline{\psi}_1 - k_2 s_{c1}\omega_1\overline{\psi}_2 \\ 0 &= -k_1 s_{c2}\omega_1\overline{\psi}_1 + (D + s_{c2}\omega_1 - \mathrm{j}\omega)\overline{\psi}_2\end{aligned}\right\} \tag{5-6-13}$$

式中：$s_{c1}=\dfrac{R_1}{\omega_1 L_1'}$ 约等于在定子侧短路由转子侧供电时的临界转差率；$s_{c2}=\dfrac{R_2}{\omega_1 L_2'}$ 约等于在转子侧短路由定子侧供电时的临界转差率。

上列电压方程可用来研究感应电动机起动、合闸和电机端三相短路等状态的暂态过程。

三、特征方程及其根的决定

分析感应电动机暂态过程时假设转子转速 ω 为常量，即认为在转速开始变化之前暂态过程已结束，这种假设是基于电的暂态过程比机械暂态过程要短暂得多，简化带来的误差不大做出的。

当 ω 为常量时，式（5-6-13）是常系数线性微分方程。为了说明一些物理意义而方程组又不很复杂，可采用经典法求解。

暂态过程的各个变量，一般可看成由暂态分量和稳态分量组成，例如 $\bar{\psi}=\bar{\psi}'+\bar{\psi}''$，其中加"'"号项代表稳态分量，加"″"号项代表暂态分量。

稳态分量是对应于 $t=\infty$ 时的量。例如感应电机接入电网时，由于 μ_1 是时间正弦波，所以 ψ 或 i 的稳态分量也是正弦波，可写成 $\bar{\psi}=\psi e^{j(\gamma_0+\omega_1 t)}=\dot{\psi}e^{j\omega_1 t}$，$\bar{I}=Ie^{j(\beta_0-\omega_1 t)}=\dot{I}e^{j\omega_1 t}$。将方程组（5-6-13）或式（5-6-9）中的 D 用 $j\omega$ 代入解出变量，就是 $\bar{\psi}$ 或 $\bar{I}$ 的稳态分量。

暂态分量对应于外电压 $u_1=0$ 时的解，对于方程组（5-6-13）有下列表达式

$$\left.\begin{array}{l}\bar{\psi}_1''=\bar{\psi}_{1(1)}e^{D_1 t}+\bar{\psi}_{1(2)}e^{D_2 t}\\ \bar{\psi}_2''=\bar{\psi}_{2(1)}e^{D_1 t}+\bar{\psi}_{2(2)}e^{D_2 t}\end{array}\right\} \tag{5-6-14}$$

式中：D_1 和 D_2 是特征方程的根。下标（1）和（2）代表与 $e^{D_1 t}$ 和 $e^{D_2 t}$ 相对应的量，特征方程可由微分方程组的系数行列式 $\Delta=0$ 求出，即

$$\Delta=\begin{vmatrix} D+s_{c1}\omega_1 & -k_2 s_{c1}\omega_1 \\ -k_1 s_{c2}\omega_1 & D+s_{c2}\omega_1-j\omega \end{vmatrix}=0$$

将上式整理后可得

$$D^2+D\left(s_{c1}+s_{c2}-j\frac{\omega}{\omega_1}\right)\omega_1+\left(\sigma s_{c1}s_{c2}-j s_{c1}\frac{\omega}{\omega_1}\right)\omega_1^2=0 \tag{5-6-15}$$

式中：$\sigma=1-k_1 k_2=1-\dfrac{L_{1me}^2}{L_1' L_2'}$ 为漏磁系数。所以特征方程式（5-6-15）的根为

$$D=\frac{1}{2}\left[-(s_{c1}+s_{c2})\omega_1+j\omega\pm\omega_1\sqrt{\left(s_{c2}-s_{c1}-j\frac{\omega}{\omega_1}\right)^2+4(1-\sigma)s_{c1}s_{c2}}\right] \tag{5-6-16}$$

规定根号前用"-"号的根为 D_1，用"+"号的根为 D_2。

如果特征方程的根为复数，即 $D=D_\alpha+jD_\beta$ 时，暂态分量具有下面的形式

$$Ae^{Dt}=Ae^{D_\alpha t}e^{jD_\beta t}$$

式中：D_α 决定时间常数 $T=-\dfrac{1}{D_\alpha}$；D_β 决定暂态分量在静止复平面上旋转的角速度。

第七节 感应电动机接入电网的暂态过程

感应电机在任一转速 ω 下接入电网。当 $t < 0$ 时，$\overline{U}_1 = 0$；当 $t \geqslant 0$ 时

$$\overline{U}_1 = U_1 e^{j(\alpha_0 + \omega_1 t)} = \dot{U} e^{j\omega_1 t}$$

假设暂态过程中转速 ω 不变，在 $t = 0$ 时，定转子电流和磁链的起始值为 $\overline{I}_{10}$、$\overline{I}_{20}$、$\overline{\psi}_{10}$、$\overline{\psi}_{20}$，例如感应电动机从电网断开后，在转子电流尚未衰减完前合闸，则除 $\overline{I}_{10} = 0$ 外，$\overline{I}_{20}$、$\overline{\psi}_{10}$、$\overline{\psi}_{20}$ 均不为零。以下分析磁链和电流的两个分量。

一、稳态分量

考虑到磁链的稳态分量是正弦波，复平面在定子上的综合矢量可写成

$$\overline{\psi}_1 = \dot{\psi}_1 e^{j\omega_1 t}, \qquad \overline{\psi}_2 = \dot{\psi}_2 e^{j\omega_1 t}$$

显然 $D\overline{\psi}_1 = j\omega_1 \overline{\psi}_1$，$D\overline{\psi}_2 = j\omega_1 \overline{\psi}_2$。

在电压方程式（5-6-13）中将 D 用 $j\omega_1$ 代入得

$$\left. \begin{aligned} \overline{U}_1 &= \omega_1 (j + s_{c1}) \overline{\psi}_1 - k_2 s_{c1} \omega \overline{\psi}_2 \\ 0 &= -k_1 s_{c2} \omega_1 \overline{\psi}_1 + \omega_1 [sj + s_{c2}] \overline{\psi}_2 \end{aligned} \right\} \tag{5-7-1}$$

式中：$s = \dfrac{\omega_1 - \omega}{\omega_1}$ 为转差率。将上式求解出就是磁链的稳态分量

$$\left. \begin{aligned} \overline{\psi}_1' = \overline{\psi}_1 &= \frac{\overline{U}_1 (s_{c2} + js)}{j\omega_1 \left[(s_{c2} + ss_{c1}) + j(s - \sigma s_{c1} s_{c2}) \right]} \\ \overline{\psi}_2' = \overline{\psi}_2 &= \frac{\overline{U}_1 k_1 s_{c2}}{j\omega_1 \left[(s_{c1} + ss_{c1}) + j(s - \sigma s_{c1} s_{c2}) \right]} \end{aligned} \right\} \tag{5-7-2}$$

将式（5-7-2）代入式（5-6-10）即得电流的稳态分量

$$\overline{I}_1' = \frac{\overline{U}_1 (\sigma s_{c2} + js)}{j\omega_1 L_1' \left[(s_{c2} + ss_{c1}) + j(s - \sigma s_{c1} s_{c2}) \right]}$$

$$\overline{I}_2' = \frac{\overline{U}_1 (-k_1 js)}{j\omega_1 L_2' \left[(s_{c2} + ss_{c1}) + j(s - \sigma s_{c1} s_{c2}) \right]} \tag{5-7-3}$$

二、暂态分量

磁链暂态分量的表达式与式（5-6-14）相同，其中与 D_1 对应的第一分量系数 $\overline{\psi}_{1(1)}$、$\overline{\psi}_{2(1)}$ 和与 D_2 对应的第二分量系数 $\overline{\psi}_{1(2)}$、$\overline{\psi}_{2(2)}$ 可按下述方法求出。

由已知条件可得与这些系数有关的两个方程

$$\left.\begin{array}{l} \overline{\psi}_{1(t=0)} = \overline{\psi}_{10} = \overline{\psi}'_{10} + \overline{\psi}_{1(1)} + \overline{\psi}_{1(2)} \\ \overline{\psi}_{2(t=0)} = \overline{\psi}_{20} = \overline{\psi}'_{20} + \overline{\psi}_{2(1)} + \overline{\psi}_{2(2)} \end{array}\right\} \tag{5-7-4}$$

式中：$\overline{\psi}'_{10}$ 和 $\overline{\psi}'_{20}$ 为磁链稳态分量初始值。

暂态分量中的第一分量和第二分量要满足方程组（5-6-13）的齐次方程

$$(D + s_{c1}\omega_1)\overline{\psi}_1 - k_2 s_{c1}\omega_1\overline{\psi}_2 = 0$$

$$-k_1 s_{c2}\omega_1\overline{\psi}_1 + (D + s_{c2}\omega_1 - j\omega)\overline{\psi}_2 = 0$$

将 $\overline{\psi}_{1(1)}\mathrm{e}^{D_1 t}$ 和 $\overline{\psi}_{2(1)}\mathrm{e}^{D_1 t}$ 代入第一式，并将 $\overline{\psi}_{1(2)}\mathrm{e}^{D_2 t}$ 和 $\overline{\psi}_{2(2)}\mathrm{e}^{D_2 t}$ 代入第二式，再消去 $\mathrm{e}^{D_1 t}$ 和 $\mathrm{e}^{D_2 t}$ 可得

$$\left.\begin{array}{l} \overline{\psi}_{2(1)} = \dfrac{D_1 + s_{c1}\omega_1}{k_2 s_{c1}\omega_1}\overline{\psi}_{1(1)} = k_{21}\overline{\psi}_{1(1)} \\[3mm] \overline{\psi}_{1(2)} = \dfrac{D_2 + s_{c2}\omega_1 - j\omega}{k_1 s_{c2}\omega_1}\overline{\psi}_{2(2)} = k_{12}\overline{\psi}_{2(2)} \end{array}\right\} \tag{5-7-5}$$

其中 $k_{21} = \dfrac{D_1 + s_{c1}\omega_1}{k_2 s_{c1}\omega_1}$ 和 $k_{12} = \dfrac{D_2 + s_{c2}\omega_1 - j\omega}{k_1 s_{c2}\omega_1}$。

将式（5-7-5）代入式（5-7-4）可得

$$\left.\begin{array}{l} \overline{\psi}_{1(1)} = \left[k_{12}\left(\overline{\psi}_{20} - \overline{\psi}'_{20}\right) - \left(\overline{\psi}_{10} - \overline{\psi}'_{10}\right)\right] \Big/ (k_{12}k_{21} - 1) \\[2mm] \overline{\psi}_{2(2)} = \left[k_{21}\left(\overline{\psi}_{10} - \overline{\psi}'_{10}\right) - \left(\overline{\psi}_{20} - \overline{\psi}'_{20}\right)\right] \Big/ (k_{12}k_{21} - 1) \end{array}\right\} \tag{5-7-6}$$

因此 $\overline{\psi}_{2(1)}$ 和 $\overline{\psi}_{1(2)}$ 可由式（5-7-5）算出。

电流和磁链的各个分量都要满足式（5-6-10），电流的暂态分量也可写成

$$\overline{I}''_1 = \overline{I}_{1(1)}\mathrm{e}^{D_1 t} + \overline{I}_{1(2)}\mathrm{e}^{D_2 t}$$

$$\overline{I}''_2 = \overline{I}_{2(1)}\mathrm{e}^{D_1 t} + \overline{I}_{2(2)}\mathrm{e}^{D_2 t}$$

利用式（5-6-10）和式（5-7-5）、式（5-7-6）可将电流暂态分量系数 $\overline{I}_{1(1)}$、$\overline{I}_{1(2)}$、$\overline{I}_{2(1)}$、$\overline{I}_{2(2)}$ 用电流的初始值 $\overline{I}_{10}$、$\overline{I}_{20}$、$\overline{I}'_{10}$、$\overline{I}'_{20}$ 表示：

$$\left.\begin{array}{l} \overline{I}_{1(1)} = \dfrac{(1 - k_2 k_{21})}{\sigma(k_{12}k_{21} - 1)}\left[(1 - k_1 k_{12})\left(\overline{I}'_{10} - \overline{I}_{10}\right) + \dfrac{k_1}{k_2}(k_2 - k_{12})\left(\overline{I}'_{10} - \overline{I}_{20}\right)\right] \\[4mm] \overline{I}_{1(2)} = \dfrac{(k_{12} - k_2)}{\sigma(k_{12}k_{21} - 1)}\left[(k_1 - k_{21})\left(\overline{I}'_{10} - \overline{I}_{10}\right) + \dfrac{k_1}{k_2}(1 - k_2 k_{21})\left(\overline{I}'_{20} - \overline{I}_{20}\right)\right] \\[4mm] \overline{I}_{2(1)} = \overline{I}_{1(1)}\dfrac{k_2(k_{21} - k_1)}{(1 - k_1 k_{21})} \\[4mm] \overline{I}_{2(2)} = \overline{I}_{1(2)}\dfrac{k_2(1 - k_1 k_{12})}{k_1(k_{12} - k_2)} \end{array}\right\} \tag{5-7-7}$$

例 5-7-1 一台感应电动机 $f_1 = 50\,\mathrm{Hz}$，$\omega_1 = 314\,\mathrm{rad/s}$，其标幺值参数：$\omega_1 L_{1me} = 3$，$\omega_1 L_{1\sigma e} = 0.11$，$\omega_1 L_{2\sigma e} = 0.14$，$\omega_1 L'_1 = 0.214\,1$，$\omega_1 L'_2 = 0.246\,5$，$R_1 = 0.024\,41$，$R_2 = 0.036\,96$，$s_{c1} = 0.1$，$s_{c2} = 0.15$，$k_1 = 0.964\,6$，$k_2 = 0.955\,4$，$\sigma = 0.078\,5$。电网电压为频定值即 $U_1 = 1$，

其综合矢量为 $\bar{U}_1 = U_1 \mathrm{e}^{\mathrm{j}\left(\omega_1 t - \frac{\pi}{2}\right)}$ 复平面取在定子上，以 A 相绕组轴线为实轴。假设电动机在 $t = 0$ 时刻接入电网，此时电动机的转速为 $\omega = \omega_1(1-s)$，$s = 0.037\,94$，在接入前定、转子电流已衰减到零，即 $I_{10} = I_{20} = 0$。暂态过程中可认为 ω 不变，试求：

（1）用综合矢量表示的电流稳态分量、暂态分量和总电流；

（2）A 相电流 i_A 的瞬时值；

（3）A 相最大瞬时电流与稳态电流幅值之比；

（4）电磁转矩表达式。

解 （1）用综合矢量表示的电流量。

a. 稳态电流分量按式（5-7-3）为

$$
\begin{aligned}
\bar{I}_1' &= \frac{\bar{U}_1(\sigma s_{c2} + \mathrm{j}s)}{\mathrm{j}\omega_1 L_1'\left[(s_{c2} + \delta s_{c1}) + \mathrm{j}(s - \sigma s_{c1}s_{c2})\right]} \\
&= \left[\mathrm{e}^{\mathrm{j}\left(\omega_1 t - \frac{\pi}{2}\right)}(0.078\,5 \times 0.15 + \mathrm{j}0.037\,94)\right] \\
&\quad / \{\mathrm{j}0.244\,1 \times [(0.15 + 0.037\,94 \times 0.1) + \mathrm{j}(0.037\,94 - 0.078\,5 \times 0.1 \times 0.15)]\} \\
&= 1.029\mathrm{e}^{-\mathrm{j}0.535\,4}\mathrm{e}^{\mathrm{j}\left(\omega_1 t - \frac{\pi}{2}\right)}
\end{aligned}
$$

$$
\begin{aligned}
\bar{I}_2' &= \frac{\bar{U}_2(-k_1\mathrm{j}s)}{\mathrm{j}\omega_1 L_2'\left[(s_{c2} + ss_{c1}) + \mathrm{j}(s - \sigma s_{c1}s_{c2})\right]} \\
&= \left[\mathrm{e}^{\mathrm{j}\left(\omega_1 t - \frac{\pi}{2}\right)}(-0.964\,6 \times \mathrm{j}0.037\,94)\right] \\
&\quad / \{\mathrm{j}0.246\,5 \times [(0.15 + 0.037\,94 \times 0.1) + \mathrm{j}(0.037\,94 - 0.078\,5 \times 0.1 \times 0.15)]\} \\
&= 0.939\,1\mathrm{e}^{\mathrm{j}2.907}\mathrm{e}^{\mathrm{j}\left(\omega_1 t - \frac{\pi}{2}\right)}
\end{aligned}
$$

b. 暂态电流分量。

暂态分量的系数可按式（5-7-7）求解，式中的 k_{12} 和 k_{21} 与特征方程的根 D_1 和 D_2 有关。由式（5-6-16）将右端根号的项展开得

$$
\sqrt{(s_{c1} - s_{c2})^2 - 2\mathrm{j}(s_{c2} - s_{c1})\omega/\omega_1 - \omega^2/\omega_1^2 + 4(1-\sigma)s_{c1}s_{c2}}
$$

其中头尾两项可近似简化为

$$
(s_{c2} - s_{c1})^2 + 4(1-\sigma)s_{c1}s_{c2} \approx (s_{c1} + s_{c2})^2(1-\sigma)
$$

代入上式（对于本题参数的电机，由于 $1-\sigma = 0.921\,5$，误差不超过 0.3%），将根号内 $\left(\mathrm{j}\dfrac{\omega}{\omega_1}\right)^2$ 提出根号外得

$$
\mathrm{j}\frac{\omega}{\omega_1}\sqrt{1 - (s_{c2} + s_{c1})^2(1-\sigma)\frac{\omega_1^2}{\omega^2} + \mathrm{j}2(s_{c2} - s_{c1})\frac{\omega_1}{\omega}}
$$

按给定条件 $\omega \approx \omega_1$，根号内后两项比第一项小很多，可采用近似关系 $\sqrt{1-x} \approx 1-\dfrac{x}{2}$，上式可写成

$$\mathrm{j}\frac{\omega}{\omega_1}\left[1-\left(s_{c1}+s_{c2}\right)^2\left(1-\sigma\right)\frac{\omega_1^2}{2\omega^2}+j\left(s_{c2}-s_{c1}\right)\frac{\omega_1}{\omega}\right]$$

将该近似关系代入式（5-6-16）可得特征方程的根 D_1（取负号）和 D_2（取正号）分别为

$$D_1 = -s_{c1}\omega + \mathrm{j}\omega(1-\sigma)\left(s_{c1}+s_{c2}\right)^2\frac{\omega_1^2}{4\omega^2} \tag{5-7-8}$$

$$D_2 = -s_{c2}\omega_1 + \mathrm{j}\omega - \mathrm{j}\omega(1-\sigma)\left(s_{c1}+s_{c2}\right)^2\frac{\omega_1^2}{4\omega^2} \tag{5-7-9}$$

由式（5-7-5）可知 $k_{21}=\dfrac{D_1+s_{c1}\omega_1}{k_2 s_{c1}\omega_1}$ 和 $k_{12}=\dfrac{D_2+s_{c2}\omega-\mathrm{j}\omega}{k_2 s_{c2}\omega_1}$，将式（5-7-8）、式（5-7-9）的关系代入，经整理化简可得

$$k_{21} = \mathrm{j}k_1\omega_1\left(s_{c1}+s_{c2}\right)^2/4s_{c1} \approx \mathrm{j}k_1 s_{c2}\omega_1/\omega$$

$$k_{12} = -\mathrm{j}k_2\omega_1\left(s_{c1}+s_{c2}\right)^2/4s_{c2} \approx -\mathrm{j}k_2 s_{c1}\omega_1/\omega$$

上式采用了 $\dfrac{s_{c1}+s_{c2}}{2} \approx \sqrt{s_{c1}s_{c2}}$ 的近似关系，s_{c1} 与 s_{c2} 值相差愈小时误差也愈小。

$$k_{21} = \mathrm{j}k_1 s_{c2}\omega_1/\omega = \frac{\mathrm{j}0.964\,6 \times 0.15}{1-0.037\,94} = \mathrm{j}0.150\,5$$

$$k_{12} = -\mathrm{j}k_2 s_{c1}\omega_1/\omega = \frac{-\mathrm{j}0.955\,4 \times 0.1}{0.962\,06} = -\mathrm{j}0.099\,3$$

将 k_{12}、k_{21} 的近似值及有关参数代入式（5-7-7），可算出

$$\overline{I}_{1(1)} = \frac{\left(1-k_2 k_{21}\right)}{\sigma\left(k_{12}k_{21}-1\right)}\left[\left(1-k_1 k_{12}\right)\left(\overline{I}_{10}'-\overline{I}_{10}\right)+\frac{k_1}{k_2}\left(k_2-k_{12}\right)\left(\overline{I}_{20}'-\overline{I}_{20}\right)\right]$$

$$= \frac{1-0.955\,4 \times \mathrm{j}0.150\,5}{0.078\,5(-\mathrm{j}0.099\,3 \times \mathrm{j}0.150\,3-1)}\left[(1+0.964\,6 \times \mathrm{j}0.099\,3)1.029\mathrm{e}^{-\mathrm{j}0.5154}\right.$$

$$\left.+\frac{0.964\,6}{0.955\,4}(0.955\,4+\mathrm{j}0.099\,3)0.939\,1\mathrm{e}^{\mathrm{j}2.497}\right]\mathrm{e}^{-\mathrm{j}\frac{\pi}{2}}$$

$$= 4.218\mathrm{e}^{\mathrm{j}1.535\,4}\mathrm{e}^{-\mathrm{j}\frac{\pi}{2}}$$

$$\overline{I}_{1(2)} = \frac{\left(k_{12}-k_2\right)}{\sigma\left(k_{12}k_{21}-1\right)}\left[\left(k_1-k_{12}\right)\left(\overline{I}_{10}'-\overline{I}_{10}\right)+\frac{k_1}{k_2}\left(1-k_2 k_{21}\right)\left(\overline{I}_{20}'-\overline{I}_{20}\right)\right]$$

$$= \frac{-\mathrm{j}0.099\,3-0.955\,4}{0.078\,5(-\mathrm{j}0.099\,3 \times \mathrm{j}0.150\,5-1)}\left[(0.964\,6-\mathrm{j}0.150\,5)1.029\mathrm{e}^{-\mathrm{j}0.535\,4}\right.$$

$$\left.+\frac{0.964\,6}{0.955\,4}(1-0.955\,4 \times \mathrm{j}0.150\,5)0.939\,1\mathrm{e}^{\mathrm{j}2\,007}\right]\mathrm{e}^{-\mathrm{j}\frac{\pi}{2}}$$

$$= 3.843\mathrm{e}^{\mathrm{j}(\pi+1.291)}\mathrm{e}^{-\mathrm{j}\frac{\pi}{2}}$$

$$\overline{I}_{2(1)} = \overline{I}_{1(1)} \frac{k_2(k_{21}-k_1)}{k_1(1-k_2 k_{21})} = \frac{0.955\,4(j0.150\,5 - 0.964\,6)}{0.964\,6(1-0.955\,4 \times j0.150\,5)} \times \overline{I}_{1(1)} = 4.038\mathrm{e}^{-j1.62}\mathrm{e}^{-j\frac{\pi}{2}}$$

$$\overline{I}_{2(2)} = \overline{I}_{1(2)} \frac{k_2(1-k_1 k_{12})}{k_1(k_{12}-k_2)} = \frac{0.955\,4(1+0.964\,6 \times j0.993)}{0.964\,6(-j0.099\,3 - 0.955\,4)} \times \overline{I}_{1(2)} = 3.98\mathrm{e}^{j1.283}\mathrm{e}^{-j\frac{\pi}{2}}$$

由式（5-7-8）求特征方程的根

$$D_1 = -s_{c1}\omega_1 + j\omega(1-\sigma)(s_{c1}+s_{c2})^2 \frac{\omega_1^2}{4\omega^2}$$

$$= -0.1 \times 314 + \frac{j(1-0.078\,5)(0.1+0.15)^2 \times 314}{(1-0.037\,94) \times 4} = -31.4 + j4.701\,(\mathrm{rad/s})$$

$$D_2 = -s_{c2}\omega_1 + j\omega - j\omega(1-\sigma)(s_{c1}+s_{c2})^2 \frac{\omega_1^2}{4\omega^2}$$

$$= -0.15 \times 314 + j(1-0.037\,94) \times 314 - \frac{j(1-0.078\,5)(0.1+0.15)^2 \times 314}{(1-0.037\,94) \times 4}$$

$$= -47.1 + j297.5\,(\mathrm{rad/s})$$

c. 总电流。

总电流为稳态分量和暂态分量之和

$$\overline{I}_1 = \overline{I}_1' + \overline{I}_{1(1)}\mathrm{e}^{D_1 t} + \overline{I}_{1(2)}\mathrm{e}^{D_2 t}$$

$$= 1.029\mathrm{e}^{-j0.535\,4}\mathrm{e}^{j\left(314t-\frac{\pi}{2}\right)} + \left(4.218\mathrm{e}^{j1.533} \times \mathrm{e}^{(-31.4+j4.701)t} + 3.843\mathrm{e}^{j(\pi+1.294)}\mathrm{e}^{(-47.1+j297.5t)}\mathrm{e}^{-j\frac{\pi}{2}}\right)$$

$$= 1.029\mathrm{e}^{j(314t-2.106)} + 4.218\mathrm{e}^{-31.4t+j(4.7t-0.038)} + 3.843\mathrm{e}^{-47.1t+j(297.5t+2.862)}$$

$$\overline{I}_2 = \overline{I}_2' + \overline{I}_{2(1)}\mathrm{e}^{D_1 t} + \overline{I}_{2(2)}\mathrm{e}^{D_2 t}$$

$$= 0.939\,1\mathrm{e}^{j2.907}\mathrm{e}^{j\left(314t-\frac{\pi}{2}\right)} + \left[4.038\mathrm{e}^{-j1.62}\mathrm{e}^{j(-31.4+j4.701)t} + 3.98\mathrm{e}^{j1.283}\mathrm{e}^{(-47.1+j297.5t)}\right]\mathrm{e}^{-j\frac{\pi}{2}}$$

$$= 0.939\mathrm{e}^{j(314t+1.336)} + 4.038\mathrm{e}^{-31.4t+j(4.7t-0.191)} + 3.98\mathrm{e}^{-47.1t+j(297.5t-0.288)}$$

（2）A 相电流的瞬时值

$$i_{1A} = \mathrm{Re}\,\overline{I}_1 = \mathrm{Re}\left[1.029\mathrm{e}^{j(314t-2.106)} + 4.218\mathrm{e}^{-j31.4t+j(4.7t-0.038)} + 3.843\mathrm{e}^{-47.1t+j(297.5t+2.862)}\right]$$

$$= 1.029\cos(314t-2.106) + 4.218\mathrm{e}^{-31.4t}\cos(4.7t-0.038)$$

$$+ 3.843\mathrm{e}^{-47.1t}\cos(297.5t+2.862)$$

（3）A 相绕组最大瞬时电流与稳态电流幅值之比

$$i_{1A(\max)} / I_1' = \frac{5.8}{1.029} = 5.64$$

（4）电磁转矩 T_m。

按式（5-5-5）或式（5-5-6）计算。由于 $\overline{I}_1$ 和 $\overline{I}_2$ 已经求出，将 T_m 表达成 $\overline{I}_1$、$\overline{I}_2$ 的函数。可证明 $\mathrm{Im}\left[\overline{\psi}_1^* \overline{I}_1\right] = \mathrm{Im}\left[\overline{I}_{(2)}^* L_{1me}\overline{I}_1\right] = L_{1me}\,\mathrm{Im}\left[\overline{I}_1\overline{I}_2^*\right]$，当理解为已换算到同一复平面时，可写为 $L_{1me}\,\mathrm{Im}\left[\overline{I}_1\overline{I}_2^*\right]$，故式（5-5-5）可改为

$$T_m = \frac{3}{2} p \operatorname{Im}\left[\overline{\psi}_1^* \overline{I}_1\right] = \frac{3}{2} p L_{1me} \operatorname{Im}\left[\overline{I}_1 \overline{I}_{(2)}^*\right] \quad (5\text{-}7\text{-}10)$$

将 T_m 用标幺值表示，规定转矩基值 T_{mb} 为

$$T_{mb} = \frac{S_N}{\Omega_1} = \frac{3U_{1N} I_{1N} p}{2\omega_1}$$

则

$$T_m^* = \frac{T_m}{T_{mb}} = \frac{\omega_1 L_{1me}}{U_{1N} I_{1N}} \operatorname{Im}\left[\overline{I}_1 \overline{I}_2^*\right] = (\omega_1 L_{1me}) \cdot \operatorname{Im}\left[\overline{I}_1 \overline{I}_{2^*}\right]$$

即

$$T_m^* = x_m^* \operatorname{Im}\left[\overline{I}_{1^*} \overline{I}_{2^*}^*\right]$$

本题给出的 $x_{m^*} = \omega_1 L_{1me} = 3$ 和已算得的 $\overline{I}_1$ 和 $\overline{I}_2$ 是标幺值，故上式下标"*"可省去，则电磁转矩的标幺值为

$$T_m = x_m \operatorname{Im}\left[\overline{I}_1 \overline{I}_2^*\right] = 3 \operatorname{Im}\left[1.029 e^{j(314t-2.106)} + 4.218 e^{-31.4t+j(4.7t-0.038)} + 3.843 e^{-47.1t+j(297.5t+2.862)}\right)$$

$$\times \left(0.9391 e^{j(314t+1.336)} + 4.038 e^{-31.4t-j(4.7t-3.191)} + 3.98 e^{-47.1-j(297.5-0.288)}\right)^*\right]$$

将所得结果画成 T_m 随时间变化的波形图，可以算出最大瞬时转矩比转矩的稳态值约大 3.9 倍，即

$$\frac{T_{m(\max)}}{T_m'} \approx 3.9$$

第八节　感应电动机三相短路的暂态过程

假设感应电动机运行中，从电网断开电机端三相短路，这种情况可看作是定、转子绕组中通有初始电流 $\overline{I}_{10}$ 和 $\overline{I}_{20}$ 时，突然接入电压 $\overline{U}_1 = 0$。这样就可直接用上节的分析结果。仍认为暂态过程结束之前，转速 ω 不变。

按第七节的分析，给定电网电压 $\overline{U}_{1(原)}$、电机的参数和运行时的转差率，可以由式（5-7-3）求出短路前电流的稳态值 $\overline{I}_{1(原)}'$ 和 $\overline{I}_{2(原)}'$，这就是三相短路电流的初始值，即

$$\overline{I}_{1(原)}' = \overline{I}_{10}, \quad \overline{I}_{2(原)}' = \overline{I}_{20}$$

突然短路电流也包含稳态和暂态两个分量，短路电流的稳态分量为

$$\overline{I}_1' = \overline{I}_2' = 0$$

暂态分量的衰减取决于特征方程的根 D_1 和 D_2 可由式（5-7-8）、式（5-7-9）求出。突然短路的总电流为

$$\overline{I}_1 = \overline{I}_{1(1)} e^{D_1 t} + \overline{I}_{1(2)} e^{D_2 t}$$

$$\overline{I}_2 = \overline{I}_{2(1)} e^{D_1 t} + \overline{I}_{2(2)} e^{D_2 t}$$

求出短路电流的初始值和稳态值后，电流暂态分量系数可按式（5-7-6）求解。

例 5-8-1　例 5-7-1 的感应电动机在 $s = 0.03794$ 稳态运行时，电机端突然短路，试求：

（1）总短路电流；

（2）短路电流幅值与短路前稳态电流幅值之比（假设短路发生在 $\omega_1 t = \dfrac{\pi}{2}$ 时刻）。

解　（1）由于短路电流的初始值等于短路前电流的稳态值，而短路发生在 $\omega_1 t = \dfrac{\pi}{2}$ 时刻，则由前例可知

$$\overline{I}_{10} = \overline{I}'_{1(原)} = 1.029 e^{-j0.535\,4}$$

$$\overline{I}_{20} = \overline{I}'_{2(原)} = 0.939\,1 e^{j2.907}$$

短路后稳态电流分量为

$$\overline{I}'_1 = \overline{I}'_2 = 0$$

将上列数值代入式（5-7-8）中求 $\overline{I}_{1(1)}$、$\overline{I}_{1(2)}$、$\overline{I}_{2(1)}$、$\overline{I}_{2(2)}$。由于本例电流的稳态值即为例 5-7-1 电流的初始值，例中电流都带 $e^{j\left(\omega_1 t - \frac{\pi}{2}\right)}$ 项，这里由于假设短路发生在 $\omega_1 t = \dfrac{\pi}{2}$ 时刻，故无此项。所以 $\overline{I}_{1(1)}$、$\overline{I}_{1(2)}$、$\overline{I}_{2(1)}$、$\overline{I}_{2(2)}$ 可直接列式如下：

$$\overline{I}_{1(1)} = -4.218 e^{j1.533}, \qquad \overline{I}_{1(2)} = -3.843 e^{j(\pi+1.291)}$$

$$\overline{I}_{2(1)} = -4.038 e^{-j1.62}, \qquad \overline{I}_{2(2)} = -3.98 e^{j1.283}$$

按例 5-7-1 已求得

$$D_1 = -31.4 + j4.701, \qquad D_2 = -47.1 + j297.5$$

故总电流为

$$\overline{I}_1 = \overline{I}_{1(1)} e^{D_1 t} + \overline{I}_{1(2)} e^{D_2 t}$$
$$= -4.218 e^{-31.4t} e^{j(4.701t+1.533)} - 3.843 e^{-47.1t} e^{j(297.5t+\pi+1.291)}$$

$$\overline{I}_2 = \overline{I}_{2(1)} e^{D_1 t} + \overline{I}_{2(2)} e^{D_2 t}$$
$$= -4.038 e^{-31.4t} e^{(4.701t-1.62)} - 3.98 e^{-47.1t} e^{j(297.5t+1.283)}$$

（2）由 $i_A = \mathrm{Re}(\overline{I}_1)$ 可算出 A 相电流，画出 i_A 随时间变化曲线，可算出 A 相最大瞬时电流与短路前稳态电流幅值之比

$$\frac{i_{A(\max)}}{I'_1} \approx 5.2$$

习　题　五

1. （1）已知三相电流的瞬时值，如何用代数和几何的方法，求出综合矢量的长度和位置。

（2）感应电动机定子绕组的电流分别为 $i_A = 100\cos\left(314t + \dfrac{\pi}{6}\right)A$，$i_B = 100\cos\left(314t - \dfrac{\pi}{2}\right)A$，$i_C = 100\cos\left(314t + \dfrac{5\pi}{6}\right)A$，试画出 $314t + \dfrac{\pi}{18}$ 时综合矢量的长度和位置。并用投影法校核所得的结果。

2. 电流综合矢量可用下式表示：

$$\overline{I} = \frac{2}{3}\left(i_a + ai_b + a^2 i_c\right) = Ie^{j\alpha}$$

试证明下面两关系式成立：

$$I = \sqrt{\frac{2}{3}\left[\left(i_a^2 + i_b^2 + i_c^2\right) - 3i_0^2\right]}$$

$$= \sqrt{\frac{2}{3}\left(i_a'^2 + i_b'^2 + i_c'^2\right)}$$

$$\alpha = \cos^{-1} \frac{i_a'}{\sqrt{\frac{2}{3}\left(i_a'^2 + i_b'^2 + i_c'^2\right)}}$$

式中：$i_0 = \frac{1}{2}\left(i_a + i_b + i_c\right)$，$i_a' = i_a - i_0$，$i_b' = i_b - i_0$，$i_c' = i_c - i_0$。

3. 无零序分量的三相不对称电流，可表示为 $i_A' = I_A \cos\left(\omega_1 t + \alpha_A\right)$，$i_B' = I_B \cos\left(\omega_1 t + \alpha_B\right)$、

$i_C' = I_C \cos\left(\omega_1 t + \alpha_C\right)$，试利用 $i_A' = \frac{1}{2}\left(\dot{I}_A e^{j\omega_1 t} + \dot{I}_A^* e^{-j\omega_1 t}\right)$ 的关系证明

$$\overline{I} = \dot{I}_+ e^{j\omega_1 t} + \dot{I}_-^* e^{-j\omega_1 t} = \dot{I}_+ + \dot{I}^*$$

式中：$\dot{I}_A = I_A e^{j\alpha A}$，$\dot{I}_+ = \frac{1}{3}\left(\dot{I}_A + a\dot{I}_B + a^2 \dot{I}_C\right) = \dot{I}_{A+}$，$\dot{I}_- = \frac{1}{3}\left(\dot{I}_A + a^2 \dot{I}_B + a\dot{I}_C\right) = \dot{I}_{A-}$，说明综合矢量与对称分量法的关系。

4. 试由 $\overline{I}_x = \overline{I}e^{-j\theta}$ 和 $\overline{I}_x = i_d + ji_q$ 的关系，导出 i_d、i_q 用 i_a、i_b、i_c 表示的关系式。

5. 式（5-6-1）是坐标轴取在转子上，转子以 ω_0 角速度旋转的电压方程。如果将 $\overline{U}_{(1)}$、$\overline{I}_{(1)}$、$\overline{\psi}_{(1)}$ 分解成 dq 分量并写成 $\overline{U}_{(1)} = u_d + ju_q$，$\overline{I}_{(1)} = i_d + ji_q$，$\overline{\psi}_{(1)} = \psi_d + j\psi_q$，试将这些关系代入式中，将实部和虚部分开写出 dq 系统的电压方程。说明 d、q 轴运动电压符号的物理意义。

6. 一台三相绕线式感应电动机转速为 ω，接在角频率为 ω_1 的电网上稳定运行，假如定子绕组突然从电网上断开，定子电流立即减到零，假设在暂态过程中，转子转速不变。试证明转子电流的综合矢量为 $\overline{I}_2 = \overline{I}_{20} e^{-\frac{t}{T20}}$，而定子绕组的开路电压为

$$L_{1me}\overline{I}_{20}\left(j\omega - \frac{1}{T_{20}}\right)e^{-\frac{t}{T_{20}}} \times e^{j\omega t} \quad \left(\text{其中} T_{20} = \frac{L_2}{R_2}\right)$$

7. 例 5-7-1 所示的感应电动机，当复平面取在定子上时电网电压的综合矢量为 $\overline{U}_1 = U_1 e^{j\omega_1 t}$，这里 $U_1 = 1$。试求在 $t = 0$ 合闸时的定转子起动电流的综合矢量值和 A 相绕组的起动电流。假设在转子开始转动之前暂态过程已经结束。

第六章

同步电机的动态分析

本章主要讨论同步电机的异步运行问题。

为了突出本质和使计算简化，本章的分析采用以下近似假设：

（1）忽略磁路饱和、磁滞和涡流的影响；

（2）定、转子绕组所产生的气隙磁场按正弦分布，忽略磁场的高次谐波分量；

（3）转子结构对直轴和交轴对称；

（4）将转子阻尼绕组简化为直轴和交轴两个独立的等效阻尼绕组。

第一节　dqO 坐标的同步电机运动方程

同步电机可采用综合矢量进行分析。但由于转子磁路不对称，一般采用 dqO 坐标系统，以克服 abc 坐标系统中电压方程是带有周期性变系数的微分方程给求解带来的困难。在研究同步电机运行时，由于规定各物理量的正方向的不同，同样采用 dqO 坐标系统所写出的基本方程中的正负号也互不相同。本章采用的规定正方向与上章一致。

（1）电压、电流和感应电动势的正方向：所有回路都按电动机惯例来规定，示意如图 6-1-1（a）所示。瞬时功率 ui 为正时，表示从外部输入功率；当电机作发电状态运行时，ui 为负，表示输出功率。

（2）磁链的正方向：规定当绕组通过正向电流时产生的磁链为正向磁链如图 6-1-1（a）所示。

（3）dq 轴的正方向：d 轴的正方向规定为主极磁通的正方向，q 轴的正方向规定超前于 d 轴正方向 90° 电角度，如图 6-1-1（b）所示。

（4）电磁转矩 T_m 和外加机械转矩 T_{mec} 的正方向规定与电机转子的转向相同，如图 6-1-1（c）所示。作电动机运行时 T_m 为正，负载转矩 T_{mec} 为负，作发电机运行时 T_m 为负，原动机的驱动转矩 T_{mec} 为正。

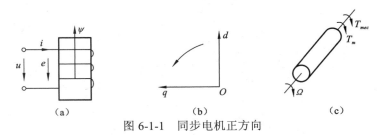

图 6-1-1　同步电机正方向

从 abc 系统到 dqO 系统的变换关系。其物理意义是用与相绕组相同的在 dq 轴线上的两个假想的 d、q 绕组代替原来三相绕组，二者产生的基波磁动势相同，如图 6-1-2 所示。

d、q 绕组中除了有由脉动磁通引起的变压器电动势外，还有由割切作用引起的运动电动势，所以 d、q 绕组又称为对 dq 轴线的伪静止绕组。

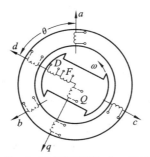

图 6-1-2 从 abc 系统变换到 dqO 系统的示意图

一、定子 dqO 坐标系统的磁链和参数

当图 6-1-2 所示的 abc 三相绕组通三相电流时，所产生的气隙基波磁场在 d 绕组所产生的磁链可写成

$$\psi_{ad} = L_{aad}[i_a \cos\theta + i_b \cos(\theta - 120°) + i_c \cos(\theta + 120°)] \quad （6-1-1）$$

式中：L_{aad} 为 d 绕组与 a 绕组轴线重合时的互感，当两绕组相隔 θ 电角度时，磁链与 $\cos\theta$ 成正比。

该磁链也可看成是由 d、q 绕组通过等效电流 i_d、i_q 产生相同的气隙磁通时的 d 绕组等效自感磁链，即 ψ_{ad} 可写成

$$\psi_{ad} = L_{ad}i_d = L_{ad}\cdot\frac{2}{3}[i_a\cos\theta + i_b\cos(\theta-120°) + i_c\cos(\theta+120°)] \quad （6-1-2）$$

式中：L_{ad} 为直轴电枢反应电感；i_d 的变换可用式（5-2-3）第一分式代入。则式（6-1-1）和式（6-1-2）右边应当相等，显然可得 L_{ad} 与 L_{aad} 间的关系为

$$L_{aad} = \frac{2}{3}L_{ad}$$

即

$$L_{ad} = \frac{3}{2}L_{aad} \quad （6-1-3）$$

同理，可导出 q 绕组等效自感磁链为

$$\psi_{aq} = -L_{aaq}[i_a\sin\theta + i_b\sin(\theta-120°) + i_c\sin(\theta+120°)]$$

及

$$\psi_{aq} = L_{aq}\left(-\frac{2}{3}\right)[i_a\sin\theta + i_b\sin(\theta-120°) + i_c\sin(\theta+120°)]$$

式中：L_{aaq} 为 q 绕组与 a 绕组轴线重合时的互感；L_{aq} 为交轴电枢反应电感。因此 L_{aq} 与 L_{aaq} 间的关系为

$$L_{aaq} = \frac{2}{3}L_{aq}$$

即

$$L_{aq} = \frac{3}{2}L_{aaq} \tag{6-1-4}$$

除定子电流外，转子电流也要在 d、q 绕组产生磁链。与 d 绕组有变压器作用的有励磁绕组 F 和直轴阻尼绕组 D，与 q 绕组有变压器作用的有交轴阻尼绕组 Q，考虑到转子方面绕组的互感作用，与气隙磁通密度对应的定子直轴和交轴磁链为

$$\psi_{md} = L_{ad}i_d + M_{aF}i_F + M_{aD}i_D$$
$$\psi_{mq} = L_{aq}i_q + M_{aQ}i_Q \tag{6-1-5}$$

式中：M_{aF}、M_{aD} 和 M_{aQ} 分别为转子的 F 绕组、D 绕组和 Q 绕组与定子的相绕组轴线重合时的互感。

直轴和交轴绕组的总磁链应为上式所示磁链与相应漏磁链的总和，即可写成

$$\psi_d = \psi_{md} + L_\sigma i_d$$
$$\psi_q = \psi_{mq} + L_\sigma i_q \tag{6-1-6}$$

式中：L_σ 为定子直轴或交轴绕组的漏磁电感。

由坐标变换式（5-2-2）和式（6-1-6）可知，定子 a 相绕组的总磁链可写为

$$\psi_a = \psi_d \cos\theta - \psi_q \sin\theta + \psi_0$$
$$= (\psi_{md} + L_\sigma i_d)\cos\theta - (\psi_{mq} + L_\sigma i_q)\sin\theta + L_0 i_0 \tag{6-1-7}$$

同时 ψ_a 又可写成

$$\psi_a = \psi_{md}\cos\theta - \psi_{mq}\sin\theta + L_{aa\sigma}i_a - M_\sigma i_b - M_\sigma i_c \tag{6-1-8}$$

式中：$L_{aa\sigma}$ 和 M_σ 为定子绕组的漏自感和漏互感；L_0 为零序电感。上两式的右边应当相等，则消去含 ψ_{md}、ψ_{mq} 项后可得

$$L_\sigma(i_d\cos\theta - i_q\sin\theta) + L_0 i_0 = L_{aa\sigma}i_a - M_\sigma i_b - M_\sigma i_c$$

则上式右边 $= L_{aa\sigma}i_a - M_\sigma(3i_0 - i_a)$
$$= (L_{aa\sigma} + M_\sigma)i_a - 3M_\sigma i_0$$
$$= (L_{aa\sigma} + M_\sigma)(i_d\cos\theta - i_q\sin\theta + i_0) - 3M_\sigma i_0$$
$$= (L_{aa\sigma} + M_\sigma)(i_d\cos\theta - i_q\sin\theta) + (L_{aa\sigma} - 2M_\sigma)i_0$$

以上等式对应项的系数应当相等，从而得

$$L_\sigma = L_{aa\sigma} + M_\sigma$$
$$L_0 = L_{aa\sigma} - 2M_\sigma \tag{6-1-9}$$

式（6-1-3）、式（6-1-4）、式（6-1-9）为 dqO 系统与 abc 系统间的参数关系。由于 d、q 绕组和相绕组相同，故电阻相等都为 R。再令

$$L_d = L_{ad} + L_\sigma$$
$$L_q = L_{aq} + L_\sigma \tag{6-1-10}$$

式中：L_d 为直轴同步电感；L_q 为交轴同步电感。

将式（6-1-5）代入式（6-1-6）后，按式（6-1-10）整理，并参考式（6-1-7），可得 d 绕组、q 绕组的磁链和零序磁链分别为

$$\psi_d = L_d i_d + M_{aF} i_F + M_{aD} i_D$$
$$\psi_q = L_q i_q + M_{aQ} i_Q \tag{6-1-11}$$
$$\psi_0 = L_0 i_0$$

二、转子绕组的磁链

励磁绕组的磁链为

$$\psi_F = M_{aF}[i_a \cos\theta + i_b \cos(\theta - 120°) + i_c \cos(\theta + 120°)] + L_F i_F + M_{FD} i_D$$
$$= \frac{3}{2} M_{aF} \cdot \frac{2}{3} [i_a \cos\theta + i_b \cos(\theta - 120°) + i_c \cos(\theta + 120°)] + L_F i_F + M_{FD} i_D$$

即
$$\psi_F = \frac{3}{2} M_{aF} i_d + L_F i_F + M_{FD} i_D \tag{6-1-12}$$

同理可得，直轴阻尼绕组和交轴阻尼绕组的磁链分别为

$$\psi_D = \frac{3}{2} M_{aD} i_d + M_{FD} i_F + L_D i_D \tag{6-1-13}$$

$$\psi_Q = \frac{3}{2} M_{aQ} i_q + L_Q i_Q \tag{6-1-14}$$

式中：L_F、L_D 和 L_Q 为 F 绕组、D 绕组和 Q 绕组的自感；M_{FD} 为 F 绕组与 D 绕组间的互感。从以上三式可看出由于坐标变换使定子和转子间的互感不可逆；转子电流产生的定子磁链其互感为 M_{aF}、M_{aD}、M_{aQ}；而定子电流产生的转子磁链其互感则为 $\frac{3}{2} M_{aF}$、$\frac{3}{2} M_{aD}$、$\frac{3}{2} M_{aQ}$。

三、定子和转子绕组的电压方程

利用坐标变换式（5-2-2）并考虑到 $\theta = \omega t + \theta_0$，$D\theta = \omega$，$\omega$ 为转子的电角速度。θ_0 为 $t = 0$ 时 d 轴对 a 轴的转角。定子 a 相绕组的电压方程可写成

$$u_a = D\psi_a + Ri_a$$
$$= D(\psi_d \cos\theta - \psi_q \sin\theta + \psi_0) + R(i_d \cos\theta - i_q \sin\theta + i_0)$$
$$= (D\psi_d - \omega\psi_q + Ri_d)\cos\theta - (D\psi_q + \omega\psi_d + Ri_q)\sin\theta + (D\psi_0 + Ri_0)$$

又因
$$u_a = u_d \cos\theta - u_q \sin\theta + u_0$$

对比以上两式右边，可得到 dqO 系统的定子电压方程为

$$\left. \begin{array}{l} u_d = D\psi_d - \omega\psi_q + Ri_d \\ u_q = D\psi_q + \omega\psi_d + Ri_q \\ u_0 = D\psi_0 + Ri_0 \end{array} \right\} \tag{6-1-15}$$

转子电压方程为

$$\left.\begin{array}{l} u_F = D\psi_F + R_F i_F \\ 0 = D\psi_D + R_D i_D \\ 0 = D\psi_Q + R_Q i_Q \end{array}\right\} \tag{6-1-16}$$

四、功率和电磁转矩

同步电机总功率输入

$$P = u_a i_a + u_b i_b + u_c i_c = (\boldsymbol{u}_{abc})_t \boldsymbol{i}_{abc} = (\boldsymbol{c}\boldsymbol{u}_{dqO})_t \boldsymbol{i}_{abc} = (\boldsymbol{u}_{dqO})_t \boldsymbol{c}_t \boldsymbol{c} \boldsymbol{i}_{dqO} \tag{6-1-17}$$

式中：变换矩阵 $\boldsymbol{c}$ 为

$$\boldsymbol{c} = \begin{bmatrix} \cos\theta & -\sin\theta & 1 \\ \cos(\theta-120°) & -\sin(\theta-120°) & 1 \\ \cos(\theta+120°) & -\sin(\theta+120°) & 1 \end{bmatrix}$$

由此可以导出

$$\boldsymbol{c}_t \boldsymbol{c} = \begin{bmatrix} \dfrac{3}{2} & 0 & 0 \\ 0 & \dfrac{3}{2} & 0 \\ 0 & 0 & 3 \end{bmatrix}$$

代入式（6-1-17）可得 dqO 系统的功率表达式为

$$P = \frac{3}{2} u_d i_d + \frac{3}{2} u_q i_q + 3 u_0 i_0 \tag{6-1-18}$$

由于采用的是磁动势不变而非功率不变的坐标变换，所以式（6-1-18）右边的系数不等于 1。当不含零序分量时，从 abc 到 dq 系统的变换相当于三相到两相的变换，这是系数 $\dfrac{3}{2}$ 的物理基础。

再将式（6-1-18）的 u_d、u_q、u_0 用式（6-1-15）代入，整理后可得

$$P = \frac{3}{2}(i_d D\psi_d + i_q D\psi_q + 2i_0 D\psi_0) + \frac{3}{2}(\psi_d i_q - \psi_q i_d)\omega + \frac{3}{2}R(i_d^2 + i_q^2 + 2i_0^2) \tag{6-1-19}$$

上式两边各项的具体意义对应如下：

输入电功率=（气隙磁场储能变化率）+（通过气隙传递的电磁功率）+（定子电阻损耗）。

由此可得电磁功率和对应的电磁转矩的 dq 系统表达式如下：

$$P_m = \frac{3}{2}(\psi_d i_q - \psi_q i_d)\omega \tag{6-1-20}$$

$$T_m = \frac{P_m}{\Omega} = \frac{P_m}{\omega/p} = \frac{3}{2}p(\psi_d i_q - \psi_q i_d) \tag{6-1-21}$$

以上各式都是按电动机惯例导出的。如果作发电运行运算，则按上两式算出的 p_m 和 T_m 都是负值，表示输出电功率和制动转矩。

同步电机的转矩方程为

$$T_m + T_{mec} = J \frac{\mathrm{d}^2\theta_m}{\mathrm{d}t^2} + R_Q \frac{\mathrm{d}\theta_m}{\mathrm{d}t} \tag{6-1-22}$$

第二节　同步电机的标幺值运动方程

同步电机的暂态分析通常采用标幺值，即各物理量的实际值与选定的该量的基值之比值。

一、同步电机标幺值

同步电机物理量的基值可分为两类：一类的基值是惯用的、统一的，例如定子各量和转矩、角速度、时间等通常选择额定值作为基值，详见表 6-2-1。另一类如转子各量的基值用不同的选择。

表 6-2-1　基值

物理量名称	基值	物理量名称	基值
电压	$u_b = \sqrt{2}U_{\phi N}$	磁链	$\psi_b = \dfrac{u_b}{\omega_b}$
电流	$i_b = \sqrt{2}I_{\phi N}$	功率（三相）	$S_b = 3 \cdot \dfrac{u_b}{\sqrt{2}} \cdot \dfrac{i_b}{\sqrt{2}} = \dfrac{3}{2}u_b i_b$
阻抗	$Z_b = \dfrac{u_b}{i_b}$	角速度	$\Omega_b = \dfrac{\omega_b}{p}$
角频率	$\omega_b = 2\pi f_b = 2\pi f_1$	转矩	$T_b = \dfrac{S_b}{\Omega_b}$
电感	$L_b = \dfrac{Z_b}{\omega_b}$	时间	$t_b = \dfrac{1}{\omega_b}$

第一节已介绍在 dqO 系统中定转子间的互感是不可逆的，为了计算方便，通常需要选取转子各量的基值系统，使得用标幺值表示的定、转子间的互感可逆。

将式（6-1-11）的 $\psi_d = L_d i_d + M_{aF} i_F + M_{aD} i_D$ 和式（6-1-12）的 $\psi_F = \dfrac{3}{2} M_{aF} i_d + L_F i_F + M_{FD} i_D$，利用基本关系 $\psi_b = L_b i_b$ 及 $\psi_{Fb} = L_{Fb} i_{Fb}$，并设 i_D 的基值为 i_{Db}，可将这两式写成标幺值形式如下：

$$\begin{aligned} \psi_d^* &= L_d^* i_d^* + M_{aF}^* i_F^* + M_{aD}^* i_D^* \\ \psi_F^* &= M_{Fa}^* i_d^* + L_F^* i_F^* + M_{FD}^* i_D^* \end{aligned} \tag{6-2-1}$$

$$M_{aF}^* = M_{aF} \frac{i_{FD}}{\psi_b}, M_{aD}^* = M_{aD} \frac{i_{Db}}{\psi_b}$$

其中 (6-2-2)

$$M_{Fa}^* = \frac{3}{2} M_{aF} \frac{i_b}{\psi_{Fb}}, M_{FD}^* = M_{FD} \frac{i_{Db}}{\psi_{Fb}}$$

若使 $M_{aF}^* = M_{Fa}^*$，必须 $\frac{i_{Fb}}{\psi_b} = \frac{3}{2} \frac{i_b}{\psi_{Fb}}$，即 $\psi_{Fb} i_{Fb} = \frac{3}{2} \psi_b i_D$，该式两边乘以 ω_b 后可得

$$u_{Fb} i_{Fb} = \frac{3}{2} u_D i_D \quad (6\text{-}2\text{-}3)$$

同理可证要使 $M_{aD}^* = M_{Da}^*$ 和 $M_{aQ}^* = M_{Qa}^*$，必须满足

$$u_{Db} i_{Db} = \frac{3}{2} u_b i_b \quad (6\text{-}2\text{-}4)$$

$$u_{Qb} i_{Qb} = \frac{3}{2} u_b i_b \quad (6\text{-}2\text{-}5)$$

由此可见，要使用标幺值表示的定、转子间的互感可逆，转子电路的伏安基值须选取等于定子三相的伏安基值。

分析怎样用标幺值表示使在同一轴线上的互感都相等，这样计算将更方便。按式（6-1-10）中 $L_d = L_{ad} + L_\sigma$ 和 $L_q = L_{aq} + L_\sigma$，其中 L_{ad}、L_{aq}、L_σ 的标幺值分别为

$$L_{ad}^* = \frac{L_{ad}}{L_b}, \quad L_{aq}^* = \frac{L_{aq}}{L_b}, \quad L_\sigma^* = \frac{L_\sigma}{L_b} \quad (6\text{-}2\text{-}6)$$

为使同一轴线上与定、转子互链的磁通相对应的电感用标幺值表示时相等，亦即

$$\left. \begin{array}{l} L_{ad}^* = M_{aF}^* = M_{aD}^* \\ L_{aq}^* = M_{aQ}^* \end{array} \right\} \quad (6\text{-}2\text{-}7)$$

式（6-2-7）所有标幺量用式（6-2-6）、式（6-2-2）的有关分式一一代入，得

$$\frac{L_{ad}}{L_b} = M_{aF} \frac{i_{Fb}}{\psi_b} = M_{aD} \frac{i_{Db}}{\psi_b} \quad \text{和} \quad \frac{L_{aq}}{L_b} = M_{aQ} \frac{i_{Qb}}{\psi_b}$$

整理上列关系并用 $\psi_b = L_b i_b$ 代入可得

$$\left. \begin{array}{l} i_{Fb} = \dfrac{L_{ad} i_b}{M_{aF}} \\[2mm] i_{Db} = \dfrac{L_{ad} i_b}{M_{aD}} \\[2mm] i_{Qb} = \dfrac{L_{aq} i_b}{M_{aQ}} \end{array} \right\} \quad (6\text{-}2\text{-}8)$$

以上的基值通常称为 L_{ad} 或 X_{ad} 基值。采用这种基值后，互感在形式上可逆，系数 $\frac{3}{2}$ 已不复存在；还有，在同一轴线上用标幺值表示的与气隙磁通相对应的互感都相等，例如 $\psi_d^* = L_\sigma^* i_d^* + L_{ad}^* (i_d^* + i_F^* + i_D^*)$。

此处假设气隙磁通密度是正弦分布的，在这种基值中，两轴线上转子绕组电流基值的选择，是使该电流所产生的气隙磁通密度与定子相应绕组通过基值电流时所产生的气隙磁通密度相同，即它们在定子相应绕组中感应的电动势是相同的，这可从式（6-2-7）、式（6-2-8）看出。此外，选取该基值后，标幺值电压方程具有和实际值相同的形式。

二、用标幺值表示的同步电机的运动方程

将定子电压方程式（6-1-15）除以定子电压基值 $u_b = \omega_D \psi_D = Z_b i_b$，可得定子电压标幺值方程组为

$$\left.\begin{aligned}
u_d^* &= D\psi_d^* - \omega^*\psi_q^* + R^* i_d^* \\
u_q^* &= D\psi_q^* + \omega^*\psi_d^* + R^* i_q^* \\
u_0^* &= D\psi_0^* + R^* i_0^*
\end{aligned}\right\} \tag{6-2-9}$$

将转子电压方程式（6-1-16）分别除以励磁绕组和阻尼绕组的电压基值，可得转子电压标幺值方程组为

$$\left.\begin{aligned}
u_F^* &= D\psi_F^* + R_F^* i_F^* \\
0 &= D\psi_D^* + R_D^* i_D^* \\
0 &= D\psi_Q^* + R_Q^* i_Q^*
\end{aligned}\right\} \tag{6-2-10}$$

将定转子的磁链方程式（6-1-11）～式（6-1-14）除以相应的磁链基值，并利用 $M_{aF}^* = M_{Fa}^*$，$M_{aD}^* = M_{Da}^*$，$M_{aQ}^* = M_{Qa}^*$ 以及关系式 $x^* = \dfrac{\omega_b L(\text{或}M)}{Z_b} = \dfrac{L(\text{或}M)}{L_b} = L^*(\text{或}M^*)$ 可得磁链标幺值方程组为

$$\left.\begin{aligned}
\psi_d^* &= L_d^* i_d^* + M_{aF}^* i_F^* + M_{aD}^* i_D^* \\
&= x_d^* i_d^* + x_{aF}^* i_F^* + x_{aD}^* i_D^* \\
\psi_q^* &= L_q^* i_q^* + M_{aQ}^* i_Q^* = x_q^* i_q^* + x_{aQ}^* i_Q^* \\
\psi_0^* &= L_0^* i_0^* = x_0^* i_0^* \\
\psi_F^* &= M_{aF}^* i_d^* + L_F^* i_F^* + M_{FD}^* i_D^* = x_{dF}^* i_d^* + x_F^* i_F^* + x_{FD}^* i_D^* \\
\psi_D^* &= M_{aD}^* i_d^* + M_{FD}^* i_F^* + L_D^* i_D^* = x_{aD}^* i_d^* + x_D^* i_F^* + x_D^* i_D^* \\
\psi_Q^* &= M_{aQ}^* i_q^* + L_Q^* i_Q^* = x_{aQ}^* i_q^* + x_Q^* i_Q^*
\end{aligned}\right\} \tag{6-2-11}$$

将功率基值 $s_b = \dfrac{3}{2} u_b i_b$ 和转矩基值 $T_b = \dfrac{S_b}{\Omega_b} = \dfrac{3}{2} p\psi_b i_b$ 分别除功率和电磁转矩方程式（6-1-18）和式（6-1-21），可得功率和电磁转矩的标幺值表达式为

$$P^* = u_d^* i_d^* + u_q^* i_q^* + 2u_0^* i_0^* \tag{6-2-12}$$

$$T_m^* = \psi_d^* i_q^* - \psi_q^* i_d^* \tag{6-2-13}$$

而转矩标幺值方程由式（6-1-22）可写成

$$T_m^* + T_{mec}^* = H_j \frac{d\Omega^*}{dt^*} + R_\Omega^* \Omega^* \qquad (6\text{-}2\text{-}14)$$

式中：$H_j = \dfrac{J\Omega_b^3}{S_b}p, R_\Omega^* = \dfrac{R_\Omega \Omega_b^2}{S_b}$。

第三节 同步电机的等效电路及电抗函数

同步电机的电压方程是常系数线性微分方程，一般采用拉普拉斯变换法。当初始条件不为零时，从原函数转换成像函数，须计及初始值，这样列出的运算式较烦琐。以下采用增量分析法，即建立零初始条件的增量运算式求解，由叠加原理计及初始状态，得出最后结果。第二节已导出同步电机的电压和磁链的标幺值方程组，各分式的系数都是常量且互感是可逆的，而且 $x_{aF}^* = x_{aD}^* = x_{ad}^*$ 和 $x_{aQ}^* = x_{aq}^*$。应用拉普拉斯变换将这些在时域内的方程变换到复频域内后，可画出它们的等效电路。由于以下分析都采用标幺值方程，为了书写方便，将表示标幺值的上标*号省去。

一、由等效电路求电抗函数

由式（6-2-10）和式（6-2-11）可写出定子直轴磁链和励磁绕组及直轴阻尼绕组的电压标幺值方程为

$$\left.\begin{array}{l}\psi_d = x_d i_d + x_{aF} i_F + x_{aD} i_D = x_d i_d + x_{ad} i_F + x_{ad} i_D \\ u_F = D\psi_F + R_F i_F = D(x_{ad} i_d + x_F i_F + x_{FD} i_D) + R_F i_F \\ 0 = D\psi_D + R_D i_D = D(x_{ad} i_d + x_{FD} i_F + x_D i_D) + R_D i_D\end{array}\right\} \qquad (6\text{-}3\text{-}1)$$

在零初始条件下，应用拉普拉斯变换将其变换到复频域内，只需将上式中的 D 改写成 p 而方程的形式不变。因此拉普拉斯变换后的运算式为

$$\left.\begin{array}{l}\psi_d(p) = x_a i_d(p) + x_{ad} i_F(p) + x_{ad} i_D(p) \\ \dfrac{u_F(p)}{p} = x_{ad} i_d(p) + \left(x_F + \dfrac{R_F}{p}\right) i_F(p) + x_{FD} i_D(p) \\ 0 = x_{ad} i_d(p) + x_{FD} i_F(p) + \left(x_D + \dfrac{R_D}{p}\right) i_D(p)\end{array}\right\} \qquad (6\text{-}3\text{-}2)$$

式（6-3-2）的后二分式是将式（6-3-1）进行拉普拉斯变换后，两边同除以 p 后所得的结果。以下为了简便，有时将标号"p"省去，特别是在等号右边。

考虑到 $x_d = x_\sigma + x_{ad}$，根据式（6-3-2）可画出相应的直轴等效电路如图 6-3-1 所示，其中各电抗所对应的磁链如图 6-3-2 所示，与 x_{ad} 相对应的磁链跨过气隙同时与三个绕组相链，与各漏抗 x_σ、$x_{F\sigma}$、$x_{D\sigma}$ 相对应的磁链只与各自绕组本身相链，而与励磁绕组 F 和

阻尼绕组 D 间的互感漏抗 $x_{FD\sigma}$ 相对应的磁链并不跨过气隙，但同时与 F 和 D 两绕组相链，因此，上述各电抗间的关系为

$$\left.\begin{array}{l} x_F = x_{F\sigma} + x_{FD\sigma} + x_{ad} \\ x_D = x_{D\sigma} + x_{FD\sigma} + x_{ad} \\ x_{FD} = x_{FD\sigma} + x_{ad} \end{array}\right\}$$
（6-3-3）

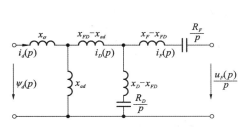 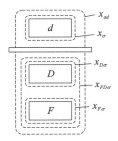

图 6-3-1　同步电机直轴等效电路　　　　图 6-3-2　与同步电机直轴有关电抗的
　　　　　　　　　　　　　　　　　　　　　　　　　　　磁链示意图

$x_{FD\sigma}$ 一般很小可略不计，即认为 $x_{FD\sigma} \approx 0$，则 $x_{FD} = x_{ad}$。同时考虑到 $x_F - x_{FD} = x_{F\sigma}$，$x_D - x_{FD} = x_{D\sigma}$，则图 6-3-1 可简化成图 6-3-3（a）。应用电路的戴维南定理，图 6-3-3（a）又可进一步简化成图 6-3-3（b），亦即

$$\psi_d(p) = G(p)u_F(p) + x_d(p)i_d(p)$$
（6-3-4）

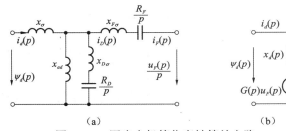

（a）　　　　　　　　　　　　　　（b）

图 6-3-3　同步电机简化直轴等效电路

由等效电路图可求得直轴电抗函数为

$$x_d(p) = x_\sigma + \cfrac{1}{\cfrac{1}{x_{ad}} + \cfrac{1}{x_{D\sigma} + \cfrac{R_D}{p}} + \cfrac{1}{x_{F\sigma} + \cfrac{R_F}{p}}}$$

$$= x_d - x_{ad} + \left\{\left[x_{ad}\left(x_{D\sigma} + \frac{R_D}{p}\right)\left(x_{F\sigma} + \frac{R_F}{p}\right)\right]\right.$$

$$\left.\div\left[\left(x_{D\sigma} + \frac{R_D}{p}\right)\left(x_{F\sigma} + \frac{R_F}{p}\right) + x_{ad}\times\left(x_{F\sigma} + \frac{R_F}{p}\right) + x_{ad}\left(x_{D\sigma} + \frac{R_D}{p}\right)\right]\right\}$$

$$= x_d - \left\{ \left[x_{ad}^2 \left(x_{F\sigma} + \frac{R_F}{p} \right) + x_{ad}^2 \left(x_{D\sigma} + \frac{R_D}{p} \right) \right] \right.$$

$$\left. \div \left[\left(x_{D\sigma} + \frac{R_D}{p} \right) \left(x_{F\sigma} + \frac{R_F}{p} \right) + x_{ad} \times \left(x_{F\sigma} + \frac{R_F}{p} \right) + x_{ad} \left(x_{D\sigma} + \frac{R_D}{p} \right) \right] \right\} \tag{6-3-5}$$

$$= x_d - \left\{ \left[x_{ad}^2 \left(x_{F\sigma} + x_{D\sigma} \right) p^2 + x_{ad}^2 \left(R_F + R_D \right) p \right] \right.$$

$$\left. \div \left[x_{D\sigma} x_{F\sigma} + x_{ad} x_{F\sigma} + x_{ad} x_{D\sigma} \right) p^2 + \left(R_D x_{F\sigma} + x_{D\sigma} R_F + x_{ad} R_F + x_{ad} R_D \right) p + R_F R_D \right] \right\}$$

$$= x_d - \left\{ \left[\left(x_F x_{ad}^2 + x_D x_{ad}^2 - 2 x_{ad}^3 \right) p^2 + \left(x_{ad}^2 R_F + x_{ad}^2 R_D \right) p \right] \right.$$

$$\left. \div \left[\left(x_F x_D - x_{ad}^2 \right) p^2 + \left(x_F R_D + x_D R_F \right) p + R_F R_D \right] \right\}$$

应用戴维南定理，根据图 6-3-3（a）可求得 $G(p)$ 函数为

$$G(p) = \frac{(x_D x_{ad} - x_{ad}^2) p + x_{ad} R_D}{(x_F x_D - x_{ad}^2) p^2 + (x_F R_b + x_D R_F) p + R_F R_D} \tag{6-3-6}$$

同样，由式（6-2-10）和式（6-2-11）可写出定子交轴磁链和交轴阻尼绕组电压的标幺值方程为

$$\psi_q = x_q i_q + x_{aq} i_Q$$

$$0 = D \psi_Q + R_Q i_Q = D(x_{aq} i_q + x_Q i_Q) + R_Q i_Q$$

取拉普拉斯变换后的运算式为

$$\psi_q(p) = x_q i_q(p) + x_{aq} i_Q(p)$$

$$0 = x_{aq} i_q(p) + \left(x_Q + \frac{R_Q}{p} \right) i_Q(p) \tag{6-3-7}$$

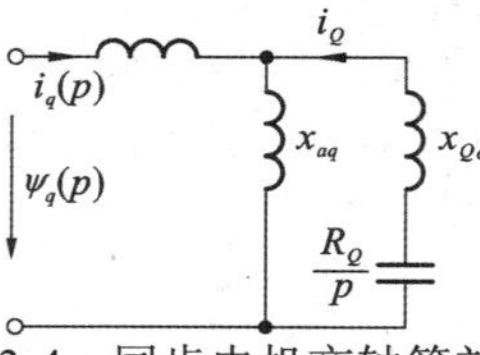

相应的交轴等效电路如图 6-3-4 所示，图中 $x_\sigma = x_q - x_{aq}$，$x_{Q\sigma} = x_Q - x_{aq}$。

由等效电路可导出交轴电抗函数为

图 6-3-4　同步电机交轴等效电路

$$x_q(p) = x_\sigma + \frac{1}{\dfrac{1}{x_{aq}} + \dfrac{1}{x_{Q\sigma} + \dfrac{R_Q}{p}}} = x_q - \frac{x_{aq}^2 p}{x_Q p + R_Q} \tag{6-3-8}$$

在复频域中 $p = \infty$ 相当于时域中 $t = 0$，将式（6-3-5）或图 6-3-3（a）中 $p = \infty$，即得直轴次暂态电抗为

$$x_d'' = x_\sigma + \frac{1}{\dfrac{1}{x_{ad}} + \dfrac{1}{x_{F\sigma}} + \dfrac{1}{x_{D\sigma}}} \tag{6-3-9}$$

如转子上无阻尼绕组，则相当于 $R_D = \infty$，阻尼绕组开路，从而得直轴暂态电抗为

$$x_d'' = x_\sigma + \frac{1}{\dfrac{1}{x_{ad}} + \dfrac{1}{x_{F\sigma}}} \tag{6-3-10}$$

将式（6-3-8）中 $p=\infty$，即得交轴次暂态电抗为

$$x_q'' = x_\sigma + \cfrac{1}{\cfrac{1}{x_{aq}} + \cfrac{1}{x_{Q\sigma}}} \tag{6-3-11}$$

二、用时间常数表示的电抗函数

电抗函数 $x_d(p)$ 和 $x_q(p)$ 也常用与励磁绕组和阻尼绕组有关的时间常数表示，当转子上装有阻尼绕组时，由式（6-3-5）经推导可得

$$x_d(p) = x_d \frac{(1+pT_d')(1+pT_d'')}{(1+pT_{d0}')(1+pT_{d0}'')} \tag{6-3-12}$$

式中：直轴暂态时间常数 $T_d' \approx T_F' = \dfrac{1}{R_F}\left(x_{F\sigma} + \dfrac{x_{ad}x_\sigma}{x_{ad}+x_\sigma}\right)$；直轴次暂态时间常数 $T_d'' \approx$

$\dfrac{1}{R_D}\left(x_{D\sigma} + \cfrac{1}{\cfrac{1}{x_{ad}}+\cfrac{1}{x_{F\sigma}}+\cfrac{1}{x_\sigma}}\right)$；电枢绕组开路时直轴暂态时间常数 $T_{d0}' \approx T_F = \dfrac{1}{R_F}(x_{ad}+x_{F\sigma})$；

电枢绕组开路时直轴次暂态时间常数 $T_{d0}'' \approx \dfrac{1}{R_D}\left(x_{D\sigma} + \dfrac{x_{ad}x_{F\sigma}}{x_{ad}+x_{F\sigma}}\right)$。这些时间常数可由图 6-3-3 所示同步电机简化直轴等效电路写出。

同理，可导出交轴电抗函数

$$x_q(p) = x_q \frac{1+pT_q''}{1+pT_{q0}} \tag{6-3-13}$$

式中：交轴阻尼绕组的时间常数 $T_{q0} = \dfrac{x_Q}{R_Q}$；交轴次暂态时间常数 $T_q'' = \dfrac{1}{R_Q}\left(x_{Q\sigma} + \dfrac{x_{aq}x_\sigma}{x_{aq}+x_\sigma}\right)$。

三、电抗函数的倒数

在求解同步电机暂态问题时，常用到直轴和交轴电抗函数的倒数 $\dfrac{1}{x_d(p)}$ 和 $\dfrac{1}{x_q(p)}$。

由式（6-3-12）可知

$$\frac{1}{x_d(p)} = \frac{1}{x_d} \cdot \frac{(1+pT_{d0}')(1+pT_{d0}'')}{(1+pT_d')(1+pT_d'')}$$

将上式展成部分分式经推导可得

$$\frac{1}{x_d(p)} = \frac{1}{x_d} + \left(\frac{1}{x_d'}-\frac{1}{x_d}\right)\frac{pT_d'}{1+pT_d'} + \left(\frac{1}{x_d''}-\frac{1}{x_d'}\right)\times\frac{pT_d'}{1+pT_d''} \tag{6-3-14}$$

同理，可推导得

$$\frac{1}{x_q(p)} = \frac{1}{x_q} + \left(\frac{1}{x_q''}-\frac{1}{x_q}\right)\times\frac{pT_q''}{1+pT_q''} \tag{6-3-15}$$

第四节　同步电机的异步运行

同步电机在下列一些情况下会异步转速下运行：

（1）同步发电机并网时，在整步阶段，转子转速通常与同步转速有微小差别；

（2）同步电动机和同步调相机的异步起动；

（3）同步发电机的失磁运行。这是电力系统常见的故障之一，本节主要分析这个问题。

同步发电机失磁的原因，一般是由于励磁回路开路或短路造成的。由于转子磁场消失，电磁转矩减小，而原动机的驱动转矩未变，合成转矩使转子加速，转速 n 将超过同步转速 n_1，这时发电机转入异步运行状态，定子旋转磁场与转子间存在着转差，通常用转差率 $s = \dfrac{n_1 - n}{n_1}$ 表示，其中 $n > n_1$，$s < 0$。

汽轮发电机由于转子是整体的，能在较小的 $|s|$ 下（$|s| < 0.01 - 0.02$）产生相当大的异步转矩，这种电机可以在失磁情况下短时运行。无阻尼绕组的水轮发电机不能产生足够大的异步转矩；有阻尼绕组的水轮发电机，由于阻尼绕组容量不大，一般在 $|s| = 0.03 - 0.05$ 才能产生较大的异步转矩，而此时阻尼绕组感生的电流已很大，有使转子发生过热的危险，所以水轮发电机一般不允许失磁运行。

汽轮发电机失磁异步运行允许的时间和功率，受到下列因素的限制：首先要考虑定子和转子温升是否超过允许值，因为失磁时定子无功电流增大，异步运行中，在转子表面和转子绕组感生的电流所引起的损耗可能大于正常的励磁损耗；其次，由于转子的电磁不对称所产生的脉振转矩将引起机组振动。还要考虑电网能否提供足够的无功功率，因为失磁的发电机要从原来输出感性无功功率转为吸收感性无功功率，这样，在电网无功功率不足时，将造成电网电压大幅度下降。这些因素很可能危及机组及整个电网系统的安全稳定运行。因此，汽轮发电机异步运行时间的长短和输出功率，只能根据发电机的型号、参数、转子电路形式和电网的容量、性质等进行具体分析。本节主要分析汽轮发电机失磁异步运行时的基本方程、电流、转矩和功率。

一、同步电机异步运行的基本方程

同步电机异步运行时，$\omega^* = \dfrac{\omega}{\omega_b} = \dfrac{\omega_b - (\omega_b - \omega)}{\omega_b} = 1 - s$，按式（6-2-9）可写出其电压标幺值方程（下标*省去）

$$u_d = D\psi_d - \omega\psi_q + Ri_d = D\psi_d - (1-s)\psi_q + Ri_d \\ u_q = D\psi_q + \omega\psi_d + Ri_q = D\psi_q + (1-s)\psi_d + Ri_q \bigg\} \quad (6\text{-}4\text{-}1)$$

设电网三相电压标幺值为

$$u_a = U \cos t$$
$$u_b = U \cos(t - 120°)$$
$$u_c = U \cos(t + 120°)$$

其综合矢量 $\bar{U}$（在任意瞬时 t）如图 6-4-1。又异步稳定运行时的 s 为恒值，d 轴对 a 轴的转角为

$$\theta = (1 - s)t + \theta_0 \qquad (6\text{-}4\text{-}2)$$

由此得出 $\bar{U}$ 与 d 轴间的相角为 $t - \theta = st - \theta_0$，于是 dq 系统的电压为

$$\left. \begin{array}{l} u_d = U \cos(st - \theta_0) \\ u_q = U \sin(st - \theta_0) \end{array} \right\} \qquad (6\text{-}4\text{-}3)$$

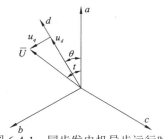

图 6-4-1　同步发电机异步运行时坐标变换示意图

可见 u_d 和 u_q 分别为转差频率的正弦电压，所以稳定异步运行可用复数来运算。

$$\left. \begin{array}{l} u_d = \mathrm{Re}\left[U \mathrm{e}^{\mathrm{j}(st-\theta_0)} \right] = \mathrm{Re}\left[\dot{U} \mathrm{e}^{\mathrm{j}st} \right] = \mathrm{Re}\left[\dot{U}_d \mathrm{e}^{\mathrm{j}st} \right] \\ u_q = \mathrm{Re}\left[-\mathrm{j} U \mathrm{e}^{\mathrm{j}(st-\theta_0)} \right] = \mathrm{Re}\left[-j\dot{U} \mathrm{e}^{\mathrm{j}st} \right] = \mathrm{Re}\left[\dot{U}_q \mathrm{e}^{\mathrm{j}st} \right] \end{array} \right\} \qquad (6\text{-}4\text{-}4)$$

式中：定义 $\dot{U}_d = \dot{U} = U\mathrm{e}^{-\mathrm{j}\theta_0}$；$\dot{U}_q = -\mathrm{j}\dot{U}$。相应地 d、q 的电流和磁链可写成

$$\left. \begin{array}{l} i_d = \mathrm{Re}\left[\dot{I}_d \mathrm{e}^{\mathrm{j}st} \right], \quad i_q = \mathrm{Re}\left[\dot{I}_q \mathrm{e}^{\mathrm{j}st} \right] \\ \psi_d = \mathrm{Re}\left[\dot{\psi}_d \mathrm{e}^{\mathrm{j}st} \right], \quad \psi_q = \mathrm{Re}\left[\dot{\psi}_q \mathrm{e}^{\mathrm{j}st} \right] \end{array} \right\} \qquad (6\text{-}4\text{-}5)$$

先假设励磁绕组短接，则 $u_F = 0$，将式（6-4-4）、式（6-4-5）代入式（6-4-1），经整理消去 $\mathrm{e}^{\mathrm{j}st}$ 后可得电压复数方程为

$$\left. \begin{array}{l} \dot{U} = \mathrm{j}s\dot{\psi}_d - (1-s)\dot{\psi}_q + R\dot{I}_d = \left[R + \mathrm{j}sx_d(\mathrm{j}s) \right]\dot{I}_d - (1-s)x_q(\mathrm{j}s)\dot{I}_q \\ -\mathrm{j}\dot{U} = \mathrm{j}s\dot{\psi}_q + (1-s)\dot{\psi}_d + R\dot{I}_q = \left[R + \mathrm{j}sx_q(\mathrm{j}s) \right]\dot{I}_q + (1-s)x_d(\mathrm{j}s)\dot{I}_d \end{array} \right\} \qquad (6\text{-}4\text{-}6)$$

式中：$\dot{\psi}_d = x_d(\mathrm{j}s)\dot{I}_d$ 和 $\dot{\psi}_q = x_q(\mathrm{j}s)\dot{I}_q$ 可由图 6-3-3 和图 6-3-4 等效电路将 $u_F = 0$ 得出，在图中的复变量 p 用 $\mathrm{j}s$ 代替。因在异步运行中，d 轴和 q 轴各量都是角频率标幺值为 s 的正弦量。

求解式（6-4-6）得

$$\left. \begin{array}{l} \dot{I}_d = \dfrac{\left(\dfrac{R}{1-2s} - \mathrm{j}x_q(\mathrm{j}s) \right)\dot{U}}{x_d(\mathrm{j}s)x_q(\mathrm{j}s) + \dfrac{R^2}{1-2s} + \dfrac{sR}{1-2s}\mathrm{j}\left[x_d(\mathrm{j}s) + x_q(\mathrm{j}s) \right]} \\[4em] \dot{I}_q = \dfrac{\left(\dfrac{R}{1-2s} - \mathrm{j}x_d(\mathrm{j}s) \right)(-\mathrm{j}\dot{U})}{x_d(\mathrm{j}s)x_q(\mathrm{j}s) + \dfrac{R^2}{1-2s} + \dfrac{sR}{1-2s}\mathrm{j}\left[x_d(\mathrm{j}s) + x_q(\mathrm{j}s) \right]} \end{array} \right\} \qquad (6\text{-}4\text{-}7)$$

把解出的 $\dot{I}_d$ 和 $\dot{I}_q$ 分成实部和虚部，又把 $\dot{\psi}_d$ 和 $\dot{\psi}_q$ 也分成实部和虚部，即

$$\left.\begin{array}{ll} \dot{I}_d = A + \mathrm{j}B, & \dot{I}_q = C + \mathrm{j}D \\ \dot{\psi}_d = E + \mathrm{j}F, & \dot{\psi}_q = G + \mathrm{j}H \end{array}\right\} \tag{6-4-8}$$

这样，由式（6-4-5），相应的瞬时值可写成

$$\left.\begin{array}{l} i_d = \mathrm{Re}\left[\dot{I}_d \mathrm{e}^{\mathrm{j}st}\right] = A\cos st - B\sin st \\ i_q = \mathrm{Re}\left[\dot{I}_q \mathrm{e}^{\mathrm{j}st}\right] = C\cos st - D\sin st \\ \psi_d = \mathrm{Re}\left[\dot{\psi}_d \mathrm{e}^{\mathrm{j}st}\right] = E\cos st - F\sin st \\ \psi_q = \mathrm{Re}\left[\dot{\psi}_q \mathrm{e}^{\mathrm{j}st}\right] = G\cos st - H\sin st \end{array}\right\} \tag{6-4-9}$$

将式（6-4-9）代入式（6-2-13），整理后可求得电磁转矩的瞬时值为

$$\begin{aligned} T_m &= \psi_d i_q - \psi_q i_\alpha \\ &= \frac{1}{2}[(CE + DF - AG - BH) + (CE + BH - DF - AG)\cos 2st \\ &\quad + (BG + AH - DE - CF)\sin 2st] \end{aligned} \tag{6-4-10}$$

式（6-4-10）表明，电磁转矩中除第一项是平均转矩 $T_{m(\mathrm{av})}$ 外，后两项为随着时间以两倍的转差频率脉振的转矩其幅值为 $T_{m(2s)}$。

由式（5-5-4）可知三相绕组电压和电流中不含零序分量的瞬时功率为 $\frac{3}{2}\mathrm{Re}\left(\overline{UI}^{*}\right)$，由此可得没有中线电流的同步电机的无功功率为

$$\begin{aligned} Q &= \frac{3}{2}I_m\left(\overline{U}\overline{I}^{*}\right) = \frac{3}{2}I_m\left(\overline{U}_x \mathrm{e}^{\mathrm{j}\omega t}\overline{I}_x^{*}\mathrm{e}^{-\mathrm{j}\omega t}\right) \\ &= \frac{3}{2}I_m\left(\overline{U}_x \overline{I}_x^{*}\right) \\ &= \frac{3}{2}I_m\left[\left(u_d + \mathrm{j}u_q\right)\left(i_d - \mathrm{j}i_q\right)\right] = \frac{3}{2}\left(u_q i_d - u_d i_q\right) \end{aligned} \tag{6-4-11}$$

式中：$\overline{U}$、$\overline{I}$ 的复平面在定子上，而 $\overline{U}_x$、$\overline{I}_x$ 的复平面在转子上，以角速度 ω 旋转。又式中：所有量均为实部值，当用标幺值并省去下标符号*，则可改写成

$$Q = u_q i_d - u_d i_q \tag{6-4-12}$$

由式（6-4-4），假设 $\dot{U} = a + \mathrm{j}b$，则 u_d、u_q 可写成

$$\left.\begin{array}{l} u_d = \mathrm{Re}\left[\dot{U}\mathrm{e}^{\mathrm{j}st}\right] = \mathrm{Re}[(a + \mathrm{j}b)(\cos st + \mathrm{j}\sin st)] = a\cos st - b\sin st \\ u_q = \mathrm{Re}\left[-\mathrm{j}\dot{U}\mathrm{e}^{\mathrm{j}st}\right] = \mathrm{Re}[-\mathrm{j}(a + \mathrm{j}b)(\cos st + \mathrm{j}\sin st)] = b\cos st + a\sin st \end{array}\right\} \tag{6-4-13}$$

将式（6-4-13）及式（6-4-9）的前面分式代入式（6-4-12），可得

$$\left.\begin{array}{l} Q = (b\cos st + a\sin st)(A\cos st - B\sin st) - (a\cos st - b\sin st) \\ (c\cos st - D\sin st) = \frac{1}{2}(bA - aB - aC - bD) + \\ \frac{1}{2}(bA - aC + aB + bD)\cos 2st + \frac{1}{2}(aA - bB + bC + aD)\sin 2st \end{array}\right\} \tag{6-4-14}$$

上式表明汽轮发电机在异步运行时，无功功率瞬时值除了平均无功功率 Q_{av} 以外，还有

以两倍的转差频率脉振的无功功率。

以下着重分析平均电磁转矩和功率。

二、励磁绕组短路异步运行时的电磁转矩和功率

（一）电磁转矩和有功功率

平均电磁转矩由式（6-4-10）并应用式（6-4-8）可写成

$$T_{m(av)} = \frac{1}{2}(CE + DF - AG - BH) = \frac{1}{2}\mathrm{Re}\,(\dot\psi_d \dot I_q^* - \dot\psi_q \dot I_d^*) \tag{6-4-15}$$

对中大型同步发电机，由于定子电阻标幺值很小，可将其略去不计。从而使$\dot I_d$、$\dot I_q$和电磁转矩表达式大为简化，物理意义也比较明确。为此，在式（6-4-7）中令$R = 0$，化简后得

$$\left.\begin{aligned} \dot I_d &= \frac{-\mathrm{j}\dot U}{x_d(\mathrm{j}s)} \\ \dot I_q &= \frac{-\dot U}{x_q(\mathrm{j}s)} \end{aligned}\right\} \tag{6-4-16}$$

利用式（6-4-16）可得

$$\left.\begin{aligned} \dot\psi_d &= x_d(\mathrm{j}s)\dot I_d = -\mathrm{j}\dot U \\ \dot\psi_q &= x_q(\mathrm{j}s)\dot I_q = -\dot U \end{aligned}\right\} \tag{6-4-17}$$

将以上关系代入式（6-4-15）后，且$\dot U\dot U^* = U^2$并经复数变换，可得不计R的$T_{m(av)}$表达式为

$$T_{m(av)} = \frac{U^2}{2}\mathrm{Re}\left(\frac{\mathrm{j}}{x_q(\mathrm{j}s)^*} + \frac{\mathrm{j}}{x_d(\mathrm{j}s)^*}\right) = \frac{U^2}{2}I_m\left(\frac{1}{x_d(\mathrm{j}s)} + \frac{1}{x_q(\mathrm{j}s)}\right) \tag{6-4-18}$$

式（6-4-18）表明，交直轴不对称的同步发电机可当做一台其电抗函数倒数为$\frac{1}{2}\left[\dfrac{1}{x_d(\mathrm{j}s)} + \dfrac{1}{x_q(\mathrm{j}s)}\right]$的对称电机来计算。

稳定异步运行时的直轴和交轴电抗函数倒数，只要把式（6-3-14）和式（6-3-15）中的p用$\mathrm{j}s$代替后即得

$$\left.\begin{aligned} \frac{1}{x_d(\mathrm{j}s)} &= \frac{1}{x_d} + \left(\frac{1}{x_d'} - \frac{1}{x_d}\right)\frac{\mathrm{j}sT_d'}{1 + \mathrm{j}sT_d'} + \left(\frac{1}{x_d''} - \frac{1}{x_d'}\right)\frac{\mathrm{j}sT_d''}{1 + \mathrm{j}sT_d''} \\ \frac{1}{x_q(\mathrm{j}s)} &= \frac{1}{x_q} + \left(\frac{1}{x_q''} - \frac{1}{x_q}\right)\frac{\mathrm{j}sT_q''}{1 + \mathrm{j}sT_q''} \end{aligned}\right\} \tag{6-4-19}$$

将式（6-4-19）代入式（6-4-18），经整理推导出虚部后可得

$$T_{m(av)} = \frac{U^2}{2}\left[\left(\frac{1}{x_d'} - \frac{1}{x_d}\right)\frac{sT_d'}{1+\left(sT_d'\right)^2} + \left(\frac{1}{x_d''} - \frac{1}{x_d'}\right)\frac{sT_d''}{1+\left(sT_d''\right)^2}\right.$$
$$\left. + \left(\frac{1}{x_q''} - \frac{1}{x_q}\right)\frac{sT_q''}{1+\left(sT_q''\right)^2}\right]$$

（6-4-20）

式（6-4-20）表明，同步电机稳态异步运行时的平均电磁转矩 $T_{m(av)}$，可分为三项：第一项为励磁绕组中感应电流产生的转矩，第二和第三项分别为直轴和交轴阻尼绕组电流产生的转矩。由于 $s < 0$，所以以上三项计算结果都是负值，这表明 $T_{m(av)}$ 是制动转矩。

对大型汽轮发电机，定子绕组电阻可忽略不计，因而电磁功率约等于输出功率。由于异步运行时电磁功率等于电磁转矩与同步角速度的乘积，且同步角速度的标幺值等于1，所以电磁转矩的标幺值也就是电磁功率的标幺值，也约等于输出功率的标幺值，所以上式也可用来表示输出的有功功率。

（二）无功功率

励磁绕组短路异步运行时同步发电机的无功功率平均值可按式（6-4-14）并应用式（6-4-8）和式（6-4-13）可写成

$$Q_{av} = \frac{1}{2}(bA - aB - aC - bD) = \frac{1}{2}\mathrm{Im}\,\dot{U}(\dot{I}_d + j\dot{I}_q)^*$$

用式（6-4-16）和式（6-4-19）代入上式可推导得

$$Q_{av} = \frac{1}{2}\mathrm{Im}\,\dot{U}\left(\dot{I}_d + j\dot{I}_q\right)^* = \frac{1}{2}\mathrm{Im}\,\dot{U}\left[\left(\frac{j\dot{U}^*}{x_d(js)^*} + \frac{j\dot{U}^*}{x_q(js)^*}\right)\right]$$
$$= \frac{U^2}{2}\mathrm{Im}\,j\left[\frac{1}{x_d} + \left(\frac{1}{x_d'} - \frac{1}{x_d}\right)\frac{-jsT_d'}{1-jsT_d'}\right.$$
$$\left. + \left(\frac{1}{x_d''} - \frac{1}{x_d'}\right)\frac{-jsT_d''}{1-jsT_d''} + \frac{1}{x_q} + \left(\frac{1}{x_q''} - \frac{1}{x_q}\right)\frac{-jsT_q''}{1-jsT_q''}\right]$$
$$= \frac{U^2}{2}\left[\left(\frac{1}{x_d} + \frac{1}{x_q}\right) + \left(\frac{1}{x_d'} - \frac{1}{x_d}\right)\frac{\left(sT_d'\right)^2}{1+\left(sT_d'\right)^2}\right.$$
$$\left. + \left(\frac{1}{x_d''} - \frac{1}{x_d'}\right)\frac{\left(sT_d''\right)^2}{1+\left(sT_d''\right)^2} + \left(\frac{1}{x_q''} - \frac{1}{x_q}\right)\frac{\left(sT_q''\right)^2}{1+\left(sT_q''\right)^2}\right]$$

（6-4-21）

三、励磁绕组开路异步运行时的电磁转矩和功率

（一）电磁转矩和有功功率

由于励磁绕组开路，汽轮发电机的转子可近似看成是对称的，此时脉振转矩不存在。

由于可近似认为 $x_d = x_q$ ，$x_d' = x_d$ ，$x_d'' = x_q''$ ，$T_d = 0$ ，$T_d'' = T_q''$ ，平均电磁转矩式（6-4-20）可化简写成

$$T_{m(\mathrm{av})} = U^2 \left(\frac{1}{x_q''} - \frac{1}{x_d} \right) \frac{sT_q''}{1 + \left(sT_q'' \right)^2} \qquad (6\text{-}4\text{-}22)$$

上式就是电磁功率的标幺值，也约等于输出功率的标幺值。

（二）无功功率

将励磁绕组开路时参数的近似关系：$x_d = x_q$ ，$x_d' = x_d$ ，$x_d'' = x_q''$ ，$T_d = 0$ ，$T_d'' = T_q''$ 代入式（6-4-21）可求出平均无功功率表达式为

$$Q_{\mathrm{av}} = U^2 \left[\frac{1}{x_d} + \left(\frac{1}{x_q''} - \frac{1}{x_d} \right) \frac{\left(sT_q'' \right)^2}{1 + \left(sT_q'' \right)^2} \right] \qquad (6\text{-}4\text{-}23)$$

（三）定子电流

将上述的参数近似关系代入式（6-4-19）可得

$$\frac{1}{x_d(\mathrm{j}s)} = \frac{1}{x_d} + \left(\frac{1}{x_q''} - \frac{1}{x_d} \right) \frac{\mathrm{j}sT_q''}{1 + \mathrm{j}sT_q''} = \frac{1}{x_q(\mathrm{j}s)}$$

利用式（6-4-16）的关系可得 $\dot{I}_d = \mathrm{j}\dot{I}_q$ 。令 $\dot{I}_d = I_d \mathrm{e}^{\mathrm{j}\beta}$ ，则由坐标变换关系及式（6-4-5）可写出

$$i_\alpha = i_d \cos\theta - i_q \sin\theta$$
$$= I_d \cos(st - \beta) \cos\left[\cos(1-s)t + \theta_0 \right] - I_d \cos\left(st - \beta - 90° \right) \sin\left[(1-s)t + \theta_0 \right]$$
$$= I_d \cos\left(t + \theta_0 - \beta \right)$$

所以，$I_\alpha = I_d$ 。由式（6-4-16）和式（6-3-13）得

$$\dot{I}_d = \frac{-\mathrm{j}\dot{U}}{x_d(\mathrm{j}s)} = \frac{-\mathrm{j}\dot{U}}{x_q(\mathrm{j}s)}$$

$$= \frac{-\mathrm{j}\dot{U}}{x_q \dfrac{1 + \mathrm{j}sT_q''}{1 + \mathrm{j}sT_{q0}}} = \frac{-\mathrm{j}\dot{U}(1 + \mathrm{j}sT_{q0})}{x_d(1 + \mathrm{j}sT_q'')} \qquad (6\text{-}4\text{-}24)$$

对式（6-4-24）取模，可得励磁绕组开路异步运行时定子电流有效值的近似值：

$$I = \frac{U}{x_d} \sqrt{\frac{1 + (sT_{q0})^2}{1 + (sT_q'')^2}} \qquad (6\text{-}4\text{-}25)$$

式（6-3-13）中的复变量 p 用 $\mathrm{j}s$ 替代和上式中 $T_{q0} = \dfrac{x_0}{R_Q} = \dfrac{x_D}{R_D}$ 。

习 题 六

1. 一台三相 50 Hz、12.1 kV、20 MVA 4 极同步发电机，具有以下电感和电阻，试逐一求其标幺值。

$$L_\sigma = 0.002\,14\,\text{H}, \quad L_{ad} = 0.021\,45\,\text{H}, \quad L_{aq} = 0.019\,1\,\text{H}$$
$$M_{aF} = 0.045\,\text{H}, \quad L_F = 0.153\,8\,\text{H}, \quad L_D = 0.022\,6\,\text{H}$$
$$L_q = 0.004\,46\,\text{H}, \quad M_{aD} = 0.017\,\text{H}, \quad M_{FD} = 0.054\,1\,\text{H}$$
$$M_{aQ} = 0.007\,\text{H}, \quad R = 0.014\,7\,\Omega, \quad R_F = 0.020\,8\,\Omega$$
$$R_D = 0.031\,5\,\Omega, \quad R_Q = 0.061\,1\,\Omega$$

2. 如果（a）q 轴正方向取为滞后 d 轴 90 度，（b）按发电机惯例，其他正方向的规定不变，试分别导出同步电机 dqO 坐标系统的定子电压方程。并说明与式（6-1-15）比较，哪些项改变了符号。

3. 无阻尼绕组同步发电机的 $i_d(p)$ 可用下式表示，试求其原函数 $i_d(t)$ 的表达式。

$$i_d(p) = \frac{1}{x'_d} \frac{p + 1/T'_{d0}}{p\left(p + \dfrac{1}{T'_d}\right)(p^2 + 2ap + 1)}$$

式中：$a = \dfrac{1}{T_a}$，在推导中可认为 $1 - a^2 \approx 1$，$\dfrac{1}{T_a} \ll 1$，$\dfrac{1}{T'_d} \ll 1$，$\dfrac{1}{T'_{d0}} \ll 1$。

4. 试由式（6-4-10）推导出二倍转差频率脉振转矩的余弦项幅值 $T_{m(2sc)}$ 的表达式为

$$
\begin{aligned}
T_{m(2sc)} &= \frac{1}{2}(CE + BH - DF - AG) = \frac{1}{2}\operatorname{Re}(\dot{I}_q \dot{\psi}_d - \dot{I}_d \dot{\psi}_q) \\
&= \frac{U^2}{2}\left(\frac{1}{x_q} - \frac{1}{x_d}\right)\sin 2\theta_0 + \left(\frac{1}{x'_d} - \frac{1}{x_d}\right) \times \frac{ST'_d \cos 2\theta_0 - (ST'_d)^2 \sin 2\theta_0}{1 + (ST'_d)^2} \\
&\quad + \left(\frac{1}{x''_d} - \frac{1}{x'_d}\right)\frac{ST''_d \cos 2\theta_0 - (ST''_d)^2 \sin 2\theta_0}{1 + (ST''_d)^2} - \left(\frac{1}{x''_q} - \frac{1}{x_q}\right)\frac{ST''_q \cos 2\theta_0 - (ST''_q)^2 \sin 2\theta_0}{1 + (ST''_q)^2}
\end{aligned}
$$

第七章

电机的统一理论

各种类型的旋转电机，在结构上有其统一性：都可分为定子和转子两大部件，又都由铁心和绕组构成。在电机发展史上，电机理论的研究是按电机类型分别进行的。克朗首先提出分析旋转电机的统一理论，阐明了主要类型的交直流电机都可从一般化电机模型出发，用统一的方法求解。这是电机理论发展的一个里程碑。

同步电机双反应理论，派克提出的 dqO 坐标变换，相当于把同步电机变换成换向器电机。dqO 变换推广应用到异步电机表明三相交流电机都可变换成换向器电机，而直流电机就是换向器电机，无需变换。因此，从直流电机抽象得出的一种普遍的换向器电机自然成为一般化电机的模型。

本章首先阐明一般化电机的运动方程，然后应用一般化电机运动方程于主要类型电机，最后是直流电机的暂态分析。

第一节 一般化电机模型的基本知识

一、一般化电机模型的结构

一般化电机模型是一种普遍的换向器电机。它的定子具有凸极或隐极，转子为带换向器的绕组。由于大多数电机在每对极下的磁路和电路的分布完全对称，可用等效的两极电机代替。我们假设模型电机都是两极的，从而转子转速 $\Omega = \omega / p = \omega / 1 = \omega$。

模型电机定子上有两个绕组：直轴绕组 D 和交轴绕组 Q。相应地转子换向器上有成正交的两对电刷，把带换向器的绕组分为直轴和交轴两个电路，如图 7-1-1（a）所示。从图中可见一般化电机与交磁电机放大机类似，只是各个绕组独立，相互间没有连接。其中转子两个电路又可用等效 d 绕组和等效 q 绕组来简化表示，如图 7-1-1（b）所示。

对 d 绕组和 q 绕组：首先必须明确，它们的轴线是被两对电刷的位置限定并分别与定子的直轴和交轴重合。所以 d 绕组和 q 绕组的轴线在空间是静止的，它们的电流分别产生在空间静止的转子直轴磁场和转子交轴磁场。

构成 d 绕组和 q 绕组的元件当转子旋转时是不断轮流替换。所以这两绕组中不仅有变压器电动势，而且还有因与正交磁通有相对切割而产生的运动电动势。

转子上的 d 绕组和 q 绕组，由于上述具有既是轴线在空间静止又有运动电动势的性能，所以常称为伪静止绕组。

二、一般化电机模型的假设

（1）假设模型电机的磁路是线性的，忽略剩磁、磁饱和、磁滞和涡流效应不计，适用叠加原理；

（2）假设模型电机的气隙磁通密度在空间按正弦分布，又略去定转子的齿槽的影响不计；

（3）假设模型电机的结构对直轴和交轴都是对称的。

在实际情况与上述简化假设有较大出入的场合，例如需要考虑磁饱和、谐波等效应时，则通过修改有关的参数和系数来计入其影响。

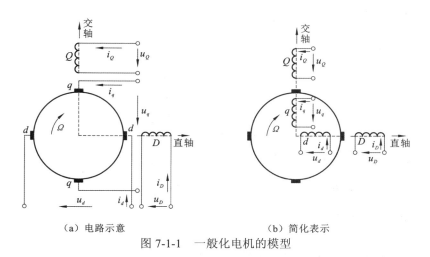

（a）电路示意　　　　　　　　（b）简化表示

图 7-1-1　一般化电机的模型

三、模型电机规定的正方向

模型电机的正方向的规定。

（1）dq 坐标系的规定：如图 7-1-1 所示，规定正方向都是从里向外。d 轴就是定子直轴；q 轴的正向位置从转子上看在时间上超前 d 轴 $90°$ 电角度。

（2）绕组磁链的正方向：D 绕组和 d 绕组的磁链正方向与 d 轴正方向一致；Q 绕组和 q 绕组的磁链正方向与 q 轴正方向一致。所有绕组的正向磁链与正向电流符合右手螺旋定则。

（3）绕组电流 i、电压 u 和电动势 e 的正方向：在满足上述规定的前提下，所有绕组的 i、u 和 e 的正方向都按电动机惯例规定，如图 6-1-1（a）所示。具体到转子上两个伪静止绕组中 e、i 及其所产生磁通的规定正方向，则如图 7-1-2（a）和（b）所示，其中转子周边的点叉号，既是 i 的正方向，也是 e 的正方向。

（4）转矩的规定正方向：与图 6-1-1（c）相同。

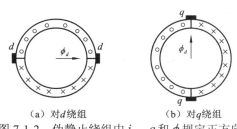

（a）对 d 绕组　　　　　　（b）对 q 绕组

图 7-1-2　伪静止绕组中 i、e 和 ϕ 规定正方向

第二节　一般化电机方程

按第一节规定的正方向，可写出一般化电机的电压方程的矩阵表达式为

$$u = Ri - e_t - e_\omega \qquad (7\text{-}2\text{-}1)$$

式（7-2-1）右边第一项 Ri 表示电阻压降列矩阵，R 为电阻矩阵，具体关系为

$$Ri = \begin{bmatrix} R_D & 0 & 0 & 0 \\ 0 & R_Q & 0 & 0 \\ 0 & 0 & R_d & 0 \\ 0 & 0 & 0 & R_q \end{bmatrix} \begin{bmatrix} i_D \\ i_Q \\ i_d \\ i_q \end{bmatrix} \qquad (7\text{-}2\text{-}2)$$

式（7-2-1）右边 e_t 表示变压器电动势列矩阵，e_ω 表示运动电动势列矩阵。这两项是本节分析的重点，其中每个绕组的 e_t 取决于该绕组磁链的变化率 $e_t = -\dfrac{\mathrm{d}\psi}{\mathrm{d}t}$。为此下面从分析各绕组的磁链方程入手。

一、一般化电机的磁链方程

电机的每个绕组都会有自感磁链，同轴的 2 绕组间还有互感磁链；但 d 轴绕组与 q 轴绕组间由于两轴线正交，没有互感磁链。设 D、Q、d 和 q 绕组的自感分别为 L_D、L_Q、L_d 和 L_q，同轴两绕组间的互感为 $M_{Dd} = M_{dD}$ 和 $M_{Qq} = M_{qQ}$。则按正向电流产生正向磁链，应用叠加原理，可写出一般化电机磁链方程的矩阵表达式为

$$\begin{bmatrix} \psi_D \\ \psi_Q \\ \psi_d \\ \psi_q \end{bmatrix} = \begin{bmatrix} L_D & 0 & M_{Dd} & 0 \\ 0 & L_Q & 0 & M_{Qq} \\ M_{dD} & 0 & L_d & 0 \\ 0 & M_{qQ} & 0 & L_q \end{bmatrix} \begin{bmatrix} i_D \\ i_Q \\ i_d \\ i_q \end{bmatrix} \qquad (7\text{-}2\text{-}3a)$$

或写成矩阵形式

$$\psi = Li \qquad (7\text{-}2\text{-}3b)$$

由于绕组轴线在空间相对静止，所以上式中电感矩阵 L 的所有元素都是常量，不随转子旋转时转角而变化。

二、一般化电机的变压器电动势

每个绕组都有变压器电动势。变压器电动势列矩阵 $e_t = -\dfrac{\mathrm{d}\psi}{\mathrm{d}t}$，以式（7-2-3）代入得

$$-\boldsymbol{e}_t = \begin{bmatrix} L_D & 0 & M_{Dd} & 0 \\ 0 & L_Q & 0 & M_{Qq} \\ M_{dD} & 0 & L_d & 0 \\ 0 & M_{qQ} & 0 & L_q \end{bmatrix} D \begin{bmatrix} i_D \\ i_Q \\ i_d \\ i_q \end{bmatrix} \tag{7-2-4a}$$

或

$$-\boldsymbol{e}_t = \frac{\mathrm{d}}{\mathrm{d}t}(\boldsymbol{Li}) = \boldsymbol{LDi} \tag{7-2-4b}$$

三、一般化电机的运动电动势

转子上伪静止的 d 绕组和 q 绕组分别与其正交磁通有相对切割，会产生运动电动势。而定子上 D 绕组和 Q 绕组也有与之正交的磁通，但没有相对切割，所以没有运动电动势。

d 绕组切割 Q 绕组电流 i_Q 的磁场，产生运动电动势 $e'_{\omega \cdot dQ}$、$e'_{\omega \cdot dQ}$ 的大小参照式（2-1-2）可写为 $\left| e'_{\omega \cdot dQ} \right| = \left| G_{dQ} \omega i_Q \right|$，其中 G_{dQ} 是对应的运动电动势系数。$e'_{\omega \cdot dQ}$ 的方向按在正向 ϕ_Q 下用右手定则确定，如图 7-2-1（a）所示，与图 7-1-2（b）对比，可知这个方向与 i_d 的正方向相同。由此得

$$e'_{\omega \cdot dQ} = +G_{dQ} \omega i_Q$$

d 绕组切割 q 绕组电流 i_q 的磁场，产生运动电动势 $e'_{\omega \cdot dq}$，同上分析并按图 7-2-1（a），可得

$$e'_{\omega \cdot dq} = +G_{dq} \omega i_q$$

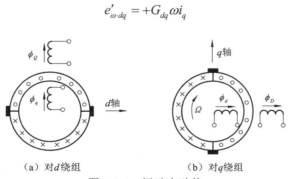

（a）对 d 绕组　　　　　　（b）对 q 绕组

图 7-2-1　运动电动势

q 绕组切割 D 绕组电流 i_D 的磁场，产生运动电动势 $e_{\omega \cdot qD}$、$e_{\omega \cdot qD}$ 的大小 $\left| e_{\omega \cdot qD} \right| = \left| G_{qD} \omega i_D \right|$。$e_{\omega \cdot qD}$ 的方向按在正向 ϕ_D 下用右手螺旋定则决定，如图 7-2-1（b）所示，与图 7-1-2（b）对比，可知这个方向与 i_q 的正方向相反。由此得

$$e_{\omega \cdot qD} = -G_{qD} \omega i_d$$

q 绕组切割 d 绕组电流 i_d 的磁场，产生运动电动势 $e_{\omega \cdot qd}$，同上分析，可得

$$e_{\omega \cdot qd} = -G_{qd} \omega i_d$$

归纳以上分析可得 d 绕组和 q 绕组中的运动电动势分别为

$$\left.\begin{array}{l} e_{\omega \cdot d} = e_{\omega \cdot dQ} + e_{\omega \cdot dq} = +G_{dQ}\omega i_Q + G_{dq}\omega i_q \\ e_{\omega \cdot q} = e_{\omega \cdot qD} + e_{\omega \cdot qd} = -G_{qD}\omega i_D - G_{qd}\omega i_d \end{array}\right\} \qquad (7\text{-}2\text{-}5a)$$

因此，与运动电动势相平衡的电压分量矩阵为

$$-\boldsymbol{e}_\omega = \begin{bmatrix} 0 \\ 0 \\ -e_{\omega \cdot d} \\ -e_{\omega \cdot q} \end{bmatrix} = \begin{bmatrix} 0 & 0 & 0 & 0 \\ 0 & 0 & 0 & 0 \\ 0 & -G_{dQ} & 0 & -G_{dq} \\ G_{qD} & 0 & G_{qd} & 0 \end{bmatrix} \omega \begin{bmatrix} i_D \\ i_Q \\ i_d \\ i_q \end{bmatrix} \qquad (7\text{-}2\text{-}5b)$$

或写成矩阵形式

$$-\boldsymbol{e}_\omega = \boldsymbol{G}\omega\boldsymbol{i} \qquad (7\text{-}2\text{-}5c)$$

式中：$\boldsymbol{G}$ 为运动电动势系数矩阵。要留意由于用 $-\boldsymbol{e}_\omega$ 表示，$\boldsymbol{G}$ 中元素符号与（7-2-5a）中的系数符号相反。

四、一般化电机的电压方程

将式（7-2-2）、式（7-2-4b）和式（7-2-5b）代入式（7-2-1），得一般化电机的电压方程的矩阵表达式为

$$\begin{bmatrix} u_D \\ u_Q \\ u_d \\ u_q \end{bmatrix} = \left\{ \begin{bmatrix} R_D & 0 & 0 & 0 \\ 0 & R_Q & 0 & 0 \\ 0 & 0 & R_d & 0 \\ 0 & 0 & 0 & R_q \end{bmatrix} + \begin{bmatrix} L_D & 0 & M_{Dd} & 0 \\ 0 & L_Q & 0 & M_{Qq} \\ M_{dD} & 0 & L_d & 0 \\ 0 & M_{qQ} & 0 & L_q \end{bmatrix} D \right.$$

$$\left. + \begin{bmatrix} 0 & 0 & 0 & 0 \\ 0 & 0 & 0 & 0 \\ 0 & -G_{dQ} & 0 & -G_{dq} \\ G_{qD} & 0 & G_{qd} & 0 \end{bmatrix} \omega \right\} \begin{bmatrix} i_D \\ i_Q \\ i_d \\ i_q \end{bmatrix} \qquad (7\text{-}2\text{-}6a)$$

或写成矩阵形式

$$\boldsymbol{u} = (\boldsymbol{R} + \boldsymbol{L}D + \boldsymbol{G}\omega)\boldsymbol{i} \qquad (7\text{-}2\text{-}6b)$$

将式（7-2-6a）右边大括号内三个矩阵合并，得

$$\begin{bmatrix} u_D \\ u_Q \\ u_d \\ u_q \end{bmatrix} = \begin{bmatrix} R_D + L_D D & 0 & M_{Dd}D & 0 \\ 0 & R_Q + L_Q D & 0 & M_{Qq}D \\ M_{dD}D & -G_{dQ}\omega & R_d + L_d D & -G_{dq}\omega \\ G_{qD}D & M_{qQ}D & G_{qd}\omega & R_q + L_q D \end{bmatrix} \times \begin{bmatrix} i_D \\ i_Q \\ i_d \\ i_q \end{bmatrix} \qquad (7\text{-}2\text{-}7a)$$

或写成矩阵形式

$$\boldsymbol{u} = \boldsymbol{Z}\boldsymbol{i} \qquad (7\text{-}2\text{-}7b)$$

式中：$\boldsymbol{Z} = \boldsymbol{R} + \boldsymbol{L}D + \boldsymbol{G}\omega$ 表示一般化电机的暂态阻抗矩阵。

式（7-2-6）或式（7-2-7）的电压方程是对应双轴四绕组的一般化的电机，当绕组数

目不止四个时，仅是矩阵的行数和列数相应增加，则方程的基本形式不变。可见，一般化电机的电压方程是常系数一阶线性微分方程，求解比较容易，这是应用电机统一理论的一个突出优点。

五、一般化电机的功率方程

参照式（2-1-6）知，从电源输入一般化电机的电功率为 $i_t u$，式（7-2-6b）代入，可得
$$i_t u = i_t Ri + i_t LDi + i_t G\omega i \qquad (7\text{-}2\text{-}8)$$
式中：$i_t Ri$ 为电阻损耗；$i_t LDi$ 为耦合场磁能的变化率；$i_t G\omega i$ 为转换为机械功率的部分，也就是电磁功率 P_m。即

$$P_m = i_t G\omega i \qquad (7\text{-}2\text{-}9)$$

六、一般化电机的电磁转矩和转矩方程

按照电磁转矩 $T_m = P_m / \omega$，将式（7-2-9）代入得
$$T_m = i_t Gi \qquad (7\text{-}2\text{-}10a)$$
将式（7-2-5c）与式（7-2-5b）中的对应关系代入，可得四绕组一般电磁转矩的具体表达式为

$$i_t Gi = \begin{bmatrix} i_D & i_Q & i_d & i_q \end{bmatrix} = \begin{bmatrix} 0 & 0 & 0 & 0 \\ 0 & 0 & 0 & 0 \\ 0 & -G_{dQ} & 0 & -G_{dq} \\ G_{qD} & 0 & G_{qd} & 0 \end{bmatrix} \begin{bmatrix} i_D \\ i_Q \\ i_d \\ i_q \end{bmatrix}$$

$$= G_{qD} i_q i_D - G_{dQ} i_d i_Q + G_{qd} i_d i_q - G_{dq} i_d i_q$$

即

$$T_m = (G_{qd} - G_{dq}) i_d i_q - G_{dQ} i_d i_Q + G_{qD} i_q i_D \qquad (7\text{-}2\text{-}10b)$$

一般化电机的转矩方程，按图 6-1-1（c）的规定正方向与式（6-1-22）完全相同。

第三节　气隙磁通密度正弦分布时运动电动势

第二节的电压方程理论上对气隙磁通密度不论是什么波形都适用。但通常气隙磁通密度在空间按正弦分布并且不计漏磁，在此条件下的运动电动势比式（7-2-5a）更简洁。

一、q 绕组的运动电动势

$e_{\omega \cdot q}$ 是 q 绕组切割 d 轴磁通产生的，d 轴磁通包括 D 绕组和 d 绕组中电流所产生的磁

通。为此先从推导 d 轴每极磁通 ϕ_{md} 入手，进而推导转子绕组任一匝对 d 轴磁通的磁链 ψ_{0d}，然后求 d 绕组的磁链 ψ_d 与 ϕ_{md} 的关系，最后从 $e_{\omega \cdot q}$ 的起因来导出可用 ψ_d 来表达的公式。

参照图 7-3-1（a），设 d 轴磁通对应的气隙磁通密度 $b_d = B_{md}\cos\theta$，转子有效长度为 l，半径为 r，转子周沿单位电弧度内的导体总数为 Z_θ。

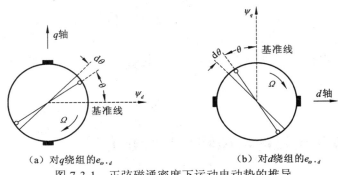

（a）对 q 绕组的 $e_{\omega \cdot d}$ （b）对 d 绕组的 $e_{\omega \cdot d}$

图 7-3-1　正弦磁通密度下运动电动势的推导

（1）d 轴每极磁通为

$$\phi_{md} = l\int_{-\frac{\pi}{2}}^{\frac{\pi}{2}} b_d r \mathrm{d}\theta = lr\int_{-\frac{\pi}{2}}^{\frac{\pi}{2}} B_{md}\cos\theta \mathrm{d}\theta = B_{md} lr\left[\sin\theta\right]_{-\frac{\pi}{2}}^{\frac{\pi}{2}} = 2B_{md}lr$$

（2）转子绕组任一匝对 d 轴磁通的磁链为

$$\psi_{0d} = l\int_{-(\pi-\theta)}^{\theta} b_d r\mathrm{d}\theta = B_{md}lr[\sin\theta]_{-(\pi-\theta)}^{\theta} = 2B_{md}lr\sin\theta = \phi_{md}\sin\theta$$

（3）d 绕组的磁通 ψ_d，就是 d 绕组每支路匝数的磁链，它与 ψ_{0d} 的关系是

$$\psi_d = \int_0^\pi \psi_{0d}\frac{z_\theta}{2}\mathrm{d}\theta = \frac{z_\theta}{2}\int_0^\pi \psi_{md}\sin\theta \mathrm{d}\theta = \frac{1}{2}\phi_{md}[-\cos\theta]_0^\pi = \phi_{md}Z_\theta$$

注意上式计算磁链时单位电弧度内的支路匝数是 $\dfrac{z_\theta}{2}$ 而不是 z_θ，原因是由于换向器绕组总是双层的，考虑每支路匝数时只能算一半导体数，其余一半是属于另一支路。

（4）每一导体的运动电动势为 $b_d lv = b_d lr\omega = B_{md}lr\omega\cos\theta$，积分得 q 绕组的运动电动势为

$$e'_{\omega \cdot q} = -\int_{\frac{\pi}{2}}^{\frac{\pi}{2}}(B_{md}lr\omega\cos\theta)z_\theta \mathrm{d}\theta = -2B_{md}lrz_\theta\omega$$

上式负号是由于切割正向 d 轴磁通产生 $e'_{\omega \cdot q}$ 的方向与 i_q 的正方向相反引起的，如图 7-3-1（b）所示，整理可得

$$e'_{\omega \cdot q} = -(2B_{md}lr)z_\theta\omega = -\phi_{md}z_\theta\omega = -\omega\psi_d \qquad (7\text{-}3\text{-}1a)$$

二、d 绕组的运动电动势

$e'_{\omega \cdot d}$ 是 d 绕组切割 q 轴磁通产生的，q 轴磁通包括 Q 绕组和 q 绕组中电流所产生的磁

通。可仿前面推导出以下关系。

（1）q 轴每极磁通为 $\phi_{mq} = 2B_{mq}lr$；

（2）转子绕组任一匝对 q 轴磁通的磁链为 $\psi_{0q} = \psi_{mq}\sin\theta$；

（3）q 绕组每支路匝数的磁链为 $\psi_q = \psi_{mq}z_\theta$；

（4）d 绕组的运动电动势为

$$e'_{\omega\cdot d} = +\int_{-\frac{\pi}{2}}^{\frac{\pi}{2}}(b_q l\nu)z_\theta \mathrm{d}\theta = +\omega\psi_q \qquad (7\text{-}3\text{-}1b)$$

将式（7-2-3a）中的 ψ_q 及 ψ_d 分别代入，再与式（7-2-5a）相比，如表 7-3-1 所示。

表 7-3-1　运动电动势对应关系

式（7-3-1）	$e_{\omega\cdot d} = \omega(M_{qQ}i_Q + L_q i_q)$	$e_{\omega\cdot q} = -\omega(M_{qD}i_D + L_d i_d)$
式（7-2-5）	$e_{\omega\cdot d} = \omega(G_{dQ}i_Q + G_{dq}i_q)$	$e_{\omega\cdot q} = -\omega(G_{qD}i_D + G_{qd}i_d)$

可见，正弦气隙磁通密度的各个运动电动势系数与有关电感存在以下关系：

$$G_{dQ} = M_{qQ},\ G_{dq} = L_q,\ G_{qD} = M_{dD},\ G_{qd} = L_d \qquad (7\text{-}3\text{-}2)$$

在正弦气隙磁通密度下，d 绕组和 q 绕组的变压器电动势，也可用本节导出的 $\psi_d = z_\theta\phi_{md}$ 和 $\psi_q = z_\theta\phi_{mq}$ 代入，得出较简单的表达式

$$e'_{t\cdot d} = -\frac{d\psi_d}{dt} = -z_\theta\frac{d\phi_{md}}{dt} \quad \text{和} \quad e'_{t\cdot q} = -\frac{d\psi_q}{dt} = -z_\theta\frac{d\phi_{mq}}{dt} \qquad (7\text{-}3\text{-}3)$$

第四节　一般化电机推导交流电机运动方程

本节着重把模型电机电压方程式（7-2-7）具体应用于交流电机，阐明把 abc 坐标系变换到 dq 坐标系后，所得电压方程的一致性，并说明求解的一般步骤。

一、同步电机的电压方程

设把通常的旋转磁极式同步电机的定转子绕组互换位置，成为励磁绕组 D 和阻尼绕组 Q 装在定子上而三相绕组装在转子上的旋转电枢式同步电机，再把电枢三相绕组变换为与定子相对静止的 dq 绕组。这就转化与同步电机等效的具有 D、Q、d 和 q 绕组的一般化电机。

因此对式（7-2-7a），考虑正弦气隙磁通密度，以式（7-3-2）代入，又设 $R_d = R_Q = R$，这就成为同步电机 dq 系统的电压方程：

$$\begin{pmatrix} u_D \\ u_Q \\ u_d \\ u_q \end{pmatrix} = \begin{pmatrix} R_D + L_D D & 0 & M_{Dd}D & 0 \\ 0 & R_Q + L_Q D & 0 & M_{Qq}D \\ M_{dD}D & -M_{qQ}\omega & R + L_d D & -L_q\omega \\ M_{dD}\omega & M_{qQ}D & L_d\omega & R + L_q D \end{pmatrix} \times \begin{pmatrix} i_D \\ i_Q \\ i_d \\ i_q \end{pmatrix}$$

将上式中 d 绕组和 q 绕组的电压方程按式（7-2-3a）整理，可得

$$u_d = D\underbrace{\left(M_{dD}i_D + L_d i_d\right)}_{\psi_d} - \omega\underbrace{\left(M_{qQ}i_Q + L_q i_q\right)}_{\psi_q} + Ri_d$$

$$u_q = D\underbrace{\left(M_{qQ}i_Q + L_q i_q\right)}_{\psi_q} + \omega\underbrace{\left(M_{dD}i_D + L_d i_d\right)}_{\psi_d} + Ri_q$$

即

$$\left.\begin{array}{l} u_d = D\psi_d - \omega\psi_q + Ri_d \\ u_q = D\psi_q + \omega\psi_d + Ri_q \end{array}\right\} \qquad (7\text{-}4\text{-}1)$$

式（7-4-1）与式（6-1-15）相一致。

二、感应电机的电压方程

设把通常的三相感应电机的定转子绕组互换位置，成为副方多相绕组装在定子上而原方三相绕组装在转子上经三个集电环输入电能的感应电机。又把折算后的副方三相绕组变换为 $\alpha\beta$ 为两相绕组，再把原方三相绕组变换为 dq 伪静止绕组。这就成为与三相感应电机等效的四绕组一般化电机。

复平面在转速为 ω_0 的转子上的原方电压方程为

$$\bar{U}_{(1)} = R_1\bar{I}_{(1)} + \frac{\mathrm{d}\bar{\psi}_{(1)}}{\mathrm{d}t} + j\omega_0\bar{\psi}_{(1)}$$

将各个综合矢量都分解为 d 轴和 q 轴分量，即

$$\bar{U}_{(1)} = u_d + ju_q, \quad \bar{I}_{(1)} = i_d + ji_q, \quad \bar{\psi}_{(1)} = \psi_d + j\psi_q$$

这些关系代入原方电压方程整理可得

$$u_d + ju_q = \left(D\psi_d - \omega_0\psi_q + R_1 i_d\right) + j\left(D\psi_q + \omega_0\psi_d + R_1 i_q\right)$$

则有

$$\left.\begin{array}{l} u_d = D\psi_d - \omega\psi_q + Ri_d \\ u_q = D\psi_q + \omega\psi_d + Ri_q \end{array}\right\} \qquad (7\text{-}4\text{-}2)$$

这是感应电机原方绕组变换到 dq 系统的电压方程，与式（7-4-1）对比，在形式上完全一致。

三、三相电机求解一般步骤

设原来三相绕组电压 $u_{abc} = Z_{abc}i_{abc}$，变换矩阵为 c，即

$$u_{abc} = cu_{dq0}, \quad i_{abc} = ci_{dq0}$$

则有
$$u_{dq0} = c^{-1}u_{abc} = c^{-1}Z_{abc}i_{abc} = c^{-1}Z_{abc}ci_{dq0}$$

得
$$u_{dq0} = Z_{dq0}i_{dq0} = \left(Z_{dq0} = c^{-1}Z_{abc}c\right)$$

据此可得出三相电机在给定三相电压下求解电流、功率、转矩等的一般步骤为

（1）将 u_{abc} 变换为 $u_{dq0} = c^{-1}u_{abc}$；

（2）求 $Z_{dq0} = c^{-1}Z_{abc}c$；

（3）求解 $i_{dq0} = Z_{dq0}^{-1}u_{dq0}$；

（4）计算功率和转矩；

（5）求解 $i_{abc} = ci_{dq0}$。

第五节　直流电机的运动方程

一般化电机应用于直流电机无需变换，可直接写出暂态阻抗矩阵以及电压方程。

一、两绕组直流电机的运动方程

直流电机的换向器上只在 q 轴安放电刷，因而转子上只有一个伪静止的 q 绕组；d 轴上没安放电刷，就不存在 d 绕组。同时，较有代表性的直流电机是定子上只在直轴装一个励磁绕组 D，没有 Q 绕组。如图 7-5-1 所示。

这里 D 绕组就是励磁绕组 F，q 绕组就是电枢绕组 a。为了统一理论的方便，仍保持 D 和 q 代表 F 和 a。

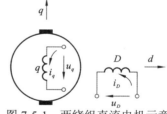

图 7-5-1　两绕组直流电机示意

$$\begin{bmatrix} u_D \\ u_q \end{bmatrix} = \begin{pmatrix} R_D + L_D D & 0 \\ G_{qD}\omega & R_q + L_q D \end{pmatrix} \begin{bmatrix} i_D \\ i_q \end{bmatrix} \tag{7-5-1}$$

其中暂态阻抗矩阵也可仿式（7-2-6a）分解，得出与式（7-2-6b）相似的关系。

转矩方程仍与式（6-1-22）相同。但其中电磁转矩式（7-2-10b），由于 i_Q 和 i_d 都不存在，可直接写为

$$T_m = i_t Gi = G_{qD}i_D i_q \tag{7-5-2}$$

将式（7-5-1）的电压方程和式（7-5-2）代入式（6-1-22）所得的转矩方程，这两个基本方程就是两绕组直流电机的运动方程,反映两个电端口和一个机械端口的物理状况。这三个端口共有 u_D、i_D、u_q、i_q、T_{mec} 和 ω 六个端口变量，求解时除上述两个基本方程外，还需要电机的励磁方式，找出附加的约束方程。

二、他励直流发电机的运动方程

直流发电机的转速 ω 保持一定，他励电压 u_D 是给定的，又已知电枢端口接负载的暂态阻抗 $Z_L(D)$ ，则可得到三个附加方程为

$$\omega = 常量， \quad u_D = u_D(t)， \quad u_q = -Z_L(D)i_q \tag{7-5-3}$$

其中，最后一式等式右边的负号是由于 i_q 按从端口输入电能规定正方向引起的。

三、串励直流电机的微分方程

串励电动机的接线如图 7-5-2 所示。三个附加方程为

$$\left.\begin{aligned} i_D = i_q = i \\ u_D + u_q = u \end{aligned}\right\} \tag{7-5-4a}$$

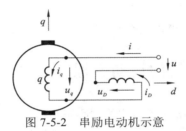

图 7-5-2　串励电动机示意

式（7-5-4a）可看作是一种简单的坐标变换，新系统的电压为 u ，电流为 i ，用矩阵表示时是

$$\left.\begin{aligned} \begin{bmatrix} i_D \\ i_q \end{bmatrix} = \begin{bmatrix} 1 \\ 1 \end{bmatrix}[i]， \quad 即 \boldsymbol{i}_{Dq} = \boldsymbol{c}\boldsymbol{i} \\ [u] = \begin{bmatrix} 1 & 1 \end{bmatrix}\begin{bmatrix} u_D \\ u_q \end{bmatrix}， \quad 即 \boldsymbol{u} = \boldsymbol{c}_t\boldsymbol{u}_{Dq} \end{aligned}\right\} \tag{7-5-4b}$$

在此基础上，两绕组直流电机电压矩阵方程（7-5-1）可简写作 $\boldsymbol{u}_{Dq} = \boldsymbol{Z}_{Dq}\boldsymbol{i}_{Dq}$ ，然后代入式（7-5-4b）整理，可得

$$\begin{aligned} \boldsymbol{u} &= \boldsymbol{c}_t\boldsymbol{u}_{Dq} = \boldsymbol{c}_t\boldsymbol{Z}_{Dq}\boldsymbol{i}_{Dq} = \boldsymbol{c}_t\boldsymbol{Z}_{Dq}\boldsymbol{c}\boldsymbol{i} \\ &= \begin{bmatrix} 1 & 1 \end{bmatrix}\begin{bmatrix} R_D + L_D D & 0 \\ G_{qD}\omega & R_q + L_q D \end{bmatrix}\begin{bmatrix} 1 \\ 1 \end{bmatrix}[i] \\ &= \begin{bmatrix} R_D + L_D D + G_{qD\omega} & R_q + L_q D \end{bmatrix}\begin{bmatrix} 1 \\ 1 \end{bmatrix}[i] \end{aligned}$$

即串励电动机的电压方程为

$$u = \left[\left(R_D + R_q\right) + \left(L_D + L_q\right)D + G_{qD}\omega\right][i]$$

显然，只要给定 u 和其他参数，上式即可解出。

上式可用式（7-5-1）代入式（7-5-4a）直接写出，用矩阵推导似乎过于烦琐，其目的在于说明怎样用坐标变换的方法处理，而变换后的阻抗矩阵一般等于 $\boldsymbol{Z}' = \boldsymbol{c}_t\boldsymbol{Z}\boldsymbol{c}$。

本节所导方程不但适用于直流电机的暂态和稳态，也适用于交流换向器电机。

第六节　直流电机的暂态分析

一、他励直流发电机建压的暂态过程

例 7-6-1　设他励发电机由原动机以恒速 ω 拖动，电枢端空载。求励磁回路接通电压 $u_D = U_D$ 时，电枢端电压 u_q 的暂态过程。设 $t = 0$ 时，$t_D = 0$。

解　D 绕组电压方程 $U_D = (R_D + L_D D)i_D$ 取拉普拉斯变换得

$$\frac{U_D}{p} = (R_D + pL_D)i_D(p)$$

则

$$i_D(p) = \frac{U_D}{p(R_D + pL_D)} = \frac{U_D}{pR_D\left(1 + p\dfrac{L_D}{R_D}\right)} = \frac{U_D}{pR_D(1 + pT_D)}$$

式中：$T_D = \dfrac{L_D}{R_D}$ 为励磁绕组的时间常数。

求拉普拉斯反变换后可得励磁电流为

$$i_D(t) = \frac{U_D}{R_D}\left(1 - \mathrm{e}^{-t/T_D}\right) \tag{7-6-1a}$$

q 绕组电压方程　　　　$u_q = G_{qD}\omega i_D + (R_q + L_q D)i_q$

空载时 $i_q = 0$，得空载电枢端电压为

$$u_{qD}(t) = G_{qD}\omega i_D = \frac{G_{qD}\omega U_D}{R_D}(1 - \mathrm{e}^{-t/T_D}) \tag{7-6-1b}$$

例 7-6-2　上例条件的他励发电机，如果电枢 q 绕组接纯电阻负载 R_L，试分析 q 绕组电流 i_q 的暂态过程。

解　对 q 绕组的电压方程取拉普拉斯变换，并考虑零初始条件，可得

$$u_q(p) = G_{qD}\omega i_D(p) + (R_q + pL_q)i_q(p)$$

又依题意 $u_q = -R_L i_q$，对应 $u_q(p) = -R_L i_q(p)$，则代入上式整理得

$$(R_L + R_q + pL_q)i_q(p) = -G_{qD}\omega i_D(p)$$

则

$$i_q(p) = -\frac{\omega G_{qD}i_D(p)}{R_L + R_q + pL_q} = -\frac{\omega G_{qD}i_D(p)}{(R_L + R_q)(1 + pT_q)} \tag{7-6-2a}$$

式中：$T_q = L_q / (R_L + R_q)$ 为电枢回路的时间常数。通常 $T_q \ll T_D$，由此可求出 i_q 的解具有以下形式：

$$i_q(t) = A + Be^{-t/T_q} + Ce^{-t/T_D} \tag{7-6-2b}$$

二、他励发电机电枢端突然短路

例 7-6-3 设他励直流发电机突然短路前电枢空载，突然短路后励磁电压 u_D 和转速 ω 都保持不变。试分析电机的突然短路电流。

解 突然短路前电枢端电压设为 u_{q0}。不计磁饱和，利用叠加原理分析：把电枢端突然短路看作是在 q 绕组端突加一个与原来电压大小相等方向相反的 $-u_{q0}$，如图 7-6-1 所示。实际的（a）图等效于（b）图，而（b）图又等效于（c）图的稳态分量与（d）图的暂态分量的叠加。

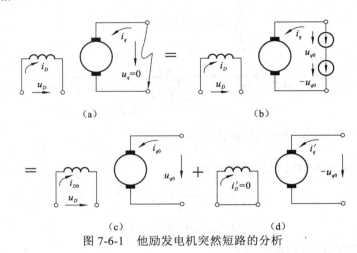

图 7-6-1 他励发电机突然短路的分析

（1）突然短路前的稳态分量：

$$i_{D0} = \frac{u_D}{R_D}$$

$$i_{q0} = 0$$

$$u_{q0} = G_{qD}\omega i_{D0} = \frac{G_{qD}\omega U_D}{R_D}$$

（2）突加 $-u_{qD}$ 引起的暂态分量：

$$i_D' = 0$$

$$i_q' = -\frac{u_{q0}}{R_q}\left(1 - e^{-t/T_q}\right), \quad T_q = \frac{L_q}{R_q}$$

$$u_q' = -u_{Q0}$$

（3）突然短路后的实际电流和电压：

$$i_D = i_{D0} + i'_D = \frac{u_D}{R_D}$$

$$i_q = i_{q0} + i'_q = -\frac{u_{q0}}{R_q}\left(1 - e^{-t/T_q}\right) = -\frac{G_{qD}\omega U_D}{R_q R_D}\left(1 - e^{-t/T_q}\right) \tag{7-6-3}$$

$$u_q = u_{q0} + u'_q = u_{q0} + \left(-u_{q0}\right) = 0$$

以上分析结果对实际电机是近似的，因为没有考虑可能有串励绕组、换向极绕组和补偿绕组的作用，并且忽略电枢反应、电刷偏移以及铁耗等的影响。

三、直流电机起动过程的容性效应

例 7-6-4 设他励电机在恒定励磁电流 $i_D = I_D$ 条件下电枢端接通 $u_q = U_q$。设外加机械转矩 $T_{mec} = 0$，不计机械损耗，即旋转阻力系数 $R_\Omega \approx 0$，具有较大的转动惯量 J。又设气隙磁通密度按正弦分布。试阐明电动机起动过程中，从电源看电枢回路时存在等效电容 $C_{eff} = J/\psi_d^2$。

解 按式（7-2-3a）求磁链 ψ_d，考虑 $i_d = 0$，将式（7-3-2）代入，得

$$\psi_d = M_{dD}i_D + L_d i_d = M_{dD}i_D = G_{qD}I_D \tag{7-6-4}$$

即

$$\psi_d = G_{qD}I_D = 常量 \psi$$

由于 $T_{mec} = 0$ 和 $R_\Omega \approx 0$，则转矩方程式（6-1-22）简化为

$$T_m \approx J\frac{d\omega}{dt}$$

其中 T_m 按式（7-5-2）并用式（7-6-4）代入，可得

$$T_m = G_{qD}i_D i_q = (G_{qD}I_D)i_q = \psi i_q \tag{7-6-5}$$

则有

$$J\frac{d\omega}{dt} \approx \psi i_q$$

所以

$$\omega \approx \frac{\psi}{J}\int i_q dt \tag{7-6-6}$$

再分析电枢回路的电压方程：$u_q = G_{qD}\omega i_D + R_q i_q + L_q D i_q$，将式（7-6-4）和式（7-6-6）代入得

$$\left.\begin{array}{l} u_q = \psi\omega + R_q i_q + L_q D i_q \\ U_q = L_q\frac{di_q}{dt} + R_q i_q + \frac{\psi^2}{J}\int i_q dt \end{array}\right\} \tag{7-6-7a}$$

将式（7-6-7a）与 RLC 串联电路的电压方程式（3-1-1）对比，显然可见直流电机在起动过程中从电源看电枢回路存在等效电容

$$C_{eff} = \frac{J}{\psi^2} \tag{7-6-7b}$$

实例：设 $J = 0.9\,\text{kg}\cdot\text{m}^2, U_q = 100\,\text{V}, n = 1\,800\,\text{r/min}$。稳定运行时

$$U_q = G_{qD}\omega I_D + R_q i_q \approx G_{qD}\omega I_D = \psi_\omega$$

则

$$\psi \approx \frac{U_q}{\omega} = \frac{U_q}{\dfrac{2\pi n}{60}} = \frac{100\times 60}{2\pi\times 1\,800} = \frac{3}{1.8\pi}\ (\text{Wb})$$

从而

$$C_{eff} = J/\psi^2 = 0.9/\left(\frac{3}{1.8\pi}\right)^2 = 3.2(F)$$

这是用普通电容器几乎无法实现的大容量电容。直流电机在起动过程中具有这样显著的容性效应。

须指出，当直流电机加速到接近稳速时，ω 接近不变，$\dfrac{\mathrm{d}\omega}{\mathrm{d}t}$ 很小，$R_\Omega\omega$ 与 $J\dfrac{\mathrm{d}\omega}{\mathrm{d}t}$ 相比不能忽略，因而 $T_m = J\dfrac{\mathrm{d}\omega}{\mathrm{d}t}$ 不能成立，本例题的结论也无效。

四、他励电机起动性能的分析

例 7-6-5　设他励电机除与上例相同的条件（$i_D = I_D = $常量，$T_{mec} = 0$，$R_\Omega \approx 0$）外，还有 L_q 可略不计。试求解转速和电流的暂态过程。

解　依给定条件列出三个基本方程如下：

$$U_D = R_D I_D \quad (DI_D = 0)$$
$$u_q = \psi_\omega + R_q i_q \quad \left(G_{qD}i_D = G_{qD}I_D = \psi,\quad L_q\approx 0\right)$$
$$J\frac{\mathrm{d}\omega}{\mathrm{d}t} \approx T_m \quad (T_{mec}=0, R_\Omega\approx 0)$$

还有上例导出的式（7-6-5）$T_m = \psi i_q$。

以上方程，可认为 u_q 是输入量，ω 是输出量，i_q 和 T_m 是中间量。各变量间的关系及拉普拉斯变换后的方程为

$$i_q = \frac{1}{R_q}\left(u_q - \psi_\omega\right),\quad i_q(p) = \frac{1}{R_q}\left[u_q(p) - \psi_\omega(p)\right]$$

$$T_m = \psi i_q,\quad T_m(p) = \psi i_q(p)$$

$$\omega \approx \frac{1}{J}\int T_m \mathrm{d}t,\quad \omega(p) \approx \frac{1}{pJ}\int T_m(p)$$

据此可画出框图及其简化图，如图 7-6-2 所示。从图 7-6-2（c）求出的传递函数，可得

$$\omega(p) = u_q(p)\frac{\psi}{pR_q J + \psi^2} = \frac{u_q}{p}\frac{\dfrac{1}{\psi}}{1 + pR_q J/\psi^2}$$

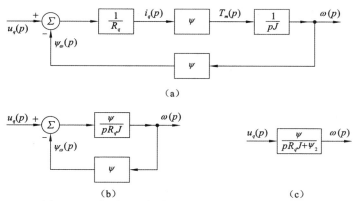

图 7-6-2　他励电动机启动过程分析的框图及其简化

令 $\omega_m = u_q / \psi$ 为启动过程后的稳态速度，$R_q J / \psi^2 = R_q C_{eff} = T_m$ 为机械端口的时间常数，则上式转化为

$$\omega(p) = \frac{\omega_m}{p\left(1 + pT_m\right)}$$

求拉普拉斯反变换得

$$\omega = \omega_m \left(1 - \mathrm{e}^{-t/T_M}\right) = \frac{u_q}{\psi}\left(1 - \mathrm{e}^{-t/T_m}\right) \tag{7-6-8a}$$

又

$$i_q = \frac{1}{R_q}\left(u_q - \psi_\omega\right) = \frac{1}{R_q}\left[u_q - \psi \cdot \frac{u_q}{\psi}\left(1 - \mathrm{e}^{-t/T_m}\right)\right]$$

故

$$i_Q = \frac{u_q}{R_q}\mathrm{e}^{-t/T_M} \tag{7-6-8b}$$

例 7-6-6　设小型并励电机在恒定电源电压 $U = u_q = u_D$ 下，电枢无变阻器空载启动如图 7-6-3 所示。略去机械损耗不计，试求解转速和电流的暂态过程。

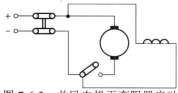

图 7-6-3　并励电机无变阻器启动

解　依题意 $i_D = I_D = U / R_D$，$T_{mec} = 0$，$R_\Omega \approx 0$，这些条件都与上例相同，不同的是 $L_q \neq 0$，因此可直接引用式（7-6-7a）和式（7-6-7b）得

$$U = L_q \frac{\mathrm{d}i_q}{\mathrm{d}t} + R_q i_q + \frac{1}{C_{eff}}\int i_q \mathrm{d}t$$

从而可有

$$L_q \frac{\mathrm{d}^2 i_q}{\mathrm{d}t^2} + R_q \frac{\mathrm{d}i_q}{\mathrm{d}t} + \frac{1}{C_{eff}}i_q = 0 \tag{7-6-9}$$

式（7-6-9）相当于 RLC 串联电路接通恒定电压，是个常系数齐次线性方程。其特征方程及其根分别为

$$L_q \alpha^2 + R_q \alpha + \frac{1}{C_{eff}} = 0$$

$$\alpha_{1,2} = \frac{1}{2L_q}\left(-R_q \pm \sqrt{R_q^2 - \frac{4L_q}{C_{eff}}}\right)$$

$$= -\frac{R_q}{2L_q} \pm \sqrt{\left(\frac{R_q}{2L_q}\right)^2 - \left(\frac{1}{\sqrt{L_q C_{eff}}}\right)^2}$$

令 $\delta = R_q/(2L_q) = 1/(2T_q)$，$\omega_0 = 1/\sqrt{L_q C_{eff}}$，并设 $\delta > \omega_0$，在此条件下特征方程具有两个不相等的实根分别为

$$\left.\begin{array}{l}\alpha_1 = -\delta + \sqrt{\delta^2 - \omega_0^2}\\ \alpha_2 = -\delta - \sqrt{\delta^2 - \omega_0^2}\end{array}\right\} \tag{7-6-10}$$

而

$$i_q = C_1 e^{\alpha_1 t} + C_2 e^{\alpha_2 t}$$

考虑零起始条件：当 $t = 0$ 时，$i_q = 0$。代入上式可求得积分常数 $C_2 = -C_1$，从而

$$i_q = C_1(e^{\alpha_1 t} - e^{\alpha_2 t})$$

代入电枢回路电压方程 $U = \psi_\omega + R_q i_q + L_q \dfrac{\mathrm{d}i_q}{\mathrm{d}t}$ 得

$$U = \psi_\omega + R_q C_1\left(e^{\alpha_1 t} - e^{\alpha_2 t}\right) + L_q C_1\left(a_1 e^{\alpha_1 t} + a_2 e^{\alpha_2 t}\right)$$

再考虑 $t = 0$ 时，$\omega = 0$。代入上式得

$$U = 0 + R_q C_1(1-1) + L_q C_1\left(a_1 - a_2\right)$$

从而

$$C_1 = \frac{U}{L_q(\alpha_1 - \alpha_2)} = \frac{U}{2L_q\sqrt{\delta^2 - \omega_0^2}}$$

故

$$i_q = \frac{U}{2L_q\sqrt{\delta^2 - \omega_0^2}}(e^{\alpha_1 t} - e^{\alpha_2 t}) \tag{7-6-11a}$$

最后按电枢回路电压方程，可求得转速为

$$\omega = \frac{1}{\psi}\left(U - R_q i_q - L_q \frac{\mathrm{d}i_q}{\mathrm{d}t}\right) \approx \frac{1}{\psi}\left(U - L_q \frac{\mathrm{d}i_q}{\mathrm{d}t}\right)$$

即

$$\omega = \frac{U}{\psi}\left[1 - \frac{L_q}{2L_q\sqrt{\delta^2 - \omega_0^2}}\left(a_1 e^{\alpha_1 t} - a_2 e^{\alpha_2 t}\right)\right] \tag{7-6-11b}$$

特征方程的根还有 $\delta = \omega_0$ 和 $\delta < \omega_0$ 两种情况。

与以上两例分析直流电机起动性能结果对应 $i_q(t)$ 和 $\omega(t)$ 曲线如图 7-6-4 所示。

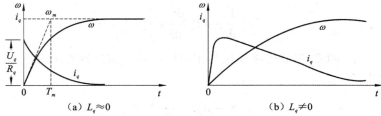

图 7-6-4 直流电机无变阻器起动性能曲线

习　题　七

1. 设一般化电机的 dq 坐标同图 7-1-1，但转子转向改为逆时针方向，试推导：

（a）运动电动势矩阵；

（b）运动电动势系数矩阵 **G**。

2. 试将旋转电机的转矩方程式（5-5-7）或式（6-1-22），与《电机学》中的电机转矩平衡关系比较，列出对应项并说明为什么部分项的符号不一样。

3. 阐明两绕组直流电机的电压方程式（7-5-1）在正弦气隙磁通密度下也可写成如式（7-4-1）的派克方程。

4. 求例 7-6-6 中当 $\delta = \omega_0$ 和 $\delta \leqslant \omega_0$ 两种情况下的 $i_q(t)$ 和 $\omega(t)$。

第八章

直线式移相变压器

移相变压器是一种专业变压器，既可以用于电气设备，又可以用作计量室的精密仪器。从铁心结构上区分，目前移相变压器主要分为两大类：心柱式移相变压器和圆形移相变压器。心柱式移相变压器利用绕组形式和特定的绕组匝数比结合来实现某一角度的移相，移相角度单一，随着相数的增加，变压器的加工难度和体积、重量均会增加；圆形移相变压器基于感应电机结构和原理，具有较好的移相功能，但是铁心制造和线圈绕组绕线都比较复杂，不便于拓展。直线式移相变压器是基于直线电机结构的新型变压器，结构简单，易于模块化，便于拓展，适用于大功率电能变换场合。

第一节 直线式移相变压器工作原理和基本结构

一、直线式移相变压器的工作原理

直线式移相变压器借鉴直线电机的结构和工作原理，是多脉波整流和多重化逆变装置的重要组成部分。如图 8-1-1 所示，当一次侧绕组中通入三相交流电时，直线式移相变压器的气隙中会产生行波磁场，二次侧绕组在行波磁场中感应产生三相交流电，其中 V_s 为行波磁场速度。与直线电机不同的是，直线电机做直线运动，且定、转子长度不同，而直线式移相变压器是固定不动的，一次侧、二次侧（对应电机中定、转子）长度相同。

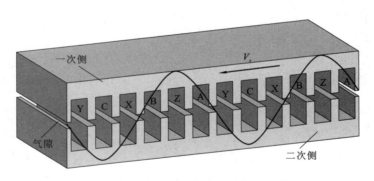

图 8-1-1 直线移相变压器结构示意图

直线式移相变压器具有电能双向变换的功能，可以用于实现整流和逆变所需的三相电压移相及合成。除此之外，直线移相变压器可以通过改变一、二次侧绕组匝数实现变压的功能；同时，直线移相变压器具有电气隔离的作用，将整流和逆变电路同电源和负载隔离开。

1. 多脉波整流

用于多脉波整流时，直线移相变压器的主要功能是将三相正弦电压进行移相生成 $N×3$ 相正弦电压，输入到 N 组整流器整流后，得到波头数为 $6N$ 的直流电，使得输出直流电压纹波系数降低，提高功率因数，同时减小了高次谐波对电网的影响。

图 8-1-2 为用于多脉波整流的 3/12 相直线式移相变压器结构图，一次侧和二次侧各开有 12 个槽，镶放 12 套绕组，其极对数为 1。一次侧采用短距绕组，二次侧采用整距绕组，一次侧 12 个绕组采取 60°相带分相。当在一次侧三相绕组通入对称的三相交流电后，气隙中产生行波磁场，二次侧 12 套绕组感应出的电动势会有 30°的相位差。变压器二次侧绕组输出的 4 组依次相差 30°的三相电流与 4 组整流桥一一对应，每组整流桥由 6 个二极管构成，将 4 组整流桥输出结果并联后向负载供电。

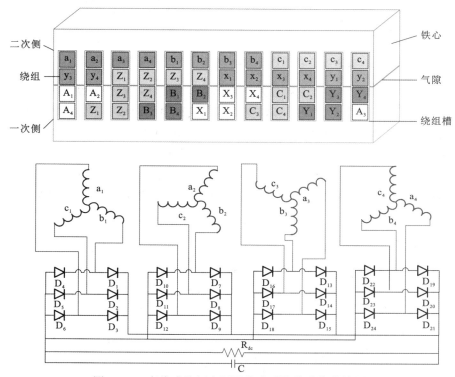

图 8-1-2　直线式移相变压器整流系统的连接结构图

从以上分析可知，直线式移相变压器采用直线式铁心，结构简单，绕组布设容易，易于模块化生产，通过模块叠加可以应用在大功率整流场合。

2. 多重化逆变

用于多重化逆变时，直线式移相变压器的主要功能是把多组逆变器输出的方波电压进行合成，输出正弦度高的三相多阶梯波电压，从而消除低次谐波，在开关频率较低情况下仍能获得较高质量输出电压波形。

图 8-1-3 为用于多重化逆变的 12/3 相直线式移相变压器结构图，与用于多脉波整流系统时相同，一次侧和二次侧各开有 12 个槽，镶放 12 套绕组，其极对数为 1。不同的是，用于多重化逆变时，变压器一次侧采用整距绕组，二次侧采用短距绕组，同时二次侧 12 套绕组串联成三相绕组，采取 60°相带分相。一次侧 12 相绕组连接 4 组三相逆变器，将逆变器输出的阶梯波进行叠加，可等效为三相相位相差 120°的 24 阶梯波，从而

气在隙中产生行波磁场，二次侧 3 相绕组感应出三相正弦交流电。

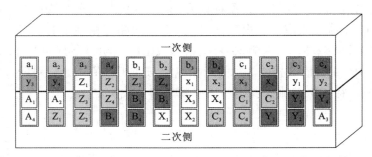

图 8-1-3　直线移相变压器整流系统的连接结构图

　　直线移相变压器一次侧由多重化逆变系统供电，图 8-1-4 为系统结构示意图，该系统由控制电路、逆变电路、直线式移相变压器和负载电路组成。控制电路输出控制信号到逆变电路中的 IGBT（insulated gate bipolar transistor，绝缘栅双极晶体管），通过控制 IGBT 开通与关断的顺序来实现电压移相。4 组三相桥式逆变器由 24 个 IGBT 组成，其输出连接变压器一次侧 12 个线圈，各组逆变器只需要工作在基频即可，且频率相同，同一桥臂上的开关管互补控制，同组逆变器的三相输出依次滞后 120°，而各组逆变电路对应的开关管依次滞后 15°。

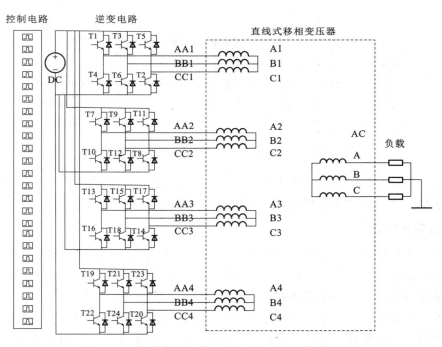

图 8-1-4　直线式移相变压器多重化逆变系统结构图

　　输出电压波形叠加原理如图 8-1-5 所示，三相逆变电路输出的相电压是六阶梯波。四组六阶梯波依次滞后 15°，叠加合成为 24 阶梯波，波形趋近于正弦波。

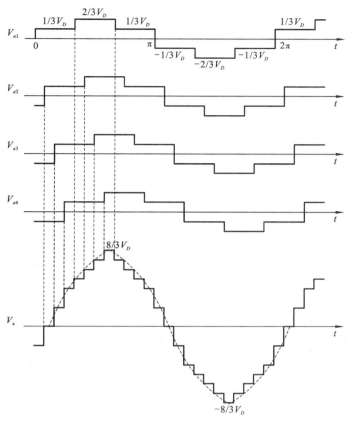

图 8-1-5   叠加合成电压波形

二、直线式移相变压器的基本结构

与普通变压器相同，直线移相变压器最主要的结构部件是铁心和绕组。

铁心既是直线式移相变压器的磁路部分，也是套装绕组的骨架。铁心由铁轭和齿槽两部分组成，绕组嵌放在槽内。为减小铁心损耗，铁心由 0.30～0.35 mm 的硅钢片叠压而成，硅钢片上涂以绝缘漆，避免片间短路。与普通变压器不同的是，直线式移相变压器铁心上具有较多的齿槽，并且其结构与绕组方式密切相关。

绕组是直线式移相变压器的电路部分，绕组用纸包或纱包的绝缘扁线或圆线绕成，其中输入电能的绕组称为一次绕组，输出电能的绕组称为二次绕组。直线式移相变压器的工作原理与直线电机相似，其绕组的构成原则与交流电机绕组的基本相同，即合成电动势和合成磁动势的波形要接近于正弦，幅值要大；三相绕组的各相电动势和磁动势要尽可能的对称；绕组的铜耗要小，用铜量要省等。

直线式移相变压器绕组的分类与交流绕组相似，在此不再赘述。目前，在直线式移相变压器中有单层整距绕组、双层长短距绕组、半填充槽绕组和环形绕组等。下面以用于多重化逆变装置的 12/3 相直线式移相变压器为例，对不同绕组形式及铁心结构进行介绍。

1. 单层整距绕组

单层绕组如图 8-1-6 和图 8-1-7 所示，其主要优点是：①槽内无层间绝缘，槽内空间利用率高；②同一槽内的导线都属于同一相，在槽内不会发生相间击穿。主要缺点是：①一般情况下不易做成短距形式，磁动势波形与双层绕组相比较差；②导线较粗时，绕组的嵌放和端部的整形都比较困难。

图 8-1-6　单层整距绕组三维结构示意图

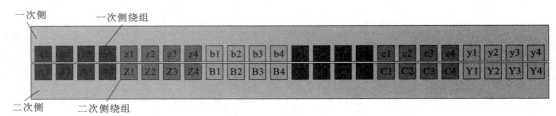

图 8-1-7　单层整距结构二维绕组分布示意图

2. 双层长短距绕组

双层长短距绕组如图 8-1-8 和图 8-1-9 所示，其主要优点在于：①可以选择有利的节距以改善磁动势和电动势波形，使电机的电气性能较好；②端部排列方便。主要缺点是绝缘材料使用较多，绕组嵌放也较为麻烦。

图 8-1-8　双层长短距绕组三维结构示意图

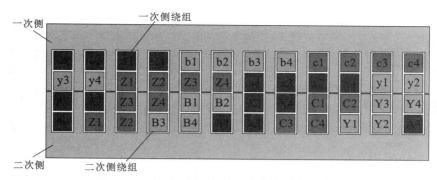

图 8-1-9　双层长短距结构二维绕组分布示意图

直线式移相变压器借鉴直线感应电机的原理，双层长短距绕组结构可以有效消除或减小 5、7、11、13、17、19 次谐波。谐波短距系数可以表示为

$$k_{yv} = \sin\left(v * \frac{y_1}{\tau} * 90\right) \qquad (8\text{-}1\text{-}1)$$

式中：v 代表谐波次数。

根据理论分析、变压器实际槽数以及绕组结构限制，选取一部分线圈节距为 $y_1 = 5\tau/6$，另一部分则为 $y_1 = 7\tau/6$，因极距为 6 个槽距，故节距选取 $5\tau/6$ 和 $7\tau/6$ 的谐波抑制效果相同，则计算得到短距系数分别 $k_{y5} = k_{y7} = 0.2588$，$k_{y11} = 0.9659$，$k_{y13} = -0.9659$，$k_{y17} = k_{y19} = -0.2588$。

分析可知，上述长短距结构对 5、7、17、19 次谐波具有明显抑制作用，但对 11、13 次谐波无显著抑制作用。此外，虽然 11、13 次谐波的短距系数较大，但其单匝线圈的磁通量值仅为基波磁通量的 1/11、1/13，因此 11、13 次谐波电动势值不大。同时，基波电动势会有所减小，但是大量削弱了高次谐波，使电动势更加趋近正弦波。

3. 半填充槽绕组

半填充槽绕组的主要优点在于：①模块化连接较为便捷，结构简单，适应性较强；②谐波漏电抗减小；③线圈尺寸相同，便于制造。主要缺点是端部较长，成本提高；边端处的半填充槽的存在会使激磁电流密度降低，但当极数 $2p \geq 6$ 时，半填充槽带来的影响可以忽略不计。

图 8-1-10 和图 8-1-11 是 $2p=7$ 时的半填充槽绕组结构示意图，相较于单层整距绕组结构和双层长短距结构，半填充槽绕组结构绕线方式更加简单，没有复杂的绕组连接方式。对其气隙磁场进行分析，当 $2p \geq 6$ 时，两端气隙磁密幅值增大，正弦性得到改善。

图 8-1-10　半填充槽绕组三维结构示意图

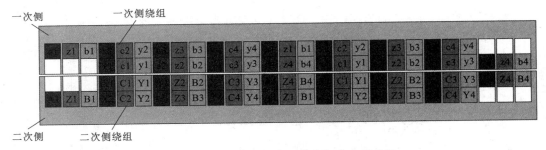

图 8-1-11　半填充槽结构二维绕组分布示意图

4. 环形绕组

上述单层整距绕组、双层长短距绕组和半填充槽绕组均属于叠绕组形式，由于变压器铁心为直线型，叠绕组的绕组端部过长，存在以下共性问题：①铜线使用量以及绕组损耗增加；②绕组端部的磁场复杂，对气隙磁场造成干扰，影响移相变压器工作性能；③变压器制造过程中嵌线困难，不利于模块化。

将环形绕组用于直线式移相变压器，可以有效解决叠绕组形式导致的上述问题。环形绕组端部极短且极易放线，解决了端部绕组磁场复杂和变压器制造过程中嵌线困难的问题，该结构易于模块化，便于拓展，有效地解决电力电子器件的容量问题，适用于大功率逆变系统。

图 8-1-12 为叠绕组与环形绕组结构对比，图中箭头代表电流流动方向。采用叠绕组时，元件边 A、X 之间有很长的端部绕组，采用环形绕组时，使用环形线圈 B 代替叠绕组的元件边 A、使用环形线圈 Y 代替叠绕组元件边 X，两个环形线圈通过接线柱连接构成完整的一个绕组，解决了端部绕组过长导致的变压器嵌线困难的问题。

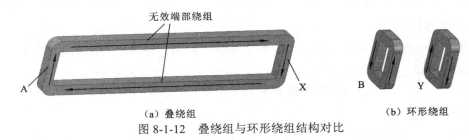

（a）叠绕组　　　　　　　　　　　　　（b）环形绕组

图 8-1-12　叠绕组与环形绕组结构对比

三、直线式移相变压器的结构参数选取

直线式移相变压器借鉴直线电机的结构和原理，存在许多不同于普通变压器的属性和特点。相比于直线电机，直线移相变压器一、二次侧铁心长度和宽度相同，固定不动；相比于旋转感应电机，直线移相变压器两端开断，其气隙为开断的直线型气隙；相比于传统变压器，直线移相变压器特有的几何结构、端部效应和空气隙等属性让其电磁设计更加复杂。

　　直线移相变压器设计的原始数据是根据技术指标和应用场景所确定的。直线式移相变压器设计时应满足设计任务书规定的各项技术要求，参考感应电机设计要求，考虑变压器自身特点，一般来讲，效率、功率因数、绕组和铁心的温升、电压调整率、谐波含量和三相不对称度等性能应达到一定的指标。应用在船舶等空间有限的场合时，变压器的体积和重量也是设计考量的重要指标。通常，在设计任务书中给定以下数据：额定功率、额定电压、额定频率等。

　　直线式移相变压器的主要尺寸取决于电磁负荷 A、B_δ。直线式移相变压器电磁负荷的选取应当参考感应电机制造和运行的经验数据，与所用电工材料性能、绝缘等级、极对数、功率、冷却条件和性能要求等多种因素有关。电负荷 A 较高时，体积减小，铁心材料用量减少，铁耗随之减小，但绕组匝数增多，铜耗增多，这是因为体积减小导致每极磁通减小，为产生一定感应电动势，匝数必须增多。为了减轻重量，节省材料，通常将气隙磁通密度设计得比较高。铁心使用硅钢片叠压而成，其磁化曲线的"膝点"位置约为 1.8 T，而移相变压器的直线型结构使得轭磁通经过的横截面较小，磁通密度较高，齿槽部分磁通密度也高于气隙，考虑到避免铁心磁饱和对移相变压器工作性能的影响，气隙磁密 B_δ 取值为 1 T。

　　在初步选定电磁负荷的基础上，参考旋转电机主要尺寸计算方法，对直线式移相变压器主要尺寸进行设计，变压器铁心一次侧长相当于定子内径周长，可表示为

$$L = 2p\tau + 2b_e \tag{8-1-2}$$

式中：p 为移相变压器极对数；τ 为极距；b_e 为边齿宽度。

　　一次侧铁心宽度 H 一般取值为 $0.15\sim0.4\tau$，不超过定子外径。一次侧铁心叠加厚度表示为

$$D = \frac{0.25P}{0.707 a_\delta B_\delta A \tau^2 fp K_{dp}} \tag{8-1-3}$$

式中：P 为变压器的视在功率；a_δ 为极弧系数，直线电机中一般取 $0.6\sim0.65$；f 为变压器工作频率；K_{dp} 为绕组系数。其中，$K_{dp}=K_pK_y$，K_p 表示一次侧绕组分布系数，K_y 表示一次侧绕组短距系数，其表达式分别为

$$K_p = \frac{\sin\left(\dfrac{\pi}{2m_1}\right)}{q_1\sin\left(\dfrac{\pi}{2m_1q_1}\right)} \tag{8-1-4}$$

$$K_y = \sin\left(\beta_y\frac{\pi}{2}\right) \tag{8-1-5}$$

式中：m_1 为一次侧绕组相数；β_y 为一次侧绕组的相对节距；q_1 为每极每相槽数。

　　计算变压器的视在功率：

$$P = \left(1+\frac{1}{\eta}\right)P_o \tag{8-1-6}$$

其中：P_{in} 代表输入容量；P_o 代表输出容量，即额定容量；η 表示变压器的效率。

一次侧相电流有效值可以表示为

$$I_1 = \frac{P_o}{m_1 \eta U_1}$$ （8-1-7）

式中：U_1 表示一次侧电压有效值。

一次侧每相串联匝数为

$$\omega_1 = \frac{\eta \cos\varphi \, 2p\tau A}{2m_1 I_1}$$ （8-1-8）

式中：$\cos\varphi$ 表示直线式移相变压器的功率因数。

一次侧绕组匝数为

$$N_1 = \frac{m_1 a_1 \omega_1}{Z_1}$$ （8-1-9）

式中：a_1 为并联支路数；Z_1 为一次侧有效槽数。

由变压器原理可得二次侧绕组匝数为

$$N_2 = \frac{N_1 U_2}{U_1}$$ （8-1-10）

式中：U_2 为二次侧输出的额定电压。

电流密度 $\varDelta_1$ 的选择对电机的性能影响极大，与变压器效率、制造成本和散热条件等情况有关。对于直线移相变压器的设计，主要考虑的是减小体积，故电流密度 $\varDelta_1$ 应该选的大一些。一般对于铜线感应电机，电流密度可在 $2\times10^6 \sim 6.5\times10^6\,\text{A/m}^2$ 范围内选用。一次侧绕组导线截面积为

$$A_{01} = \frac{I_1}{a_1 \varDelta_1}$$ （8-1-11）

式中：a_1 为一次侧绕组并联支路数。

槽满率表示为

$$S_f = \frac{a_1 N_1 d^2}{Q}$$ （8-1-12）

式中：d 表示所采用的绝缘导线直径；Q 为槽的有效面积。与传统变压器不同，直线移相变压器原二次侧的槽必须有足够大的截面积，使每槽所有的导体方便嵌进去。

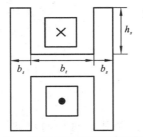

图 8-1-13　直线移相变压器槽型设计图

在感应电机中，最常用的槽型有半闭口槽、开口槽和半开口槽三种，其中，半闭口槽可分为梨形槽和梯形槽两种，槽型可以根据电机功率以及性能要求来灵活选取。为简化直线式移相变压器结构，槽形设计为如图 8-1-13 所示的标准矩形状。

得到槽面积后，可求得槽的相关尺寸为

$$Q_s = h_s \times b_t$$ （8-1-13）
$$t_1 = 2p\tau / Z_1$$ （8-1-14）

$$b_t = t_1 - b_s \tag{8-1-15}$$

式中：t_1 为槽间距；b_t 为槽宽；h_s 为槽深；b_s 为齿宽。

直线移相变压器工作特性、用途都不同于旋转感应电机，利用旋转电机的经验公式不能准确地计算出气隙大小，但为变压器气隙的设计提供了一个合理的起始取值。根据经验公式，可以求得气隙的基本值为

$$\delta = 0.3\left(0.4 + 7\sqrt{D_i l_i}\right) \times 10^{-3} \tag{8-1-16}$$

式中：D_i 为定子内径；l_i 为铁心长度，单位均为 m，二者均可由直线式移相变压器的一、二次侧长度 L、铁心叠加厚度 D 转化求得。

第二节　直线式移相变压器空间磁场分析

一、直线式移相变压器多层行波电磁场理论

使用麦克斯韦方程组分析直线式移相变压器的内部磁场，同时为了简化结构，便于计算，可将开槽的铁心无槽化，离散分布在槽中一次侧线圈的电流用一理想的无限薄的且贴于一次侧铁心表面的行波电流层替换，这个电流层使用线电流密度来表示，是一个光滑铁心表面上的连续量。

按照图 8-2-1 中所选择的坐标系，假设坐标系 z 方向为电流层的正方向，一次侧行波电流层的电流密度可以表示为

$$j_1 = J_1 e^{j(\omega t - kx)} \tag{8-2-1}$$

其对时间 t 和坐标 x 都是按正弦规律变化的。式中：$k = \dfrac{\pi}{\tau}$；ω 为电源角频率；

$J_1 = \dfrac{\sqrt{2} m_1 W_1 K_{dp}}{p\tau} I_1$，为行波电流层的幅值（A/m）。

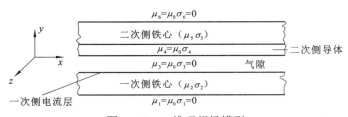

图 8-2-1　二维理想场模型

为了便于分析计算，先不考虑直线式移相变压器的纵向端部效应和横向端部效应，也就是假设直线式移相变压器的铁心和绕组在 $\pm x$ 轴方向是无限长的，且所有的场量都与 z 坐标无关，通过上面的假设可以得到如图 8-2-1 所示的二维理想场模型。

在这个模型中，1～6 表示直线式移相变压器中 6 个不同的部分，$\mu_1 \sim \mu_6$ 和 $\delta_1 \sim \delta_6$ 分

别表示每个部分的磁导率和电导率，其中 μ_2 和 μ_5 分别表示一次侧和二次侧铁心的磁导率，大小与铁心的磁饱和程度有关，所以并不是常数。考虑到这种非线性问题在计算中比较复杂，可把一、二次侧铁心划分成与 xz 平面平行的薄片，每个薄片上磁导率是不变的，这样图 8-2-1 就变成了如图 8-2-2 所示的由 N 个部分组成的多层通用模型。

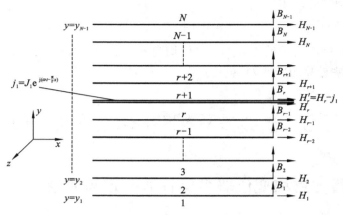

图 8-2-2　多层通用模型

图中，$1\sim N$ 表示与 xz 平面平行的 N 个无限大的多层区域，磁导率为 μ_n，电导率为 δ_n，每层磁导率和电导率均为常数，但并不相同；B_1，B_2，$\cdots$，B_{N-1} 和 H_1，H_2，$\cdots$，H_{N-1} 表示两个相邻的区域交界处的磁感应强度的法线分量和磁场强度的切线分量；一次侧电流层 j_1 在区域 r 和区域 $r+1$ 的交界面上。用麦克斯韦方程组就可以求出各个部分交界面上 B_N 和 H_N 等参量的解析解。

因为二次侧相对于一次侧是静止的，所以区域 n 的电磁场相对于坐标系是静止不动的，滑差率 $s_n=0$，角频率 $\omega_n=s_n\omega$ 同样为零。为了便于计算，可认为有磁区域中磁饱和的影响和所有区域中导电介质里的位移电流都很小，可以在计算中忽略掉。

为求解直线式移相变压器的电磁场分布，首先要对多层通用模型第 n 层区域的电磁场分布进行分析，如图 8-2-3 所示。

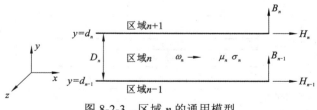

图 8-2-3　区域 n 的通用模型

图 8-2-3 中 B_{n-1} 和 H_{n-1} 分别为区域 n 的下边界面上的磁感应强度在 y 方向上的分量和磁场强度在 x 方向上的分量，而 B_n 和 H_n 则是上面界面所对应的分量。区域 n 上的基本电磁场方程组为

$$\nabla \times H_n = j_n \tag{8-2-2}$$

$$\nabla \times E_n = -\frac{\partial}{\partial t} B_n \tag{8-2-3}$$

$$\nabla \cdot j_n = 0 \tag{8-2-4}$$

$$\nabla \cdot B_n = 0 \tag{8-2-5}$$

$$\nabla \cdot j_n = 0 \tag{8-2-6}$$

$$B_n = \mu_n H_n \tag{8-2-7}$$

$$\nabla \times \nabla \times B_n = -\mu_n \delta_n \frac{\partial}{\partial} B_n \tag{8-2-8}$$

因为一次侧电流层是关于时间 t 和坐标 x 的正弦函数，所以在区域 n 中的各电磁场变量都是关于时间 t 和坐标 x 的正弦函数，都可以用 $\mathrm{e}^{\mathrm{j}(\omega_n t - kx)}$ 的形式表示，因此式（8-2-8）可以表示成

$$\nabla(\nabla \cdot B_n) - \nabla^2 B_n = -\mathrm{j}\omega_n \mu_n \delta_n B_n \tag{8-2-9}$$

将式（8-2-6）带入式（8-2-9）中可以得到

$$\nabla^2 B_n = \mathrm{j}\omega_n \mu_n \delta_n B_n \tag{8-2-10}$$

由于磁场是和坐标 z 无关的量，且可用 $\mathrm{e}^{\mathrm{j}(\omega_n t - kx)}$ 的形式表示，于是由式（8-2-10）可以得到

$$\frac{\partial^2}{\partial y^2} B_n = r_n^2 B_n \tag{8-2-11}$$

式中

$$r_n = \left(k^2 + \mathrm{j}\frac{1}{d_n^2} \right)^{\frac{1}{2}}$$

其中，d_n 为电磁波的透入深度，且 $d_n = \left(\dfrac{1}{\omega_n \mu_n \delta_n} \right)^{\frac{1}{2}}$。

又因为 B_n 是关于 x 和 y 的函数，可以用下式表示：

$$B_n(x,y) = \left[\mathrm{i}B_{nx}(y) + \mathrm{j}B_{ny}(y) \right] \mathrm{e}^{\mathrm{j}(\omega_n t - kx)} \tag{8-2-12}$$

将式（8-2-12）代入式（8-2-11）中，可以得到

$$\frac{\partial^2}{\partial y^2} B_{ny} = r_n^2 B_{ny} \tag{8-2-13}$$

$$\frac{\partial^2}{\partial y^2} B_{nx} = r_n^2 B_{nx} \tag{8-2-14}$$

式中：B_{ny} 为 B_n 在坐标 y 上的分量；B_{nx} 为 B_n 在坐标 x 上的分量。

假设 B_{ny} 也可由 $\mathrm{e}^{\mathrm{j}(\omega_n t - kx)}$ 表示，即

$$B_{ny} = B_y(y)\mathrm{e}^{\mathrm{j}(\omega_n t - kx)} \tag{8-2-15}$$

将式（8-2-7）代入式（8-2-13）中，可消除 $\mathrm{e}^{\mathrm{j}(\omega_n t - kx)}$，可得

$$\frac{\partial^2}{\partial y^2} B_y = r_n^2 B_y \tag{8-2-16}$$

式（8-2-11）是一个典型的二阶常系数微分方程式，其通解可表示为

$$B_y = c_1 \cosh r_n y + c_2 \sinh r_n y \tag{8-2-17}$$

式中：c_1、c_2 为积分常数。

联立式（8-2-15）和式（8-2-17）可以得出

$$B_{ny} = \left(c_1 \cosh r_n y + c_2 \sinh r_n y \right) \mathrm{e}^{\mathrm{j}(\omega_n t - kx)} \tag{8-2-18}$$

应用磁场的连续性原理可得

$$\nabla \cdot B_n = \frac{\mathrm{d}}{\mathrm{d}x} B_{nx} + \frac{\mathrm{d}}{\mathrm{d}y} B_{ny} = 0 \tag{8-2-19}$$

同样地，假设 B_{nx} 也可由 $\mathrm{e}^{\mathrm{j}(\omega_n t - kx)}$ 表示，即

$$B_{nx} = B_x(y) \mathrm{e}^{\mathrm{j}(\omega_n t - kx)} \tag{8-2-20}$$

于是，可将式（8-2-15）和式（8-2-18）代入式（8-2-19）中，可得

$$B_{nx} = \frac{r_n}{\mathrm{j}k} \left(c_1 \sinh r_n y + c_2 \cosh r_n y \right) \mathrm{e}^{\mathrm{j}(\omega_n t - kx)} \tag{8-2-21}$$

联立式（8-2-7）和式（8-2-21）得到

$$H_{nx} = \beta_n \left(c_1 \sinh r_n y + c_2 \cosh r_n y \right) \mathrm{e}^{\mathrm{j}(\omega_n t - kx)} \tag{8-2-22}$$

式中

$$\beta_n = \frac{r_n}{\mathrm{j}k\mu_n}$$

式（8-2-21）和式（8-2-21）是图 8-2-3 中整个区域 n 中的解析解，所以由两式可以得出区域 $n-1$ 和区域 n 交界面上的 B_{n-1} 和 H_{n-1} 分别为

$$B_{n-1} = \left(c_1 \cosh r_n y + c_2 \sinh r_n y \right) \mathrm{e}^{\mathrm{j}(\omega_n t - kx)} \tag{8-2-23}$$

$$H_{n-1} = \beta_n \left(c_1 \sinh r_n y + c_2 \cosh r_n y \right) \mathrm{e}^{\mathrm{j}(\omega_n t - kx)} \tag{8-2-24}$$

同样，可以得出区域 n 和区域 $n+1$ 交界面上的 B_n 和 H_n 分别为

$$
\begin{aligned}
B_n &= \left[c_1 \cosh r_n (y + D_n) + c_2 \sinh r_n (y + D_n) \right] \mathrm{e}^{\mathrm{j}(\omega_n t - kx)} \\
&= \left(\cosh r_n D_n \right) B_{n-1} + \left(\frac{1}{\beta_n} \sinh r_n D_n \right) H_{n-1}
\end{aligned}
\tag{8-2-25}
$$

$$
\begin{aligned}
H_n &= \beta_n \left[c_1 \sinh r_n (y + D_n) + c_2 \cosh r_n (y + D_n) \right] \mathrm{e}^{\mathrm{j}(\omega_n t - kx)} \\
&= \left(\beta_n \sinh r_n D_n \right) B_{n-1} + \left(\cosh r_n D_n \right) H_{n-1}
\end{aligned}
\tag{8-2-26}
$$

式（8-2-25）和式（8-2-26）可以用矩阵相乘的形式表达出来：

$$
\begin{bmatrix} B_n \\ H_n \end{bmatrix} = [T_n] \begin{bmatrix} B_{n-1} \\ H_{n-1} \end{bmatrix}
\tag{8-2-27}
$$

$$
[T_n] = \begin{bmatrix} \cosh r_n D_n & \dfrac{1}{\beta_n} \sinh r_n D_n \\ \beta_n \sinh r_n D_n & \cosh r_n D_n \end{bmatrix}
\tag{8-2-28}
$$

式中：$[T_n]$ 为区域 n 的转移矩阵。

式（8-2-27）表达了区域 n 上边界面和下边界面上的磁感应强度在 y 方向上的分量和磁场强度在 x 方向上的分量之间的关系。根据式（8-2-27），只要知道其中一个边界面上的磁感应强度在 y 方向上的分量和磁场强度在 x 方向上的分量，就可以通过转移矩阵计算出另一个边界面上的磁感应强度在 y 方向上的分量和磁场强度在 x 方向上的分量。

现求多层通用模型最上层的区域 n 的上边界面上的磁感应强度的法线分量和磁场强度的切线分量。根据式（8-2-18）和式（8-2-19）可以得到区域 n 下边界面上的磁感应强度在 y 方向上的分量和磁场强度在 x 方向上的分量，分别为

$$B_{n-1} = \left(c_1 \cosh r_n y + c_2 \sinh r_n y \right) e^{j(\omega_n t - kx)} \tag{8-2-29}$$

$$H_{n-1} = \beta_n \left(c_1 \sinh r_n y + c_2 \cosh r_n y \right) e^{j(\omega_n t - kx)} \tag{8-2-30}$$

同样地，区域 n 上边界面上的磁感应强度的法线分量和磁场强度的切线分量分别为

$$B_n = \left[c_1 \cosh r_n \left(y + D_n \right) + c_2 \sinh r_n \left(y + D_n \right) \right] e^{j(\omega_n t - kx)}$$
$$= \left(\cosh r_n D_n \right) B_{n-1} + \left(\frac{1}{\beta_n} \sinh r_n D_n \right) H_{n-1} \tag{8-2-31}$$

$$H_n = \beta_n \left[c_1 \sinh r_n \left(y + D_n \right) + c_2 \cosh r_n \left(y + D_n \right) \right] e^{j(\omega_n t - kx)}$$
$$= \left(\beta_n \sinh r_n D_n \right) B_{n-1} + \left(\cosh r_n D_n \right) H_{n-1} \tag{8-2-32}$$

如果 D_n 趋于无穷大，则 B_n 趋于 0，于是由式（8-2-30）可得到

$$H_{n-1} = -\beta_n B_{n-1} \tag{8-2-33}$$

对于多层通用模型最下层的区域1，由式（8-2-29）和式（8-2-30）可以得到

$$B_1 = \left(c_1 \cosh r_1 y + c_2 \sinh r_1 y \right) e^{j(\omega_n t - kx)} \tag{8-2-34}$$

$$H_1 = \beta_1 \left(c_1 \sinh r_1 y + c_2 \cosh r_1 y \right) e^{j(\omega_n t - kx)} \tag{8-2-35}$$

$$B_0 = \left[c_1 \cosh r_1 \left(y - D_1 \right) + c_2 \sinh r_1 \left(y - D_1 \right) \right] e^{j(\omega_n t - kx)} \tag{8-2-36}$$

$$H_0 = \beta_1 \left[c_1 \sinh r_1 \left(y - D_1 \right) + c_2 \cosh r_1 \left(y - D_1 \right) \right] e^{j(\omega_n t - kx)} \tag{8-2-37}$$

如果 D_1 趋于无穷大，则 B_0 趋于 0，由式（8-2-35）可以得出

$$H_1 = \beta_1 B_1 \tag{8-2-38}$$

根据式（8-2-28）并考虑到两个典型的边界条件（磁感应强度在 y 方向上的分量和磁场强度在 x 方向上的分量在边界面上是相等的），可以得到下面两式：

$$\begin{bmatrix} B_r \\ H_r \end{bmatrix} = [T_r][T_{r-1}]\cdots[T_3][T_2]\begin{bmatrix} B_1 \\ H_1 \end{bmatrix} \tag{8-2-39}$$

$$\begin{bmatrix} B_{n-1} \\ H_{n-1} \end{bmatrix} = [T_{n-1}][T_{n-2}]\cdots[T_{r+1}][T_r]\begin{bmatrix} B_r \\ H_r - j_1 \end{bmatrix} \tag{8-2-40}$$

式（8-2-40）中：$[T_2]$，$[T_3]$，$\cdots$，$[T_{n-1}]$ 是区域 2，区域 3，$\cdots$，区域 $n-1$ 的转移矩阵，都是根据数据计算出来的已知数。所以，根据式（8-2-33）、式（8-2-38）～式（8-2-40），就可以求出 B_1、H_1、B_r、H_r、B_{n-1} 和 H_{n-1}。进而可求出图 8-2-3 中任意边界面上的 B_n 和 H_n。

二、集中绕组的时间脉动磁场的空间分布特性

直线式移相变压器的一、二次侧铁心结构是以 0.35～0.5 mm 厚的各向同性的硅钢片经过切割加工后叠压而成，当气隙接近于零的时候，直线式移相变压器的磁路可认为是各向同性的有限的封闭磁路。

假设磁场的宽度 $l=2\pi$，一集中绕组的 2 个电流中心线之间的距离是 2θ，线槽的宽度是 $2r$，线槽外的铁心宽度是 b，绕组匝数是 w，在计及绕组两侧电流 i 的共同作用下，绕组内 x 处的磁感应强度 $B(x)$ 的表达式为

$$B(x)=\frac{\mu wi}{2\pi}\frac{1}{\theta-x}+\frac{\mu wi}{2\pi}\frac{1}{\theta+x}=\frac{\mu wi\theta}{\pi\left(\theta^2-x^2\right)} \quad (-a\leqslant x\leqslant a) \tag{8-2-41}$$

考虑到磁通有闭合连续性的特性，在空间的（$-\pi\sim\pi$）区间里，假设槽内导体的磁导率远远小于铁心的磁导率，则磁感应强度的分布可以用式（8-2-42）和图 8-2-4 表示。

$$B(x)=\begin{cases} -\dfrac{\mu wi\theta}{\pi\left(\theta^2-x^2\right)}, & -\pi\leqslant x\leqslant-(\theta+r) \\[2mm] 0 & -(\theta+r)\leqslant x\leqslant-(\theta-r) \\[2mm] \dfrac{\mu wi\theta}{\pi\left(\theta^2-x^2\right)} & -(\theta-r)\leqslant x\leqslant(\theta-r) \\[2mm] 0 & \theta-r\leqslant x\leqslant\theta+r \\[2mm] -\dfrac{\mu wi\theta}{\pi\left(\theta^2-x^2\right)} & \theta+r\leqslant x\leqslant\pi \end{cases} \tag{8-2-42}$$

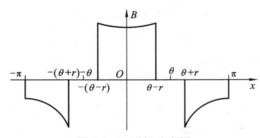

图 8-2-4　磁场分布图

在线圈里，$B(x)$ 的最小值 $B_{\min}$ 位于 $x=0$ 的位置，$B(x)$ 的最大值 $B_{\max}$ 位于 $x=\theta-r$ 的位置，其值分别为

$$B_{\min}=\frac{\mu wi}{\pi\theta} \tag{8-2-43}$$

$$B_{\max}=\frac{\mu wi\theta}{\pi r(2\theta-r)} \tag{8-2-44}$$

$$\frac{B_{\min}}{B_{\max}}=\frac{\theta^2}{r(2\theta-r)} \tag{8-2-45}$$

如果铁心线槽的宽度 $2r$ 很小，即 $2\theta - r \approx 2\theta$，则有 $\dfrac{B_{\min}}{B_{\max}} = \dfrac{\theta}{r}$，此时在绕组内的磁感应强度不是均匀的；如果铁心线槽宽度 $2r$ 较大使得 $\theta \approx r$，$\dfrac{B_{\min}}{B_{\max}} = 1$，即在绕组内的磁感应强度是均匀的。依据式（8-2-41）可计算出整个绕组总的磁通为

$$\phi = \int_{-(\theta-r)}^{\theta-r} B(x)\mathrm{d}x = \int_{-(\theta-r)}^{\theta-r} \frac{\mu wi\theta}{\pi(\theta^2 - x^2)}\mathrm{d}x = \frac{\mu wi}{\pi}\ln\frac{2\theta - r}{r} \tag{8-2-46}$$

线圈的感应电动势 e 可表示为

$$e = -\frac{\mathrm{d}\phi}{\mathrm{d}t} = -\frac{\mu w}{\pi}\ln\frac{2\theta - r}{r}\frac{\mathrm{d}i}{\mathrm{d}t} \tag{8-2-47}$$

假设电流的表达式为 $i = I_{\mathrm{m}}\sin\omega t$，则

$$e = -\frac{\mu w\omega}{\pi}\ln\frac{2\theta - r}{r}I_{\mathrm{m}}\cos\omega t \tag{8-2-48}$$

从式（8-2-48）线圈感应电动势 e 的表达式可以看出，虽然磁场空间上不是按正弦分布，只是其幅值是时间上的正弦函数，所感应出来的电动势 e 仍然是按照正弦变化的。将绕组内空间磁场分布用其平均磁感应强度 B 表示，即

$$B = \frac{\phi}{2\theta} = \frac{\mu w}{2\theta\pi}\ln\frac{2\theta - r}{r}i = k_m i \tag{8-2-49}$$

同样，线槽外的磁场分布用平均磁感应强度表示，则可以得到按矩形分布的磁感应强度表达式（8-2-50），分布图如图 8-2-5 所示。这样空间中分布不均匀的磁感应强度 B 就等效成了空间上矩形分布，时间上是正弦变化的脉动磁场。

$$B(x) = \begin{cases} -\dfrac{\theta}{\pi - \theta}k_m i & (-\pi \leqslant 0 < -\theta) \\[2mm] k_m i & (-\theta \leqslant 0 < \theta) \\[2mm] -\dfrac{\theta}{\pi - \theta}k_m i & (\theta \leqslant 0 < \pi) \end{cases} \tag{8-2-50}$$

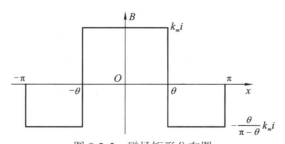

图 8-2-5　磁场矩形分布图

三、三相对称绕组的交变合成磁场及运动特性

三相四线制的三相交流电流 $i_a + i_b + i_c = 0$，且每相之间相位差 $120°$，是对称分布的，

这样的用电形式是电力系统中最经济的,也是各种三相用电设备能够高效率运行的基础。

在第二节原理分析中,如果式(8-2-50)中取 $\theta = \pi/2$,且假设 A、B、C 三相绕组的相位差在空间上是相差 $2\pi/3$,且三相电流 $i_a + i_b + i_c = 0$。再根据式(8-2-50),可以得到 A、B、C 三相绕组在空间中的磁场分布 $B_A(x)$、$B_B(x)$、$B_C(x)$,其表达式分别为

$$B_A(x) = \begin{cases} k_m i_A & (0 \leqslant x \leqslant \pi) \\ -k_m i_A & (\pi \leqslant x \leqslant 2\pi) \end{cases} \tag{8-2-51}$$

$$B_B(x) = \begin{cases} -k_m i_B & (0 \leqslant x < 2\pi/3) \\ k_m i_B & (2\pi/3 \leqslant x < 5\pi/3) \\ -k_m i_B & (5\pi/3 \leqslant x \leqslant 2\pi) \end{cases} \tag{8-2-52}$$

$$B_C(x) = \begin{cases} k_m i_C & (0 \leqslant x < \pi/3) \\ -k_m i_C & (\pi/3 \leqslant x < 4\pi/3) \\ k_m i_C & (4\pi/3 \leqslant x \leqslant 2\pi) \end{cases} \tag{8-2-53}$$

因为三相电流 $i_a + i_b + i_c = 0$,所以合成磁场 $B_\Sigma(x) = B(x)_A + B_z(x) + B_c(x)$ 的分布如表 8-2-1 所示。

表 8-2-1　三相合成磁场区间表

x 区间	$B_A(x)$	$B_B(x)$	$B_C(x)$	$B_\Sigma(x)$	$\dfrac{dB_\Sigma(x)}{dt}$
$0 \sim \dfrac{\pi}{3}$	$k_m i_A$	$-k_m i_B$	$k_m i_C$	$-2k_m i_B$	$-2k_m \dfrac{di_B}{dt}$
$\dfrac{\pi}{3} \sim \dfrac{2\pi}{3}$	$k_m i_A$	$-k_m i_B$	$-k_m i_C$	$2k_m i_A$	$2k_m \dfrac{di_A}{dt}$
$\dfrac{2\pi}{3} \sim \pi$	$k_m i_A$	$k_m i_B$	$-k_m i_C$	$-2k_m i_C$	$-2k_m \dfrac{di_C}{dt}$
$\pi \sim \dfrac{4\pi}{3}$	$-k_m i_A$	$k_m i_B$	$-k_m i_C$	$2k_m i_B$	$2k_m \dfrac{di_B}{dt}$
$\dfrac{4\pi}{3} \sim \dfrac{5\pi}{3}$	$-k_m i_A$	$k_m i_B$	$k_m i_C$	$-2k_m i_A$	$-2k_m \dfrac{di_A}{dt}$
$\dfrac{5\pi}{3} \sim 2\pi$	$-k_m i_A$	$-k_m i_B$	$k_m i_C$	$2k_m i_C$	$2k_m \dfrac{di_C}{dt}$

从表中可以看出,$B_\Sigma(x)$ 的最大值 $B_{\Sigma\max} = 2B_{A\max}$,跨距 π 的绕组中通过的磁通量的最大值 $\phi_{\max} = \dfrac{4}{3}\phi_A$。

对于整距绕组,其跨距为 π,在空间中位置为 $0 \sim \pi$、$\dfrac{2}{3}\pi \sim \dfrac{5}{3}\pi$、$\dfrac{4}{3}\pi \sim \dfrac{1}{3}\pi$ 的三个 w 匝、跨距为 π 的对称绕组,它们自身交链的磁链 ψ_A、ψ_B、ψ_C 分别为

$$\psi_A = \left[(-2k_m i_B)\dfrac{\pi}{3} + 2k_m i_A \dfrac{\pi}{3} - 2k_m i_C \dfrac{\pi}{3} \right] = \dfrac{4\pi}{3} w k_m i_A \tag{8-2-54}$$

$$\psi_B = \frac{4\pi}{3}wk_m i_B \tag{8-2-55}$$

$$\psi_C = \frac{4\pi}{3}wk_m i_C \tag{8-2-56}$$

因为三相交流电流同样是对称分布的，即 $i_A = I_m \cos\omega t$，$i_B = I_m \cos(\omega t - 2\pi/3)$，$i_C = I_m \cos(\omega t + 2\pi/3)$，那么可以得到三相绕组中的感应电动势 e_A、e_B、e_C 分别为

$$e_A = -\frac{\mathrm{d}\psi_A}{\mathrm{d}t} = \frac{4\pi}{3}wk_m I_m \omega \sin\omega t \tag{8-2-57}$$

$$e_B = -\frac{\mathrm{d}\psi_B}{\mathrm{d}t} = \frac{4\pi}{3}wk_m I_m \omega \sin\left(\omega t - \frac{2\pi}{3}\right) \tag{8-2-58}$$

$$e_C = -\frac{\mathrm{d}\psi_C}{\mathrm{d}t} = \frac{4\pi}{3}wk_m I_m \omega \sin\left(\omega t + \frac{2\pi}{3}\right) \tag{8-2-59}$$

从 e_A、e_B、e_C 的表达式可以看到，感应电动势和电流的形式密切相关，如果电流是间断的，感应电动势 e_A、e_B、e_C 同样也会是间断的。

在 8.2.2 节的分析中，我们得到结果，单个绕组中的磁场是空间上矩形分布、时间上是正弦变化的脉动磁场。而根据本节前面的分析，三相对称绕组的合成磁场在空间中表现出了移动的特性，而且大小随时间变化。三相绕组各自的磁链和感应电动势都是正弦变化的量，而且是对称的。

位于 $(a, a+b)$ 的 A 相绕组，其自身交链与三相合成磁场的互感磁链为

$$\begin{aligned}\psi_{aA} &= 2k_m\left[-i_B\left(\frac{\pi}{3}-a\right) + \frac{\pi}{3}i_A - i_C\left(a+b-\frac{2\pi}{3}\right)\right]\\ &= 2k_m\left[\frac{2\pi}{3}i_A + ai_B + i_C(\pi - a + b)\right]\end{aligned} \tag{8-2-60}$$

$$e_a = -\frac{\mathrm{d}\psi_{aA}}{\mathrm{d}t} = 2k_m\left[\frac{2\pi}{3}\frac{\mathrm{d}i_A}{\mathrm{d}t} + a\frac{\mathrm{d}i_B}{\mathrm{d}t} + \frac{\mathrm{d}i_C}{\mathrm{d}t}(\pi - a + b)\right] \tag{8-2-61}$$

如果 $a+b=\pi$，$a=\dfrac{\pi}{5}$，有

$$\psi_{aA} = 2k_m\left[\frac{2\pi}{3}i_A + \frac{\pi}{5}i_B\right] \tag{8-2-62}$$

$$e_a = -\frac{\mathrm{d}\psi_{aA}}{\mathrm{d}t} = -2k_m\left[\frac{2\pi}{3}\frac{\mathrm{d}i_A}{\mathrm{d}t} + \frac{\pi}{5}\frac{\mathrm{d}i_B}{\mathrm{d}t}\right] \tag{8-2-63}$$

如果 $2a+b=\pi$，有

$$\psi_{aA} = 2k_m\left[\frac{2\pi}{3}i_A + ai_B + ai_C\right] \tag{8-2-64}$$

$$e_a = -\frac{\mathrm{d}\psi_{aA}}{\mathrm{d}t} = -2k_m\left[\frac{2\pi}{3}\frac{\mathrm{d}i_A}{\mathrm{d}t} + a\frac{\mathrm{d}i_B}{\mathrm{d}t} + a\frac{\mathrm{d}i_C}{\mathrm{d}t}\right] \tag{8-2-65}$$

可以看到，A 相电流出现间断，不会对 B 相电流产生影响，由于 $i_a + i_b + i_c = 0$，所以会出现谐波电流，同前面关于整距绕组的分析吻合，间断的电流会感应出间断的

电动势。

假设 $i = I_{\mathrm{m}} \cos \omega t$，对图 8-2-5 中的磁场做傅里叶分解，得到其傅里叶级数形式，因为 $B(x)$ 是函数，所以

$$B(x) = \frac{a_0}{2} + \sum_{n=1}^{\infty} a_n \cos nx \qquad (8\text{-}2\text{-}66)$$

$$a_0 = \frac{1}{\pi} \int_{-\pi}^{\pi} B(x) \mathrm{d}x = 0$$

$$
\begin{aligned}
a_n &= \frac{1}{\pi} \int_{-\pi}^{\pi} B(x) \cos nx \mathrm{d}x \\
&= \frac{1}{\pi} \left[-\frac{\theta}{\pi-\theta} k_m i \frac{1}{n} \sin nx \Big|_{-\pi}^{\theta} + k_m i \frac{1}{n} \sin nx \Big|_{-\theta}^{\theta} - \frac{\theta}{\pi-\theta} k_m i \frac{1}{n} \sin nx \Big|_{\theta}^{\pi} \right] \qquad (8\text{-}2\text{-}67)
\end{aligned}
$$

$$= k_m i \frac{1}{n} \sin n\theta \frac{2}{\pi-\theta} = \frac{2k_m}{\pi-\theta} I_{\mathrm{m}} \cos \omega t \frac{1}{n} \sin n\theta$$

$$
\begin{aligned}
B(x) &= \frac{2k_m}{\pi-\theta} I_{\mathrm{m}} \sum_{n=1}^{\infty} \frac{\sin n\theta}{n} \cos nx \cos \omega t \\
&= \frac{k_m}{\pi-\theta} I_{\mathrm{m}} \sum_{n=1}^{\infty} \frac{\sin n\theta}{n} [\cos(\omega t + nx) + \cos(\omega t - nx)]
\end{aligned}
\qquad (8\text{-}2\text{-}68)
$$

从（8-2-68）式可以看出，每个脉振的谐波磁场可以用沿着 x 轴正向及反向位移运动的磁动势表示出来，对于在空间中对称的三相绕组，它们在空间中的脉振三相磁场分别为

$$B_A(x) = \frac{2k_m}{\pi-\theta} I_{\mathrm{m}} \sum_{n=1}^{\infty} \frac{\sin n\theta}{n} \cos nx \cos \omega t \qquad (8\text{-}2\text{-}69)$$

$$B_B(x) = \frac{2k_m}{\pi-\theta} I_{\mathrm{m}} \sum_{n=1}^{\infty} \frac{\sin n\theta}{n} \cos n\left(x - \frac{2\pi}{3}\right) \cos\left(\omega t - \frac{2\pi}{3}\right) \qquad (8\text{-}2\text{-}70)$$

$$B_C(x) = \frac{2k_m}{\pi-\theta} I_{\mathrm{m}} \sum_{n=1}^{\infty} \frac{\sin n\theta}{n} \cos n\left(x + \frac{2\pi}{3}\right) \cos\left(\omega t + \frac{2\pi}{3}\right) \qquad (8\text{-}2\text{-}71)$$

三相合成的磁感应强度/磁通密度 $B_\Sigma(x)$ 为

$$
\begin{aligned}
B_\Sigma(x) &= B_A(x) + B_B(x) + B_C(x) \\
&= \frac{2k_m}{\pi-\theta} I_{\mathrm{m}} \sum_{n=1}^{\infty} \frac{\sin n\theta}{n} \Bigg[\cos nx \cos \omega t + \cos n\left(x - \frac{2\pi}{3}\right) \cos\left(\omega t - \frac{2\pi}{3}\right) \\
&\quad + \cos n\left(x + \frac{2\pi}{3}\right) \cos\left(\omega t + \frac{2\pi}{3}\right) \Bigg] \\
&= \frac{3k_m}{\pi-\theta} I_{\mathrm{m}} \Bigg[\sin\theta \cos(\omega t - x) + \frac{\sin 2\theta}{2} \cos(\omega t + 2x) + \frac{\sin 4\theta}{4} \cos(\omega t - 4x) \\
&\quad + \frac{\sin 5\theta}{5} \cos(\omega t + 5x) + \frac{\sin 7\theta}{7} \cos(\omega t - 7x) + \cdots \Bigg]
\end{aligned}
$$

$$(8\text{-}2\text{-}72)$$

即三相合成的 $B_\Sigma(x)$ 是一个运动磁场，式（8-2-72）里三相合成的各次谐波磁场的位移速度分别是 $\dfrac{\omega t}{n}$，对于位置在 $(-\theta,\theta)$ 的匝数为 w 匝的 A 相绕组的交链为

$$\psi_A = \frac{3k_m}{\pi-\theta} I_m w \int_{-\theta}^{\theta} \left[\sin\theta\cos(\omega t - x) - \frac{\sin 2\theta}{2}\cos(\omega t + 2x) + \frac{\sin 4\theta}{4}\cos(\omega t - 4x) \right. $$
$$\left. - \frac{\sin 5\theta}{5}\cos(\omega t + 5x) + \frac{\sin 7\theta}{7}\cos(\omega t - 7x) + \cdots \right] dx \tag{8-2-73}$$

因为

$$\int_{-\theta}^{\theta} \cos(\omega t - nx)dx = -\frac{1}{n}\int_{-\theta}^{\theta}\cos(\omega t - nx)d(\omega t - xn) = \frac{2}{n}\sin n\theta\cos\omega t \tag{8-2-74}$$

所以

$$\psi_A = \frac{6k_m}{\pi-\theta} I_m w \left[\sin^2\theta\cos\omega t - \left(\frac{\sin 2\theta}{2}\right)^2\cos\omega t + \left(\frac{\sin 4\theta}{4}\right)^2\cos\omega t \right.$$
$$\left. - \left(\frac{\sin 5\theta}{5}\right)^2\cos\omega t + \left(\frac{\sin 7\theta}{7}\right)^2\cos\omega t + \cdots \right] \tag{8-2-75}$$
$$= \frac{6k_m}{\pi-\theta} I_m w\cos\omega t \left[\sin^2\theta - \left(\frac{\sin 2\theta}{2}\right)^2 + \left(\frac{\sin 4\theta}{4}\right)^2 - \left(\frac{\sin 5\theta}{5}\right)^2 + \left(\frac{\sin 7\theta}{7}\right)^2 + \cdots \right]$$

可以求得电感系数为

$$L_A = \frac{\psi_A}{i_A} = \frac{6k_m}{\pi-\theta} w \left[\sin^2\theta - \left(\frac{\sin 2\theta}{2}\right)^2 + \left(\frac{\sin 4\theta}{4}\right)^2 - \left(\frac{\sin 5\theta}{5}\right)^2 + \left(\frac{\sin 7\theta}{7}\right)^2 + \cdots \right] \tag{8-2-76}$$

式（8-2-76）是 A 相在考虑 B 相和 C 相两相绕组的合成磁场影响后的等效电感，可以看到绕组的宽度 θ 对各次谐波磁场的交链磁通以及电感系数都有较强的影响。

如果 $\theta = \dfrac{\pi}{2}$，即绕组为整距绕组，合成磁场中的谐波只含有奇数次的，而且

$$\psi_A = \frac{12k_m}{\pi} I_m w\cos\omega t \left(1 - \frac{1}{5^2} + \frac{1}{7^2} - \frac{1}{11^2} + \frac{1}{13^2} + \cdots \right) \tag{8-2-77}$$

$$L_A = \frac{12k_m}{\pi} w \left(1 - \frac{1}{5^2} + \frac{1}{7^2} - \frac{1}{11^2} + \frac{1}{13^2} + \cdots \right) \tag{8-2-78}$$

同时也可以根据两相的工作情况，得出谐波的移动速度，分析时域中和空间中谐波相对应的关系。对于在磁场空间 $(a, a+b)$ 位置的匝数为 w_2 的 A 相绕组，这个磁场与其交链的互感为

$$\psi_{aA} = \frac{3k_m}{\pi-\theta} I_m w_2 \int_a^{a+b} \left[\sin\theta\cos(\omega t - x) + \frac{\sin 2\theta}{2}\cos(\omega t + 2x) + \frac{\sin 4\theta}{4}\cos(\omega t - 4x) \right.$$
$$\left. + \frac{\sin 5\theta}{5}\cos(\omega t + 5x) + \frac{\sin 7\theta}{7}\cos(\omega t - 7x) + \cdots \right] dx \tag{8-2-79}$$

其中

$$\int_a^{a+b} \cos(\omega t \pm nx)\mathrm{d}x = \pm\frac{1}{n}\{\sin[\omega t \pm n(a+b)] - \sin(\omega t \pm na)\}$$

$$= \frac{2}{n}\sin\frac{nb}{2}\cos\left[\omega t \pm \left(a+\frac{b}{2}\right)\right]$$

（8-2-80）

所以有

$$\psi_{aA} = \frac{6k_m}{\pi-\theta}I_m w_2\left\{\sin\theta\sin\frac{b}{2}\cos\left[\omega t-\left(a+\frac{b}{2}\right)\right]+\frac{\sin 2\theta}{2}\sin\frac{2b}{2}\cos\left[\omega t+2\left(a+\frac{b}{2}\right)\right]\right.$$

$$\left.+\frac{\sin 4\theta}{4}\sin\frac{4b}{2}\cos\left[\omega t-4\left(a+\frac{b}{2}\right)\right]+\frac{\sin 5\theta}{5}\sin\frac{5b}{2}\cos\left[\omega t-5\left(a+\frac{b}{2}\right)\right]+\cdots\right\}$$

（8-2-81）

如果 $\theta=\dfrac{\pi}{2}$，即绕组为整距绕组时，有

$$\psi_{aA} = \frac{12k_m}{\pi}I_m w_2\left\{\sin\frac{b}{2}\cos\left[\omega t-\left(a+\frac{b}{2}\right)\right]+\sin\frac{5b}{2}\cos\left[\omega t-5\left(a+\frac{b}{2}\right)\right]\right.$$

$$\left.+\sin\frac{7b}{2}\cos\left[\omega t-7\left(a+\frac{b}{2}\right)\right]+\cdots\right\}$$

（8-2-82）

第三节　直线式移相变压器边端效应分析

一、直线式移相变压器边端效应分类

与直线电机相同，直线式移相变压器的能量转换主要是通过气隙磁场实现的，其直线型结构使得磁路开断，导致气隙磁场发生畸变，将直线型结构对变压器气隙磁场和工作性能的影响称为边端效应。图 8-3-1 表示直线电机边端效应分类情况，直线式移相变压器借鉴直线电机的结构，铁心也是不连续的，存在边端效应，其分类和起因与直线电机类似，但又要考虑其独有的特点。

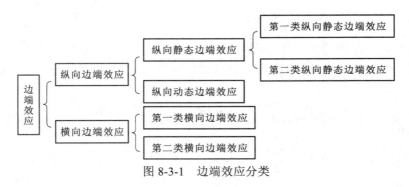

图 8-3-1　边端效应分类

第一类横向边端效应主要是由于气隙磁场在横向分布不均匀，横向边缘存在扩散磁通引起的；第二类横向边端效应主要是由于次级电流在初级有效宽度范围内形成闭合回路，

导致气隙磁密在横向呈现马鞍形分布引起的。由于直线式移相变压器一次侧和二次侧铁心的宽度和长度均相等且气隙极小，所以横向边端效应对直线移相变压器的影响可以忽略不计。纵向动态边端效应主要是由于在直线电机"入端"和"出端"的电瞬态现象引起的，直线式移相变压器的一次侧和二次侧是固定不动的，因此不存在纵向动态边端效应。

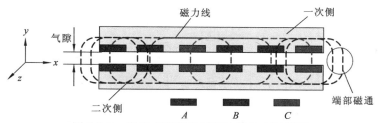

图 8-3-2　直线式移相变压器边端效应示意图

如图 8-3-2 所示，A、B、C 三相绕组彼此间的互感不相等，即三相阻抗不相等，将导致三相绕组中电流不平衡，称为直线式移相变压器第一类纵向边端效应；在变压器两端开断处，端部磁通将通过一、二次侧铁心和变压器气隙形成闭合回路，使得气隙磁场发生畸变，称为直线式移相变压器第二类纵向边端效应。

二、考虑边端效应的变压器等效电路分析

边端效应对变压器气隙磁场的影响将在第三节详细介绍，本节将对直线式移相变压器纵向边端效应开展研究，计算出由边端效应产生的能量损耗，将它作为电路因素引入到等值电路，并根据解析计算的结果提出削弱边端效应影响的方法。

由于磁场在铁磁材料的拐角处会增强，为了便于研究，把具有有限长的开磁路铁心的直线式移相变压器由一次侧绕组在二次侧所产生的磁通密度空间分布近似看成折线，在此忽略由于一次侧电路因素的不对称而产生的磁通脉动分量和槽脉动，而且把铁心两端磁通密度的增加当作直线状。

假设气隙磁通如图 8-3-3 所示，在二次侧导体铁心两端的磁通密度大小变化区域，即在图 8-3-3 中 x_1、x_2 间和 x_3、x_4 间的区域，由于二次侧导体中磁通密度的空间变化产生感应电动势，并有与稳定二次侧负载电流性质不同的二次侧电流流过，造成附加消耗。

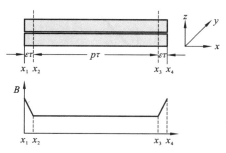

图 8-3-3　边端效应的产生原因

（一）边端效应产生的电动势和电流

根据前面设想，产生边端效应的区域是在气隙磁通密度大小有变化的 x_1、x_2 和 x_3、x_4 间的区域。根据麦克斯韦第二方程和介质的本构关系，这些区域间的气隙磁通密度以及电流密度可以用式（8-3-1）、式（8-3-2）表示。

$$\mathrm{rot}\,E_e = -\frac{\partial B_e}{\partial t} \tag{8-3-1}$$

$$J_e = \sigma E_e \tag{8-3-2}$$

式中：E_e 为边端作用电动势；σ 为二次侧导体导电率；J_e 为边端作用电流密度；B_e 为边端区域气隙磁通密度。

因二次侧不存在铁心以外的磁性体，二次侧漏抗可忽略不计。当按上式计算边端作用电动势及电流密度时，应做如下假定：

（1）气隙磁通密度仅为 Z 轴分量，感应电动势仅为 Y 轴分量，两者只考虑基波，高次谐波忽略不计；

（2）二次侧导体因非磁性材料组成，导电率各向同性，且不存在集肤效应；

（3）在边端作用区域以外的二次侧导体中不存在边端作用电流。

基于以上假设，E_e、J_e、B_e 可以表示为

$$\begin{cases} E_e = \mathrm{j}E_{ey} \\ J_e = \mathrm{j}J_{ey} \\ B_e = KB_{ez} \end{cases} \tag{8-3-3}$$

这里，边端区域 x_1、x_2 间和 x_3、x_4 间的气隙磁通密度可设为 B_{ez} 和 $B_{ez'}$ 时。根据矩形截面气隙磁感应强度与尺寸的经验关系曲线，B_e / B_m 值选定为 4，边端磁场方向与中间磁场方向夹角为 45°，则 B_{ez} / B_m 值取 $2\sqrt{2}$。B_{ez} 和 $B_{ez'}$ 可以表示为式（8-3-4）、式（8-3-6）。$B_{ez'}$ 为中间部分的气隙磁通密度。随着气隙磁通密度的空间变化而产生的边端效应电动势 E_{ey} 和 $E_{ey'}$ 以及中间部分的电动势 $E_{ey'}$ 也可求出，如式（8-3-8）～式（8-3-10）。图 8-3-4 是在直线式移相变压器气隙中的磁通密度与位置的关系。

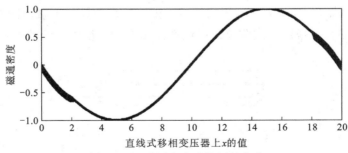

图 8-3-4　磁通密度随位置的变化

$$B_{ez} = \left[\frac{(2\sqrt{2}-1)(\varepsilon\tau - x)}{10} + 1\right] B_m \sin\left(\omega t - \frac{\pi}{\tau}x\right) \tag{8-3-4}$$

$$B_{ez'} = B_m \sin\left(\omega t - \frac{\pi}{\tau}x\right) \tag{8-3-5}$$

$$B_{ez''} = \left[\frac{(2\sqrt{2}-1)x''}{10} + 1\right]B_m \sin\left(\omega t - \frac{\pi}{\tau}x''\right) \tag{8-3-6}$$

式中：$x'' = x - (\varepsilon + p)\tau$，$\tau$ 为极距，$\varepsilon \leqslant \frac{1}{2}$。由式（8-3-1）和式（8-3-2）可得 E_{ey} 和 B_{ez} 的关系：

$$E_{ey} = \int \frac{\partial B_{ez}}{\partial t} \mathrm{d}x \tag{8-3-7}$$

可以求出各段的 E_{ey}，其中 $a = \frac{2\sqrt{2}-1}{10}$。

$$E_{ey} = \omega B_m\left[(a(\varepsilon\tau - x)+1)\frac{\tau}{\pi}\sin\left(\omega t - \frac{\pi}{\tau}x\right) - \frac{a\tau^2}{\pi^2}\cos\left(\omega t - \frac{\pi}{\tau}x\right)\right] \tag{8-3-8}$$

$$E_{ey'} = \frac{\omega B_m\tau}{\pi}\sin\left(\omega t - \frac{\pi}{\tau}x\right) \tag{8-3-9}$$

$$E_{ey''} = \omega B_m\left[(ax''+1)\frac{\tau}{\pi}\sin\left(\omega t - \frac{\pi}{\tau}x''\right) - \frac{a\tau^2}{\pi^2}\cos\left(\omega t - \frac{\pi}{\tau}x''\right)\right] \tag{8-3-10}$$

边端区域 x_1、x_2 间和 x_3、x_4 间的电流密度如式（8-3-11）、式（8-3-13），中间部分的电流密度如式（8-3-12）。

$$J_{ey} = \sigma\omega B_m\left[(a(\varepsilon\tau - x)+1)\frac{\tau}{\pi}\sin\left(\omega t - \frac{\pi}{\tau}x\right) - \frac{a\tau^2}{\pi^2}\cos\left(\omega t - \frac{\pi}{\tau}x\right)\right] \tag{8-3-11}$$

$$J_{ey'} = \frac{\sigma\omega B_m\tau}{\pi}\sin\left(\omega t - \frac{\pi}{\tau}x\right) \tag{8-3-12}$$

$$J_{ey''} = \sigma\omega B_m\left[(ax''+1)\frac{\tau}{\pi}\sin\left(\omega t - \frac{\pi}{\tau}x''\right) - \frac{a\tau^2}{\pi^2}\cos\left(\omega t - \frac{\pi}{\tau}x''\right)\right] \tag{8-3-13}$$

（二）边端效应引起的消耗功率

在边端区域 x_1、x_2 间和 x_3、x_4 间以及中间区域，二次侧导体中所消耗的功率可由式（8-3-14）～式（8-3-16）算出。

$$W_e = \frac{\omega}{\pi}l_y h\int_0^{\frac{\pi}{\omega}}\int_0^{\varepsilon\tau} E_{ey}J_{ey}\mathrm{d}x\mathrm{d}t \tag{8-3-14}$$

$$W_e' = \frac{\omega}{\pi}l_y h\int_0^{\frac{\pi}{\omega}}\int_{\varepsilon\tau}^{(p+\varepsilon)\tau} E_{ey'}J_{ey'}\mathrm{d}x \tag{8-3-15}$$

$$W_e'' = \frac{\omega}{\pi}l_y h\int_0^{\frac{\pi}{\omega}}\int_{(p+\varepsilon)\tau}^{(p+2\varepsilon)\tau} E_{ey''}J_{ey''}\mathrm{d}x \tag{8-3-16}$$

式中：l_y 为二次侧导体宽度；h 为二次侧导体厚度。将前面的 E_{ey}、$E_{ey'}$、$E_{ey''}$ 代入式（8-3-14）～式（8-3-16）中可以计算出消耗功率：

$$W_e = \frac{1}{2}\sigma l_y h\varepsilon\tau\omega^2 B_m{}^2\left(\frac{a^2\varepsilon^2\tau^2}{3} + a\varepsilon\tau + 1 + \frac{a^2\tau^4}{\pi^4}\right) \quad (8\text{-}3\text{-}17)$$

$$W_e' = \frac{1}{2\pi^2}\sigma l_y h\tau^3 p\omega^2 B_m^2 \quad (8\text{-}3\text{-}18)$$

$$W_e' = W_e \quad (8\text{-}3\text{-}19)$$

$$\frac{W_e}{W_e'} = \frac{\varepsilon^2\pi^2}{p\tau^2}\left(\frac{a^2\varepsilon^2\tau^2}{3} + a\varepsilon\tau + 1 + \frac{a^2\tau^4}{\pi^4}\right) \quad (8\text{-}3\text{-}20)$$

（三）考虑边端效应的等效电路

将边端消耗功率引入等值电路中，首先求出中心处磁通密度 B_m 与图 8-3-5 中 T 形等值电路的激磁电纳 b_0 两端的感应电压 E_1 之间的关系，设定子铁心单边的每极匝数为 $N_{1p}/2$，当沿铁心长度范围中心区域 $p\tau$ 的绕组和边端区域 $2\varepsilon\tau$ 内绕组结构相同时，则中心和两端的各个区域内，式（8-3-21）、式（8-3-22）成立。

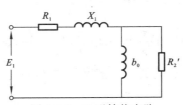

图 8-3-5　T 形等值电路

$$e_{1p} = N_{1p}\tau l_y \frac{2}{\pi}\frac{\mathrm{d}B_m \sin\omega t}{\mathrm{d}t} = N_{1p}\frac{\mathrm{d}\phi_{1p}}{\mathrm{d}t} \quad (8\text{-}3\text{-}21)$$

$$e_{1e} = N_{1p}\varepsilon\tau l_y \frac{1}{\pi}\frac{\mathrm{d}B_m \sin\omega t}{\mathrm{d}t} = N_{1p}\frac{\mathrm{d}\phi_{1e}}{\mathrm{d}t} \quad (8\text{-}3\text{-}22)$$

式中：e_{1p} 为中心区每一个极距内的一次侧感应电动势瞬时值；e_{1e} 为边端一次侧感应电动势瞬时值；$\phi_{1p}=\frac{2}{\pi}\tau l_y B_m \sin\omega t$ 为中心区域每一极距内的磁通，$\phi_{1p}=\frac{1}{\pi}\varepsilon\tau l_y B_m \sin\omega t$ 为边端区域的磁通。一次侧绕组各相有如下关系式。

$$e_1 = pe_{1p} + 2e_{1e} \quad (8\text{-}3\text{-}23)$$

$$e_1 = (p+\varepsilon)N_{1p}\tau l_y \frac{2\omega B_m}{\pi}\cos\omega t \quad (8\text{-}3\text{-}24)$$

$$B_m = \frac{\sqrt{2}\pi}{2}\frac{E_1}{(p+\varepsilon)N_{1p}\tau l_y w} \quad (8\text{-}3\text{-}25)$$

式中：e_1 为一次侧每相绕组感应电动势瞬时值；E_1 为 e_1 对应的有效值。将式（8-3-25）代入式（8-3-17）中可以得到

$$W_e = \frac{\pi^2}{4}\frac{\sigma\varepsilon h E_1^2}{(p+\varepsilon)^2 N_{1p}\tau l_y}\left(\frac{a^2\varepsilon^2\tau^2}{3} + a\varepsilon\tau + 1 + \frac{a^2\tau^4}{\pi^4}\right) \quad (8\text{-}3\text{-}26)$$

可求出换算到一次侧的每相电阻值，并作为电路因素引入等效电路。

$$R_e = \frac{3E_1^2}{W_e + W_e''} = \frac{12(p+\varepsilon)^2 N_{1p}\tau l_y}{\sigma\varepsilon h\pi^2}\frac{1}{1+\beta} = \frac{r_e}{1+\beta} \qquad (8\text{-}3\text{-}27)$$

式中：$r_e = \dfrac{12(p+\varepsilon)^2 N_{1p}\tau l_y}{\sigma\varepsilon h\pi^2}$；$\beta = \left(\dfrac{a^2\varepsilon^2\tau^2}{3} + a\varepsilon\tau + 1 + \dfrac{a^2\tau^4}{\pi^4}\right)$。计入边端作用的等值电路如图 8-3-6 所示。

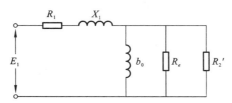

图 8-3-6　计入边端作用的等值电路

由式（8-3-21）～式（8-3-23）可以得出

$$r_e = \frac{\varepsilon N_{1p}\tau l_y \dfrac{2\omega B_m\cos\omega t}{\pi}}{(p+\varepsilon)N_{1p}\tau l_y \dfrac{2\omega B_m\cos\omega t}{\pi}} = \frac{\varepsilon}{p+\varepsilon} \qquad (8\text{-}3\text{-}28)$$

由式（8-3-28）可以得出：当边端效应作用区域远小于中间部分时，边端效应所产生的感应电动势与总的感应电动势比值就会很小。由式（8-3-20）可知，当 ε 值越小时，边端作用消耗功率与中间部分功率比值就越小。

三、纵向边端效应对变压器气隙磁场的影响分析

与直线电机相同，直线式移相变压器的能量转换主要是通过气隙磁场实现的，但直线型结构导致磁路开断且不对称，气隙磁场将发生畸变，对变压器的工作性能造成影响。

（一）三相阻抗不对称对变压器气隙磁动势的影响

在铁心长度方向的中间画一条中心线 OO'，A、B、C 三相绕组沿中心线是不对称的，这样 A、B、C 各相绕组所交链的磁通量随绕组位置的变化而变化，位于边端的线圈与位于中间的线圈相比，其电感值相差很大，因此三相绕组的互感并不完全相同。设 L_{AB}、L_{BA}、L_{AC}、L_{CA}、L_{BC}、L_{CB} 为一次侧绕组间互感，K 为一次侧 A、B 两相的互感值与 A、C 两相（或者 B、C 两相）互感值之间的比值，分析图 8-3-7 可知：

（1）位于中心的 C 相关于中心线 OO' 对称，A 和 B 两相与 C 相交链部分关于中心线 OO' 对称，则理论上 L_{AC} 与 L_{BC} 相等，但一次侧三相绕组内激磁电流不平衡导致 A、B 两相内电流不同，通过绕组的磁链也就也有所不同，导致 L_{AC} 与 L_{BC} 略有不同，但相差不大，理论分析时可认为 L_{AC} 与 L_{BC} 相等；

（2）A、B 两相之间磁路交链明显少于 A、C 两相，则 A、B 两相间的磁通量远小于

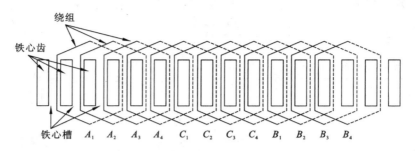

图 8-3-7　直线移相变压器绕组分布图

A、C 两相间的磁通量，故 L_{AB} 要远小于 L_{AC}；由于 A、C 两相与 B、C 两相之间磁通路径关于中心线 OO' 对称，同理 L_{AB} 要远小于 L_{BC}，即 $K<1$。所以各相互感参数满足 $L_{AC}=L_{CA}=L_{BC}=L_{CB}=X_m$，$L_{AB}=L_{BA}=KX_m$，$K<1$。

为分析直线式移相变压器的三相不对称对气隙磁动势的影响，先列出一次侧回路的电压方程。根据电机学及变压器相关理论，可以列出式（8-3-29）。

由电工理论可知，变压器一次侧电压方程式为

$$\begin{bmatrix} U_A \\ U_B \\ U_C \end{bmatrix} = \begin{bmatrix} R_A & 0 & 0 \\ 0 & R_B & 0 \\ 0 & 0 & R_C \end{bmatrix} \begin{bmatrix} I_A \\ I_B \\ I_C \end{bmatrix} + \frac{\mathrm{d}}{\mathrm{d}t} \begin{bmatrix} L_{AA}+l_a & L_{AB} & L_{AC} \\ L_{BA} & L_{BB}+l_b & L_{BC} \\ L_{CA} & L_{CB} & L_{CC}+l_c \end{bmatrix} \begin{bmatrix} I_A \\ I_B \\ I_C \end{bmatrix} \quad (8\text{-}3\text{-}29)$$

式中：U_A、U_B、U_C 为一次侧端电压；I_A、I_B、I_C 为一次侧电流；L_{AA}、L_{BB}、L_{CC} 为一次侧绕组自感；l_a、l_b、l_c 为一次侧绕组漏感；R_A、R_B、R_C 为一次侧绕组电阻。

在直线式移相变压器的一次侧三相绕组输入三相对称的正弦交流电压，根据一次侧回路电压方程可以求出一次侧激磁电流。一次侧绕组可以采取星形连结或三角形连结方式。

（1）星形连结方式：图 8-3-8 采用星形连结方法，根据式（8-3-29）可得电压方程式（8-3-30）。

$$\begin{bmatrix} u_{AB} \\ u_{BC} \\ u_{CA} \end{bmatrix} = \begin{bmatrix} Z-\mathrm{j}KX_m & \mathrm{j}KX_m-Z & 0 \\ \mathrm{j}KX_m-\mathrm{j}X_m & Z-\mathrm{j}X_m & \mathrm{j}X_m-Z \\ \mathrm{j}X_m-Z & \mathrm{j}X_m-\mathrm{j}KX_m & \mathrm{j}X_m \end{bmatrix} \begin{bmatrix} i_A \\ i_B \\ i_C \end{bmatrix} \quad (8\text{-}3\text{-}30)$$

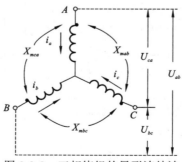

图 8-3-8　三相绕组的星形连结法

式中：$Z = R + \mathrm{j}\omega(L_1 + l_0)$，$Z$ 为各相阻抗 $X_m = \omega M$，为 BC 间和 AC 间互感抗；$\mathrm{j}KX_m = \omega KM$，为 AB 间互感抗。根据基尔霍夫电流定律有 $i_A + i_B + i_C = 0$，代入式（8-3-30）可以求得各相电流值。

$$\begin{cases} i_A = \dfrac{1}{2}\left(\dfrac{u_{CA} - u_{BC}}{\mathrm{j}X_m(4-K) - 3z} + \dfrac{u_{AB}}{Z - \mathrm{j}KX_m} \right) \\[3mm] i_B = \dfrac{1}{2}\left(\dfrac{u_{CA} - u_{BC}}{\mathrm{j}X_m(4-K) - 3z} - \dfrac{u_{AB}}{Z - \mathrm{j}KX_m} \right) \\[3mm] i_C = \dfrac{u_{CA} - u_{BC}}{\mathrm{j}X_m(4-K) - 3z} \end{cases} \qquad (8\text{-}3\text{-}31)$$

由式（8-3-31）可以推出三相绕组采用星形连结方式时，如果 $K \neq 1$，三相激磁电流不对称。

（2）三角形连结方式：三相绕组采用三角形连结时，如图 8-3-9 所示，电压方程为式（8-3-32），根据 $u_A + u_B + u_C = 0$，可以求得各相电流（此时 $i_A + i_B + i_C = 0$ 不一定成立）。

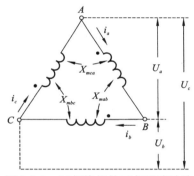

图 8-3-9　三相绕组的三角形连结法

$$\begin{bmatrix} u_A \\ u_B \\ u_C \end{bmatrix} = \begin{bmatrix} Z & \mathrm{j}KX_m & \mathrm{j}X_m \\ \mathrm{j}KX_m & Z & \mathrm{j}X_m \\ \mathrm{j}X_m & \mathrm{j}X_m & Z \end{bmatrix} \begin{bmatrix} i_A \\ i_B \\ i_C \end{bmatrix} \qquad (8\text{-}3\text{-}32)$$

$$\begin{cases} i_A = \dfrac{Zu_B - \mathrm{j}X_m u_C}{\mathrm{j}KX_m Z + Z^2 + 2X_m{}^2} + \dfrac{\left(\mathrm{j}KX_m Z + X_m{}^2 \right) u_C}{\left(Z - \mathrm{j}KX_m \right)\left(\mathrm{j}KX_m Z + Z^2 + 2X_m{}^2 \right)} \\[4mm] i_B = \dfrac{Zu_B - \mathrm{j}X_m u_C}{\mathrm{j}KX_m Z + Z^2 + 2X_m{}^2} + \dfrac{\left(-Z^2 - X_m{}^2 \right) u_C}{\left(Z - \mathrm{j}KX_m \right)\left(\mathrm{j}KX_m Z + Z^2 + 2X_m{}^2 \right)} \\[4mm] i_C = \dfrac{Zu_B - \mathrm{j}X_m u_C}{\mathrm{j}KX_m Z + Z^2 + 2X_m{}^2} \end{cases} \qquad (8\text{-}3\text{-}33)$$

同理，可以推出三相绕组采用三角形连结时，如果 $K \neq 1$，三相电流也不对称。根据以上结果可知：无论一次侧三相绕组采用哪种连结方式，由于各相之间的互感不完全相等造成三相激磁电流不对称。

建立三相不平衡电流的一般化模型，其三相幅值、相位和直流偏移量均不等：

$$
\begin{cases}
I_A = \alpha_1 i_m \sin\left(\omega t - \dfrac{2}{3}\pi + \theta_1\right) + M_A \\[2mm]
I_B = \alpha_2 i_m \sin\left(\omega t + \dfrac{2}{3}\pi + \theta_2\right) + M_B \\[2mm]
I_C = i_m \sin\omega t + M_C
\end{cases}
\tag{8-3-34}
$$

式中：α_1、α_2 为常系数，表示三相电流幅值不相等；θ_1、θ_2 为常系数，表示三相电流相位不对称。M_A、M_B、M_C 为直流平移量。

直线移相变压器一次侧等效的三相绕组在空间角度上互差 120°，以 C 相绕组中心线作为空间坐标原点，则在某一瞬间 t，距离 C 相绕组中心线 x 处，各相绕组的磁动势可以表示为

$$
\begin{cases}
F_A = I_A \cos\left(\beta x - \dfrac{2}{3}\pi\right) \\[2mm]
F_B = I_B \cos\left(\beta x + \dfrac{2}{3}\pi\right) \\[2mm]
F_C = I_C \cos\beta x
\end{cases}
\tag{8-3-35}
$$

式中：$\beta = \dfrac{\pi}{\tau}$ 为每极距长度对应电角度。

将式（8-3-32）中的三相脉振磁动势相加，可得气隙磁场合成磁动势，将合成磁动势分解为以下形式

$$
F_0 = F_1 + F_2 + F_3 \tag{8-3-36}
$$

式中：F_1、F_2 为相位相差 90°、推进方向相反的行波磁动势，F_3 为脉振磁动势。F_1、F_2、F_3 分别表示为

$$
F_1 = C_1 e^{j(\omega t - \beta x)} \tag{8-3-37}
$$

$$
F_2 = C_2 e^{j\frac{\pi}{2}} e^{j(\omega t - \beta x)} \tag{8-3-38}
$$

$$
\begin{aligned}
F_3 &= \left[(C_3 - C_1)\cos\omega t + C_5\right]\cos\beta x \\
&\quad + \left[(C_4 - C_2)\cos\omega t + C_6\right]\sin\beta x
\end{aligned}
\tag{8-3-39}
$$

式中：C_1、C_2、C_3、C_4、C_5、C_6 均为常系数。

由式（8-3-39）可知，气隙合成磁动势由两个幅值不等、推移方向相反的行波磁动势以及脉振磁动势组成，脉振磁动势 F_3 由两个零点不在同一水平线上的脉振磁动势组成，其形成的原因是不平衡的三相电流的直流分量偏移幅度不同。对任意不平衡的三相电流，采用对称分量法均可将其分解为正序、负序和零序电流，从而产生正序行波磁动势、负序行波磁动势和零序脉振磁势。

（二）端面磁通对变压器气隙磁通密度的影响

如图 8-3-10 所示，直线式移相变压器铁心不连续，在开断处，端面磁通将通过一、

二次侧铁心和气隙形成闭合回路，从而在气隙中形成附加磁场。由直线电机相关理论可知，纵向端面磁通将会在气隙中产生沿 y 方向随时间 t 周期变化的脉振磁场，导致气隙磁场畸变，影响直线移相变压器的工作性能。

本节基于一维场理论，建立并求解直线移相变压器考虑第二类纵向边端效应时的气隙磁场方程，研究电机设计相关参数对边端效应的影响。在进行一维电磁场分析时，主要对第二类纵向边端效应进行处理，为简化分析，特作以下假设。

（1）不计铁心磁饱和的影响，铁心电导率 σ 和磁导率 μ 在各个方向都是相同的，且认为 $\sigma = 0$，$\mu = \infty$；

（2）磁通密度 B 和磁场强度 H 仅有 y 分量，电流密度 j_1 和 j_2 仅有 z 分量；

（3）忽略一、二次侧槽口的影响，使用无槽口等效气隙代替实际气隙；

（4）忽略铁心的磁滞损耗以及二次侧导体的集肤效应；

（5）各电磁参数均仅为空间位置 x 的函数，且随时间 t 正弦变化。

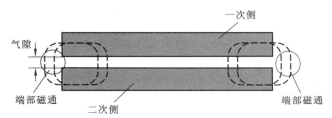

图 8-3-10　直线移相变压器纵向端面磁通示意图

根据上述假设建立直线移相变压器模型，采用平面坐标系，坐标原点为 O，x 轴与气隙中心线重合，变压器铁心长度可以表示为 $L = 2p\tau + 2b_e$。整个模型可以分成如图 8-3-11 所示的三个区域，有效区域 1（$0 \leqslant x \leqslant 2p\tau$），无效区域 2（$x < 0$）和无效区域 3（$x > 2p\tau$）。由于结构对称，区域 2 和区域 3 的磁场分布也是对称的。电磁能量转换主要是在有效区域 1 中进行的，无效区域 2 和 3 的形成是由于铁心两端的端面磁通产生脉振磁场，造成气隙磁场畸变。

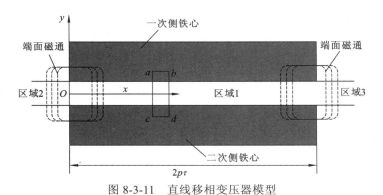

图 8-3-11　直线移相变压器模型

在有效区域 1 中，气隙磁场是在一次侧电流与二次侧电流共同作用下形成的，根据安培环路定理得

$$\frac{\delta'}{u_0}\frac{\partial B_1}{\partial x} = j_1 + j_2 \qquad (8\text{-}3\text{-}40)$$

式中：B_1 为有效区域 1 中气隙磁通密度；δ 为有效电磁气隙长度；u_0 为空气磁导率。

一次侧电流密度 j_1 可由行波电流层表示为

$$j_1 = J_1 \mathrm{e}^{\mathrm{j}(\omega t - \beta x)} \qquad (8\text{-}3\text{-}41)$$

结合麦克斯韦方程组、安培环路定理和行波电流理论，采用分离变量法、系数比较法，可以得到有效区域 1 中的气隙磁场密度 B_1 表达式为

$$B_1 = B_{\delta s} + B_{\delta g} = B_{\delta 1} + B_{\delta 2} + B_{\delta 3}$$
$$= B_{\delta m}\mathrm{e}^{\mathrm{j}\alpha}\mathrm{e}^{\mathrm{j}(\omega t - \beta x)} + C_1\mathrm{e}^{-\frac{1}{\lambda}x}\mathrm{e}^{\mathrm{j}\left(\omega t - \frac{\pi}{\tau_e}x\right)} + C_2\mathrm{e}^{\frac{1}{\lambda}x}\mathrm{e}^{\mathrm{j}\left(\omega t + \frac{\pi}{\tau_e}x\right)} \qquad (8\text{-}3\text{-}42)$$

式中：τ_e 为等效极距，$\tau_e = \pi\sqrt{\dfrac{2\delta}{u_0\omega\omega}}$。

为了确定有效区域 1 内气隙磁密 B_1 表达式中的待定系数 C_1 和 C_2，还需求出无效区域 2 和区域 3 中磁密表达式，再利用边界条件和磁通连续性定理进行求解。

由于直线式移相变压器结构的对称性，纵向端面磁场在区域 2 和 3 中的分布是一种对称场，可以看做沿铁心方向运动的气隙磁场在不同时刻的不同状态。设 B_2 和 B_3 分别为区域 2 和 3 内气隙磁通密度，由前述分析可知，其为幅值恒定，随时间周期变化的脉振磁场，B_2 和 B_3 分别表示为

$$B_2 = B_m\mathrm{e}^{\frac{\gamma}{\delta'}x}\mathrm{e}^{\mathrm{j}\omega t} \qquad (x \leqslant 0) \qquad (8\text{-}3\text{-}43)$$

$$B_3 = B_m\mathrm{e}^{\frac{-\gamma}{\delta'}(x - 2pv)}\mathrm{e}^{\mathrm{j}\omega t} \qquad (x \geqslant 2p\tau) \qquad (8\text{-}3\text{-}44)$$

式中：B_m 为磁通密度幅值；γ 为幅值常数，在直线电机中一般取值 0.73。

系数 C_1、C_2 和 B_m 均为待定常数，边界条件如下：

$$B_2\big|_{x=0} = B_1\big|_{x=0} \qquad (8\text{-}3\text{-}45)$$

$$B_1\big|_{x=2p\tau} = B_3\big|_{x=2p\tau} \qquad (8\text{-}3\text{-}46)$$

由磁通连续性定理得

$$\int_{-\infty}^{0} B_2\mathrm{d}x + \int_{0}^{2p\tau} B_1\mathrm{d}x + \int_{2p\tau}^{+\infty} B_3\mathrm{d}x = 0 \qquad (8\text{-}3\text{-}47)$$

求解式（8-3-47）可以得到系数 C_1、C_2 和 B_m 的值。将系数 C_1、C_2 代入式（8-3-42），得到考虑第二类纵向边端效应影响时有效区域 1 的气隙磁通密度表达式。分析可知：①带载时，直线式移相变压器有效区域 1 中气隙磁场的分布与直线电机类似，均由三种行波磁场叠加而形成，既有半波长为 τ 的正向基本行波磁场，又有半波长为 τ_e、衰减系数为 λ 的前进和后退的两种衰减行波磁场；②在直线电机中，将 $B_{\delta 2}$ 和 $B_{\delta 3}$ 分别称为入端行波和出端行波，也叫做动态端部效应。而直线移相变压器一、二次侧之间没有相对运动，$B_{\delta 2}$ 和 $B_{\delta 3}$ 的产生是由于铁心直线型结构导致一次侧行波磁场在入端和出端存在突变，类似于直线电机中的"电瞬态"现象，不同点在于移相变压器中 $B_{\delta 2}$ 和 $B_{\delta 3}$ 的幅值和衰减系数相同且较小，而由电机相关理论可知，衰减系数越小，行波在二次侧范围内衰减越快，

气隙磁场畸变程度越小。

习 题 八

1. 试推导直线式移相变压器的磁动势空间矢量,开展 MMF 空间矢量谐波分析。
2. 列写直线式移相变压器的磁场解析模型。
3. 试搭建直线式移相变压器的麦克斯韦仿真模型,并开展仿真分析。

第九章

多相感应电机及其系统分析

多相感应电机及其驱动控制系统相比于常见的三相感应电机及其驱动控制系统有着显著的优势，是当前研究的热点之一。一般来说，多相感应电机主要用在功率较大、可靠性要求高的地方，也有些用在军事领域，例如风电、混合电动车、航天、船舶推进等；在一些高可靠性、高冗余度的小功率传动系统中，例如某水下潜航器的传动系统中，由于容错性高、转矩脉动小的要求，也采用了多相电动机及其驱动系统。多相电动机主要有以下优点：

（1）单相功率低。相同功率的三相感应电机驱动控制系统，如果直接改装成多相系统，可以大大减少电动机每一相的功率额定值，单相驱动供电的电压也将有所下降，所以，在舰船电力动力系统、新型电力机车牵引系统等供电电压受限的实际应用领域中，多相感应电机及其驱动控制系统都可以直接通过相对低电压的功率转换器件来实现较高能量的输出。

（2）冗余性强。多相感应电机及其驱动控制系统都具有冗余运行的能力，当感应电机的一个或几个相出现缺相时，通过采用容错控制算法，可以在故障或异常发生后继续保持电动机的连续平稳运行，因此，其比三相感应电机及其驱动控制系统具有更高的工作可靠性。

（3）控制灵活。由于多相感应电机的维数显著增加，使得其具有多种维度的控制，这使得该类感应电机的控制具有更大的灵活性。所以，多相感应电机和其驱动控制系统在本质上可以很好地满足高效率和大载荷波动的要求。

此外，多相感应电机能提供平稳的转矩响应，具有更高的电机转矩密度、更小的转矩脉动、更小的谐波电流、更好的瞬态和稳态性能，同时电流谐波注入可以提供更稳健的控制等。

在存在诸多优势的同时，多相感应电机也存在一些缺点，例如：随着电机相数的增多，使用的电力电子器件数量会增多，成本会增高；由于相数多，调控的机动性提高，感应电机控制的方法更加繁杂；多相感应电机一般采用逆变电源供电，因此其定子谐波电流的次数及谐波的损耗将会增多等。

由于多相感应电机优点突出、应用广泛，而且通过新的技术研发仍能在传统领域拓展新的发展空间，所以对其开展设计和研究非常具有意义和价值。多相感应电机中，典型的应用是五相感应电机、双三相感应电机，该类电机多应用在功率相对大的场景，在某些可靠性要求高、转矩脉动要求低的小功率电机系统中也有广泛应用。多相感应电机的原理、结构及工作特性具有通用性。本章主要以双三相电机和多相感应电机为例展开论述。

第一节　多相感应电机绕组的基本结构

多相感应电机绕组的空间分布往往是非对称的，传统的相数定义方式不能准确描述多相绕组的结构特点，因此会影响对磁动势的准确分析。为此，这里将借鉴已有多相电机相数定义的研究结果，对多相电机相数定义和多相绕组构成规律作进一步的探讨。

一、多相感应电机的相数

电机的相数通常是按出线端的数目定义的，但对于多相电机，这种定义方法有时不能准确反映电机的电磁特性。并且，随着各种多相电机的出现，以相数命名的电机在名称上也出现了不统一。例如，本文重点研究的双 Y 移 30° 电机，文献中也经常称为 6 相电机，而实际上该类电机更具有 12 相感应电机的电磁特性。为此，Klingshirn E. A 对多相感应电机的相数定义进行了规范，认为在定义相数时除了考虑绕组数目，还应考虑绕组的相带角，即每相绕组在一个极距内占有的电角度。一台多相感应电机，如果定子绕组的相带角为 β，则其相带数为 $q=180°/\beta$，该值即为电机的特征相数。如果绕组出线端的数目为 $2q$，电机则为 $2q$ 相；如果出线端数为 q，电机则为 semi-$2q$ 相。表 9-1-1 给出了当奇数个绕组在空间均匀对称分布时，不同相带数的电压相量图、电机特征相数、名称相数。因此，若按此定义方法，目前应用最广泛的三相电机，因其绕组相带角为 60°，电机的准确相数应为 semi-6 相。

对称且空间均匀分布的多相绕组，其定义相数和出现的磁动势谐波次数之间有比较明显的规律关系，表 9-1-2 给出了几种典型多相电机绕组的这种关系。从表中可以看到，当相带数 q 为分数时，多相绕组将产生偶次空间谐波磁动势。而偶次谐波是不容易控制的，所以一般选取 q 为整数。

表 9-1-1　奇数绕组对称分布时，电机相数的定义

相带角	120°	60°	72°	36°	51.4°	25.7°
每极相带数	1.5	3	2.5	5	3.5	7
出线端子数	3	3	5	5	7	7
电压相量图						
特征相数	3	6	5	10	7	14
名称相数	3	semi-6	5	semi-10	7	semi-14

表 9-1-2　多相绕组的相带数与空间谐波次数 h 的关系（1 表示存在相应次数谐波）

相带数	谐波														
	1	2	3	4	5	6	7	8	9	10	11	12	13	14	15
3/2	1	1		1	1		1	1		1	1		1	1	
2	1		1		1		1		1		1		1		1
3	1				1		1				1		1		
5/2	1			1		1			1		1			1	

相带数	谐波														
	1	2	3	4	5	6	7	8	9	10	11	12	13	14	15
7/2	1					1		1					1		
4	1				1				1						
9/2	1							1		1					
5	1								1		1				
11/2	1									1		1			
6	1										1		1		
7	1												1		1

二、多相感应电机绕组的构成方式

对于空间非对称的多相绕组，仅给出电机的相数还不能准确反映各绕组间的空间位置关系。例如，semi-18 相电机的定子由 9 个绕组组成，但这 9 个绕组既可以看作是 3 组三相绕组组合而成，又可以看作是由完整 18 相绕组降阶而成。所以，可用两种方式对非对称的多相电机绕组结构进行描述，即基本子集组合方式和完整多相绕组降阶方式。

（一）基本子集组合方式

根据这种方式，非对称的多相绕组可看成由基本子集构成，基本子集的相数为 γ，组数为 m。而基本子集一般选择每极相带数目为质数，且空间均匀对称分布的绕组，由此，表 9-1-1 中，相带数为 3、5、7 的绕组可以作为基本子集，其相数分别为 semi-6、semi-10、semi-14。此外，两个空间相差 90°的绕组也可以作为基本子集，其相数为 semi-4。当确定了基本子集相数 γ，基本子集组数 m，基本子集之间的空间相移后，多相电机绕组的基本结构就确定了。以下为两种基本子集构成多相绕组的情况。

1. 基本子集相数为 γ=semi-4

当 m=2，组间相移 90°时，为完整 4 相绕组；而组间相移 45°时，为非对称 semi-8 相绕组；m=4，组间相移 45°时，为完整 8 相绕组；m=3，组间相移 120°时，为空间非对称 semi-12 相绕组。表 9-1-3 给出了以上多相绕组的相带角、电压相量图、定子出线端子数以及电机相数。

表 9-1-3　γ=semi-4 基本子集构成的多相电机

相带角 β	每极相带数	定子出线端子数	电压相量图	基本子集组数	电机相数
90°	2	3		m=1	semi-4

相带角 β	每极相带数	定子出线端子数	电压相量图	基本子集组数	电机相数
90°	2	5		$m=2$	4
45°	4	5		$m=2$	semi-8
45°	4	8		$m=4$	8
30°	6	6		$m=3$	semi-12

2. 基本子集相数为 $\gamma=$semi-6

当改变组数 m 和组间相移时，得到 6、semi-12、12 等多相绕组，如表 9-1-4 所示。

表 9-1-4　$\gamma=$semi-6 基本子集构成的多相电机

相带角 β	每极相带数	出线端子数	电压相量图	基本子集数	电机相数
60°	3	3		$m=1$	semi-6
60°	3	6		$m=2$	6
30°	6	6		$m=2$	semi-12
30°	6	12		$m=4$	12
20°	9	9		$m=3$	semi-18
20°	9	9		$m=3$	semi-18

相带角 β	每极相带数	出线端子数	电压相量图	基本子集数	电机相数
15°	12	12	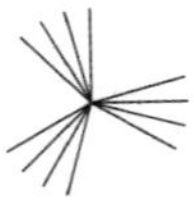	$m=4$	semi-24

同理，可以得到由其他基本子集构成的部分多相绕组。表 9-1-5 给出了由基本子集 semi-10、γ=semi-14 构成的多相绕组的参数和电压相量图。

表 9-1-5　由 semi-10、semi-14 基本子集构成的部分多相绕组

基本子集相数 γ	相带角 β	每极相带数 q	出线端子数	电压相量图	基本子集组数	电机相数
	36°	5	5		$m=1$	semi-10
semi-10	36°	5	10		$m=2$	10
	24°	7.5	15		$m=3$	semi-30
	25.7°	7	7		$m=1$	semi-14
semi-14	25.7°	7	14	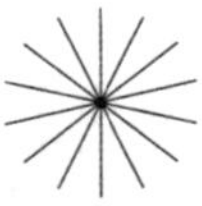	$m=2$	14

（二）完整多相绕组降阶方式

多相电机定子绕组往往采用 semi-2q 相（q 为整数），此时的多相绕组可以看作由完整的 2q 相绕组降阶得到的。在完整的 2q 相绕组中，绕组两两相对，对称分布。在同一个轴线上的两个绕组空间相差 180°，电压基波相位也相差 180°。图 9-1-1（a）中为完整的 12 相绕组：a_n、b_n、c_n（n=1，2，3，4）。为了降阶完整的 2q 相绕组，应将相对的绕组串联起来，由同一相电源供电。这样，电机出线端数目降为原来的一半，变为 semi-2q 相。图 9-1-1（a）中，当线圈 a_1、a_2、b_1、b_2、c_1、c_2 分别和各自轴线上的线圈 b_3、b_4、c_3、c_4、a_3、a_4 反向串联，就构成了如图 9-1-1（b）所示的 semi-12 相绕组。当 a_3、b_3、c_3 连接一起，a_4、b_4、c_4 连接一起，就构成了两组三相星形，相移为 30° 的绕组，即通常所称的双 Y 移 30° 绕组。

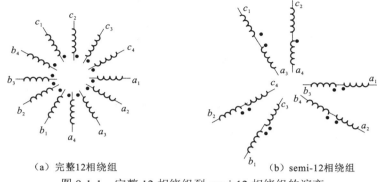

（a）完整12相绕组　　　（b）semi-12相绕组

图 9-1-1　完整 12 相绕组到 semi-12 相绕组的演变

第二节　多相电机磁动势的空间矢量分析

一、三相绕组的磁动势空间矢量

为方便分析，假设电机为 2 极，绕组为整距、集中绕组，匝数为 N，三相绕组 a_1、b_1、c_1 为 Y 形连接。其中，a_1 相绕组的线圈边分别为 A_1 和 X_1，如图 9-2-1（a）所示。a_1 相绕组的分布函数如图 9-2-1（b）所示，图中，φ 为沿气隙圆周的位移电角度。当位移原点取在 a_1 相轴线上时，三相绕组分布函数的傅里叶表达式为

$$
\begin{cases}
N_{a1}(\varphi) = \sum_{m=1}^{\infty}\left(\dfrac{4}{m\pi}\right)\dfrac{N}{2}\sin\dfrac{m\pi}{2}\cos m(\varphi) \\[2mm]
N_{b1}(\varphi) = \sum_{m=1}^{\infty}\left(\dfrac{4}{m\pi}\right)\dfrac{N}{2}\sin\dfrac{m\pi}{2}\cos m\left(\varphi - \dfrac{2\pi}{3}\right) \\[2mm]
N_{c1}(\varphi) = \sum_{m=1}^{\infty}\left(\dfrac{4}{m\pi}\right)\dfrac{N}{2}\sin\dfrac{m\pi}{2}\cos m\left(\varphi + \dfrac{2\pi}{3}\right)
\end{cases}
\tag{9-2-1}
$$

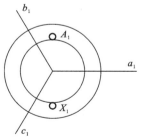

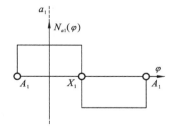

（a）绕组 a_1 的空间位置　　　（b）绕组 a_1 的分布函数

图 9-2-1　三相绕组位置和 a_1 绕组的分布函数

式（9-2-1）为 a_1、b_1、c_1 三相绕组分布的实数形式，绕组分布也可以在不同谐波空

间中用矢量分别表示（复数形式）。当实轴取在 a_1 相轴线上时，三相绕组分布的空间矢量表示如下。

基波空间矢量为

$$
\begin{cases}
\boldsymbol{N}_{a1} = \dfrac{2N}{\pi} \\[2mm]
\boldsymbol{N}_{b1} = \dfrac{2N}{\pi}\alpha \qquad \left(\alpha = \mathrm{e}^{-\mathrm{j}\frac{2\pi}{3}}\right) \\[2mm]
\boldsymbol{N}_{c1} = \dfrac{2N}{\pi}\alpha^2
\end{cases}
\tag{9-2-2}
$$

m 次谐波空间矢量为

$$
\begin{cases}
\boldsymbol{N}_{am} = \dfrac{2N}{m\pi} \\[2mm]
\boldsymbol{N}_{bm} = \dfrac{2N}{m\pi}\alpha^m \qquad (m=3,5,\cdots) \\[2mm]
\boldsymbol{N}_{cm} = \dfrac{2N}{m\pi}\alpha^{2m}
\end{cases}
\tag{9-2-3}
$$

假设绕组中的电流为周期方波函数，则三相绕组电流可表示为

$$
\begin{cases}
i_{a1}(t) = \sum\limits_{n=1}^{\infty} I_n \sin n\omega t \\[2mm]
i_{b1}(t) = \sum\limits_{n=1}^{\infty} I_n \sin n\left(\omega t - \dfrac{2\pi}{3}\right) \\[2mm]
i_{c1}(t) = \sum\limits_{n=1}^{\infty} I_n \sin n\left(\omega t + \dfrac{2\pi}{3}\right)
\end{cases}
\tag{9-2-4}
$$

其中，n 次谐波电流的幅值为

$$
I_n = \frac{4}{n\pi}I
$$

由式（9-2-2）～式（9-2-4）可知，三相绕组分布的 m 次谐波空间矢量和 n 次谐波电流生成的磁动势空间矢量表达式为

$$
\begin{aligned}
\boldsymbol{F}_{m,n} &= \boldsymbol{N}_{am}i_{an}(t) + \boldsymbol{N}_{bm}i_{bn}(t) + \boldsymbol{N}_{cm}i_{cn}(t) \\
&= \frac{2N}{m\pi}\left[i_{an}(t) + \alpha^m i_{bn}(t) + \alpha^{2m} i_{cn}(t)\right]
\end{aligned}
\tag{9-2-5}
$$

其中，磁动势的幅值为

$$
F_{mn} = \frac{3}{mn}\left(\frac{2}{\pi}\right)^2 NI
$$

二、双 Y 移 30° 绕组的磁动势空间矢量

假设双 Y 移 30° 绕组由以上第一套 Y 绕组 a_1、b_1、c_1 和另一套 Y 绕组 a_2、b_2、c_2

组成，第二套 Y 绕组在空间上与第一套 Y 绕组相移 30°，如图 9-2-1（b）所示，并且第二套绕组的基波电流在时间也上滞后第一套绕组 30°，则磁动势空间矢量分析如下。

（一）基波空间中的磁动势空间矢量

由式（9-2-5），$m=1$ 时，第一套 Y 绕组的空间基波和方波电流生成的磁动势为

$$\boldsymbol{F}_{1,abc1} = \boldsymbol{N}_{a1}i_{an}(t) + \boldsymbol{N}_{b1}i_{bn}(t) + \boldsymbol{N}_{c1}i_{cn}(t)$$
$$= \frac{2N}{\pi}\left[i_{an}(t) + \alpha i_{bn}(t) + \alpha^2 i_{cn}(t)\right] \tag{9-2-6}$$

经推导得到

$$\boldsymbol{F}_{1,abc1} = F_{1,1}\mathrm{e}^{-\mathrm{j}\omega t} + F_{1,5}\mathrm{e}^{\mathrm{j}5\omega t} - F_{17}\mathrm{e}^{-\mathrm{j}7\omega t} - F_{1,1,1}\mathrm{e}^{\mathrm{j}11\omega t} + \cdots \tag{9-2-7}$$

其中

$$F_{1,1} = \frac{12NI}{\pi^2}, \quad F_{1,5} = \frac{1}{5}\frac{12NI}{\pi^2}, \quad \cdots, \quad F_{1,6k\pm1} = \frac{1}{6k\pm1}\frac{12NI}{\pi^2}$$

根据式（9-2-7），考虑到绕组空间相位和电流时间相位的关系，第二套 Y 绕组在基波空间中生成的磁动势为

$$\boldsymbol{F}_{1,abc2} = \boldsymbol{F}_{1,abc1}\left(\omega t - \frac{\pi}{6}\right)\mathrm{e}^{-\mathrm{j}\frac{\pi}{6}}$$

$$= \left[F_{1,1}\mathrm{e}^{-\mathrm{j}\left(\omega t - \frac{\pi}{6}\right)} + F_{1,5}\mathrm{e}^{\mathrm{j}5\left(\omega t - \frac{\pi}{6}\right)} - F_{1,7}\mathrm{e}^{-\mathrm{j}7\left(\omega t - \frac{\pi}{6}\right)} - F_{1,11}\mathrm{e}^{\mathrm{j}11\left(\omega t - \frac{\pi}{6}\right)} + \cdots\right]\mathrm{e}^{-\mathrm{j}\frac{\pi}{6}} \tag{9-2-8}$$

$$= F_{1,1}\mathrm{e}^{-\mathrm{j}\omega t} + F_{1,5}\mathrm{e}^{\mathrm{j}5\omega} \cdot \mathrm{e}^{-\mathrm{j}\pi} - F_{1,7}\mathrm{e}^{-\mathrm{j}7\omega} \cdot \mathrm{e}^{\mathrm{j}\pi} - F_{1,11}\mathrm{e}^{\mathrm{j}11\omega} \cdot \mathrm{e}^{-\mathrm{j}2\pi} + \cdots$$

由式（9-2-7）、式（9-2-8），得到双 Y 移 30° 绕组合成的磁动势空间矢量为

$$\boldsymbol{F}_1 = \boldsymbol{F}_{1,abc1} + \boldsymbol{F}_{1,abc2} = 2F_{1,1}\mathrm{e}^{-\mathrm{j}\omega t} - 2F_{1,11}\mathrm{e}^{\mathrm{j}11\omega t} + 2F_{1,13}\mathrm{e}^{-\mathrm{j}13\omega t} + \cdots \tag{9-2-9}$$

（二）3 次谐波空间中的磁动势空间矢量

根据式（9-2-5），双 Y 移 30° 电机对称运行时，如果没有中线，不存在 3 次及其倍数的谐波电流，此时双 Y 移 30° 绕组的合成磁动势为 0。如果双 Y 有中线接出，并向绕组中注入三次谐波电流，则产生旋转磁动势 $\boldsymbol{F}_3 = 2F_{3,3}\mathrm{e}^{-\mathrm{j}3\omega t}$。$\boldsymbol{F}_3$ 和 $\boldsymbol{F}_1$ 合成建立近似矩形波的气隙磁密，使能量密度和输出转矩提高。

（三）5 次谐波空间中的磁动势空间矢量

同理，第一套 Y 绕组在 5 次谐波空间中的磁动势为

$$\boldsymbol{F}_{5,abc1} = \boldsymbol{N}_{a5}i_{an}(t) + \boldsymbol{N}_{b5}i_{bn}(t) + \boldsymbol{N}_{c5}i_{cn}(t)$$
$$= \frac{4N}{5\pi}[i_{an}(t) + \alpha^2 i_{bn}(t) + \alpha i_{cn}(t)] \tag{9-2-10}$$
$$= F_{5,1}\mathrm{e}^{\mathrm{j}\omega t} + F_{5,5}\mathrm{e}^{\mathrm{j}5\omega t} - F_{5,7}\mathrm{e}^{\mathrm{j}7\omega t} - F_{5,11}\mathrm{e}^{\mathrm{j}11\omega t} + \cdots$$

第二套 Y 绕组在 5 次谐波空间中的磁动势为

$$\boldsymbol{F}_{5,abc2} = \boldsymbol{F}_{5,abc1}\left(\omega t - \frac{\pi}{6}\right)\cdot e^{-j\frac{5\pi}{6}}$$

$$= \left[F_{5,1}e^{j\left(\omega t - \frac{\pi}{6}\right)} + F_{5,5}e^{-j5\left(\omega t - \frac{\pi}{6}\right)} - F_{5,7}e^{j7\left(\omega t - \frac{\pi}{6}\right)} - F_{5,11}e^{-j11\left(\omega t - \frac{\pi}{6}\right)} + \cdots\right]e^{-j\frac{5\pi}{6}} \quad (9\text{-}2\text{-}11)$$

$$= F_{5,1}e^{j\omega t}\cdot e^{-j\pi} + F_{5,5}e^{-j5\omega t} - F_{5,7}e^{j7\omega t} - F_{5,11}e^{-j11\omega t}\cdot e^{j\pi} + \cdots$$

双 Y 移 30° 绕组在 5 次谐波空间中的合成磁动势空间矢量为

$$\boldsymbol{F}_5 = \boldsymbol{F}_{5,abc1} + \boldsymbol{F}_{5,abc2} = 2F_{5,5}e^{-j50t} - 2F_{5,7}e^{j70t} + \cdots \quad (9\text{-}2\text{-}12)$$

（四）7 次谐波空间中的磁动势空间矢量

同理，第一套 Y 绕组在 7 次谐波空间中的磁动势为

$$\boldsymbol{F}_{7,abc1} = \boldsymbol{N}_{a7}i_{an}(t) + \boldsymbol{N}_{b7}i_{bn}(t) + \boldsymbol{N}_{c7}i_{cn}(t)$$

$$= \frac{4N}{7\pi}\left[i_{an}(t) + \alpha i_{bn}(t) + \alpha^2 i_{cn}(t)\right] \quad (9\text{-}2\text{-}13)$$

$$= F_{7,1}e^{-j\omega t} + F_{7,5}e^{-j5\omega t} - F_{7,7}e^{-j7\omega t} - F_{7,11}e^{-j11\omega t} + \cdots$$

第二套 Y 绕组在 7 次谐波空间中的磁动势为

$$\boldsymbol{F}_{7,abc2} = \boldsymbol{F}_{7,abc1}\left(\omega t - \frac{\pi}{6}\right)e^{-j\frac{7\pi}{6}}$$

$$= \left[F_{7,1}e^{-j\left(\omega t - \frac{\pi}{6}\right)} + F_{7,5}e^{-j5\left(\omega t - \frac{\pi}{6}\right)} - F_{7,7}e^{-j7\left(\omega t - \frac{\pi}{6}\right)} - F_{7,11}e^{-j11\left(\omega t - \frac{\pi}{6}\right)} + \cdots\right]e^{-j\frac{7\pi}{6}} \quad (9\text{-}2\text{-}14)$$

$$= F_{7,1}e^{-j\omega t}\cdot e^{-j\pi} + F_{7,5}e^{j5\omega t} - F_{7,7}e^{-j7\omega t} - F_{7,11}e^{j11\omega t}\cdot e^{-j\pi} + \cdots$$

则双 Y 移 30° 绕组的合成磁动势空间矢量为

$$\boldsymbol{F}_7 = \boldsymbol{F}_{7,abc1} + \boldsymbol{F}_{7,abc2} = 2F_{7,5}e^{j5\omega t} - 2F_{7,7}e^{-j7\omega t} + \cdots \quad (9\text{-}2\text{-}15)$$

（五）6k±1 谐波空间中的磁动势空间矢量

我们还可以得到双 Y 移 30° 绕组磁动势空间矢量的更一般性的结论，在 5，7，17，19，…谐波空间中，有

$$\begin{cases} \boldsymbol{F}_{6k-1} = 2\sum_{i=1}^{\infty}\sin\left(\frac{i\pi}{2}\right)\left[F_{6k-1,6i-1}e^{-j(6i-1)\omega t} - F_{6k-1,6i+1}e^{j(6i+1)\omega t}\right] \\ \boldsymbol{F}_{6k+1} = 2\sum_{i=1}^{\infty}\sin\left(\frac{i\pi}{2}\right)\left[F_{6k+1,6i-1}e^{j(6i-1)\omega t} - F_{6k+1,6i+1}e^{-j(6i+1)\omega t}\right] \end{cases} \quad (9\text{-}2\text{-}16)$$

$$k = 1,3,5,\cdots$$

在 11，13，23，25，…谐波空间中，有

$$\begin{cases} \boldsymbol{F}_{6k-1} = 2\sum_{i=1}^{\infty}\sin\left(\frac{(i+1)\pi}{2}\right)\left[F_{6k-1,6i-1}e^{-j(6i-1)\omega t} - F_{6k-1,6i+1}e^{j(6i+1)\omega t}\right] \\ \boldsymbol{F}_{6k+1} = 2\sum_{i=1}^{\infty}\sin\left(\frac{(i+1)\pi}{2}\right)\left[F_{6k+1,6i-1}e^{j(6i-1)\omega t} - F_{6k+1,6i+1}e^{-j(6i+1)\omega t}\right] \end{cases} \quad (9\text{-}2\text{-}17)$$

$$k = 2,4,6,\cdots$$

三、对称 semi-10 相绕组的磁动势空间矢量

对称 semi-10 相电机通常也被称为五相电机，设绕组分布的基波空间矢量为

$$\begin{cases} N_{a1} = \dfrac{2N}{\pi} \\[2mm] N_{b1} = \dfrac{2N}{\pi}\alpha \\[2mm] N_{c1} = \dfrac{2N}{\pi}\alpha^2 \\[2mm] N_{d1} = \dfrac{2N}{\pi}\alpha^3 \\[2mm] N_{e1} = \dfrac{2N}{\pi}\alpha^4 \\[2mm] \alpha = e^{-j\frac{2\pi}{5}} \end{cases} \tag{9-2-18}$$

各绕组的基波电流为

$$\begin{cases} i_{a1}(t) = I_{1m}\cos\omega t \\[2mm] i_{b1}(t) = I_{1m}\cos m\left(\omega t - \dfrac{2\pi}{5}\right) \\[2mm] i_{c1}(t) = I_{1m}\cos m\left(\omega t - \dfrac{4\pi}{5}\right) \\[2mm] i_{d1}(t) = I_{1m}\cos m\left(\omega t - \dfrac{6\pi}{5}\right) \\[2mm] i_{e1}(t) = I_{1m}\cos m\left(\omega t - \dfrac{8\pi}{5}\right) \end{cases} \tag{9-2-19}$$

则由式（9-2-18）、式（9-2-19），可得到在基波空间中，基波电流生成的磁动势空间矢量

$$\begin{aligned} \boldsymbol{F}_{1,1} &= N_{a1}i_{a1}(t) + N_{b1}i_{b1}(t) + N_{c1}i_{c1}(t) + N_{d1}i_{d1}(t) + N_{e1}i_{e1}(t) \\ &= \frac{5}{2}F_{1,1}e^{-j\omega t} \end{aligned} \tag{9-2-20}$$

同理，可得到其他各谐波电流生成的磁动势

$$\boldsymbol{F}_{1,3} = \boldsymbol{F}_{1,5} = \boldsymbol{F}_{1,7} = 0$$

$$\boldsymbol{F}_{1,9} = \frac{5}{2}F_{1,9}e^{-j9\omega t}$$

$$\boldsymbol{F}_{1,11} = \frac{5}{2}F_{1,11}e^{-j11\omega t}$$

······

式中

$$F_{1,1} = \frac{2NI_{1m}}{\pi}, \qquad F_{1,9} = \frac{2NI_{9m}}{\pi}, \qquad F_{1,11} = \frac{2NI_{11m}}{\pi}$$

以此类推，进而得到在各谐波空间中，各谐波电流生成的磁动势空间矢量。当电机绕组为多套 semi-10 基本子集构成的复杂系统时，仿照双 Y 移 30°绕组磁动势分析，不难合成 10 相、15 相等多相绕组的磁动势空间矢量。

四、多相绕组的磁动势空间矢量谐波分析

根据以上推导得出的多相绕组磁动势空间矢量表达式，可以对谐波磁动势的性质进行分析。表 9-2-1、表 9-2-2 和表 9-2-3 分别给出了普通三相电动机、双 Y 移 30°、semi-10 相等绕组谐波磁动势的幅值、相角和旋转方向。表中：F 表示与基波同向，B 表示与基波反向。

表 9-2-1　三相电机磁动势中各谐波成分

时间谐波	空间谐波						
	1	3	5	7	9	11	13
1	F 1.053		B 0.211	F 0.15∠180°		B 0.096∠180°	F 0.081
3							
5	B 0.211∠180°		F 0.042∠180°	B 0.03		F 0.019	B 0.016∠180°
7	F 0.15∠180°		B 0.03∠180°	F 0.021		B 0.014	F 0.012∠180°
9							
11	B 0.096∠180°		F 0.019	B 0.014∠180°		F 0.009∠180°	B 0.007
13	F 0.081		B 0.016	F 0.012∠180°		B 0.007∠180°	F 0.006

表 9-2-2　双 Y 移 30°电机磁动势谐波

时间谐波	空间谐波						
	1	3	5	7	9	11	13
1	F 2.106					B 0.192∠180°	F 0.162
3							
5			F 0.084∠180°	B 0.06			

续表

时间谐波	空间谐波						
	1	3	5	7	9	11	13
7			B 0.06∠180°	F 0.042			
9							
11	B 0.192∠180					F 0.018∠180°	B 0.014
13	F 0.162					B 0.014∠180°	F 0.012

表 9-2-3　semi-10 相电机磁动势谐波

时间谐波	空间谐波						
	1	3	5	7	9	11	13
1	F 1.156				0.128	B 0.105∠180°	
3		F 0.079∠180°		B 0.034∠180°			F 0.018
5							
7		B 0.034∠180°		F 0.015			B 0.008∠180°
9	B 0.128∠180°				F 0.014∠180°	B 0.011	
11	F 0.105∠180°				B 0.11∠180°	F 0.018∠180°	
13		F 0.018		B 0.08			F 0.004∠180°

根据表 9-2-2，双 Y 移 30° 电机中各磁动势谐波的性质分析如下。

基波电流能产生 11，13，23，25，…空间谐波的旋转磁动势，其中幅值较大的为 $F_{11,1}$ 和 $F_{13,1}$。这两个磁动势幅值分别为基波值的 1/11 和 1/13，且分别以 1/11 和 1/13 的基波速度旋转，11 次谐波旋转方向为正，13 次谐波方向为负。在机械端口，这两个谐波磁动势会引起附加转矩，但和三相电机中 5、7 次空间谐波产生的附加转矩相比，它们的幅值要小得多，使电机容易避免启动时的低速爬行问题。

5 次谐波电流能产生 5，7，17，19，…空间谐波的旋转磁动势，幅值较大的为 $F_{5,5}$ 和 $F_{7,5}$。$F_{5,5}$ 与基波磁动势 $F_{1,1}$ 同步，幅值为基波的 1/25；$F_{7,5}$ 速度为 5/7 基波速度，反向旋转，幅值为基波的 1/35，对气隙磁场影响不明显。

7 次谐波电流产生的磁动势和 5 次谐波电流的相似，主要谐波中，$F_{7,7}$ 与 $F_{1,1}$ 同步，$F_{5,7}$ 以 7/5 的基波速度反向旋转，幅值为基波 $F_{1,1}$ 的 1/35。

11 次谐波电流能产生 1，11，13，…空间谐波的旋转磁动势，能影响电机运行的主要为 $F_{1,11}$，其幅值为基波的 1/11，旋转速度为 11 倍基波速度，方向与之相反。$F_{1,11}$ 和基波磁动势相互作用时，将产生 12 倍基频脉动转矩。其他如 $F_{11,11}$、$F_{11,13}$ 等磁动势幅值非常小，分析时可以忽略。

13 次谐波电流产生的磁动势和 11 次谐波电流的相似，其主要影响是产生 12 倍基频脉动转矩。综上所述，和普通三相电机相比，双 Y 移 30° 电动机的空间谐波对电机的不利影响较小，如果选择适当的节距，11、13 次空间谐波将进一步下降，而对基波绕组系数影响很小。例如，节距和极距之比 $y_1/2$ 选取 11/12 时，空间基波、11、13 次谐波的短距系数分别为 $k_{y1}=0.9914$，$k_{y11}=-0.1305$，$k_{y13}=-0.1305$。

表 9-2-3 分析从略。

第三节　双 Y 移 30° 感应电动机的数学模型

正确选择参照系建立多相电动机数学模型是有效分析其静、动态特性及谐波问题的重要前提。根据以上结论，广义 dqO 参照系能广泛适合于多相感应电机的各类问题分析，以下将给出在该参照系中双 Y 移 30° 感应电动机的数学模型。

一、自然参照系下双 Y 移 30° 电机的状态电压方程

为了便于分析，对双 Y 移 30° 电动机做如下基本假设：

（1）定子由两套完全对称的相移 30° 的 Y 绕组构成，如图 9-3-1 所示，转子绕组已经等效为双 Y 结构；

（2）定转子表面光滑，无齿槽效应，气隙磁通密度在空间呈正弦分布；

（3）涡流及铁心损耗忽略不计。

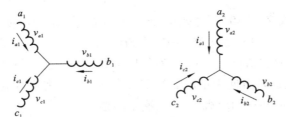

图 9-3-1　定子双 Y 移 30° 绕组结构

电机在 abc 自然参照系下的定子绕组电压方程矩阵的向量形式为

$$V_s = R_s I_s + \frac{\mathrm{d}}{\mathrm{d}t}\Psi_s \tag{9-3-1}$$

磁链方程为

$$\Psi_s = L_{ss} I_s + L_{sr} I_r \tag{9-3-2}$$

式中：定子的相电压、电流以及磁链向量分别为

$$V_s = \begin{bmatrix} u_{a1s} & u_{a2s} & u_{b1s} & u_{b2s} & u_{c1s} & u_{c2s} \end{bmatrix}^T$$

$$I_s = \begin{bmatrix} i_{a1s} & i_{a2s} & i_{b1s} & i_{b2s} & i_{c1s} & i_{c2s} \end{bmatrix}^T$$

$$\Psi_s = \begin{bmatrix} \Psi_{a1s} & \Psi_{a2s} & \psi_{b1s} & \Psi_{b2s} & \psi_{c1s} & \psi_{c2s} \end{bmatrix}^T$$

转子电流向量为

$$I_r = \begin{bmatrix} i_{a1r} & i_{a2r} & i_{b1r} & i_{b2r} & i_{c1r} & i_{c2r} \end{bmatrix}^T$$

定子电阻矩阵为

$$R_s = \mathrm{diag}\begin{bmatrix} r_s & r_s & r_s & r_s & r_s & r_s \end{bmatrix}$$

定子自感矩阵为

$$L_{sl} = L_s[1]_{6\times 6} + L_{ms} \begin{bmatrix} 1 & \cos\frac{\pi}{6} & \cos\frac{4\pi}{6} & \cos\frac{5\pi}{6} & \cos\frac{8\pi}{6} & \cos\frac{9\pi}{6} \\ \cos\frac{\pi}{6} & 1 & \cos\frac{3\pi}{6} & \cos\frac{4\pi}{6} & \cos\frac{7\pi}{6} & \cos\frac{8\pi}{6} \\ \cos\frac{4\pi}{6} & \cos\frac{3\pi}{6} & 1 & \cos\frac{\pi}{6} & \cos\frac{4\pi}{6} & \cos\frac{5\pi}{6} \\ \cos\frac{5\pi}{6} & \cos\frac{4\pi}{6} & \cos\frac{\pi}{6} & 1 & \cos\frac{3\pi}{6} & \cos\frac{4\pi}{6} \\ \cos\frac{8\pi}{6} & \cos\frac{5\pi}{6} & \cos\frac{4\pi}{6} & \cos\frac{3\pi}{6} & 1 & \cos\frac{\pi}{6} \\ \cos\frac{3\pi}{6} & \cos\frac{4\pi}{6} & \cos\frac{5\pi}{6} & \cos\frac{8\pi}{6} & \cos\frac{\pi}{6} & 1 \end{bmatrix}$$

设定子参照系轴线和转子参照系轴线的夹角为 θ_γ，则定、转子互感矩阵为

$$L_{sr} = L_{ms}\begin{bmatrix} \cos\theta_r & \cos\left(\theta_r+\frac{\pi}{6}\right) & \cos\left(\theta_r+\frac{4\pi}{6}\right) & \cos\left(\theta_r+\frac{5\pi}{6}\right) & \cos\left(\theta_r+\frac{8\pi}{6}\right) & \cos\left(\theta_r+\frac{9\pi}{6}\right) \\ \cos\left(\theta_r+\frac{\pi}{6}\right) & \cos\theta_r & \cos\left(\theta_r+\frac{3\pi}{6}\right) & \cos\left(\theta_r+\frac{4\pi}{6}\right) & \cos\left(\theta_r+\frac{7\pi}{6}\right) & \cos\left(\theta_r+\frac{8\pi}{6}\right) \\ \cos\left(\theta_r+\frac{4\pi}{6}\right) & \cos\left(\theta_r+\frac{3\pi}{6}\right) & \cos\theta_r & \cos\left(\theta_r+\frac{\pi}{6}\right) & \cos\left(\theta_r+\frac{4\pi}{6}\right) & \cos\left(\theta_r+\frac{5\pi}{6}\right) \\ \cos\left(\theta_r+\frac{5\pi}{6}\right) & \cos\left(\theta_r+\frac{4\pi}{6}\right) & \cos\left(\theta_r+\frac{\pi}{6}\right) & \cos\theta_r & \cos\left(\theta_r+\frac{3\pi}{6}\right) & \cos\left(\theta_r+\frac{4\pi}{6}\right) \\ \cos\left(\theta_r+\frac{8\pi}{6}\right) & \cos\left(\theta_r+\frac{5\pi}{6}\right) & \cos\left(\theta_r+\frac{4\pi}{6}\right) & \cos\left(\theta_r+\frac{3\pi}{6}\right) & \cos\theta_r & \cos\left(\theta_r+\frac{\pi}{6}\right) \\ \cos\left(\theta_r+\frac{3\pi}{6}\right) & \cos\left(\theta_r+\frac{4\pi}{6}\right) & \cos\left(\theta_r+\frac{5\pi}{6}\right) & \cos\left(\theta_r+\frac{8\pi}{6}\right) & \cos\left(\theta_r+\frac{\pi}{6}\right) & \cos\theta_r \end{bmatrix}$$

同理得到在 abc 自然参照系下电机转子的电压方程

$$0 = R_r I_r + \frac{\mathrm{d}}{\mathrm{d}t}\Psi_r \tag{9-3-3}$$

二、广义 *dqO* 参照系下的电压状态方程

以下将应用多相参照系变换理论，对 *abc* 自然参照系下的方程实行广义 *dqO* 变换。根据假设，转子绕组已经等效为双 Y 结构，因而可以仿照 T_s 的推导，求得转子的广义 *dqO* 参照系变换矩阵

$$T_r = \frac{1}{\sqrt{3}} \begin{bmatrix} \cos\theta_r & \cos\left(\theta_r+\dfrac{\pi}{6}\right) & \cos\left(\theta_r+\dfrac{2\pi}{3}\right) & \cos\left(\theta_r+\dfrac{5\pi}{6}\right) & \cos\left(\theta_r+\dfrac{4\pi}{3}\right) & \sin\theta_r \\ \sin\theta_r & \sin\left(\theta_r+\dfrac{\pi}{6}\right) & \sin\left(\theta_r+\dfrac{2\pi}{3}\right) & \sin\left(\theta_r+\dfrac{5\pi}{6}\right) & \sin\left(\theta_r+\dfrac{4\pi}{3}\right) & \cos\theta_r \\ \cos5\theta_r & \cos5\left(\theta_r+\dfrac{\pi}{6}\right) & \cos5\left(\theta_r+\dfrac{2\pi}{3}\right) & \cos5\left(\theta_r+\dfrac{5\pi}{6}\right) & \cos5\left(\theta_r+\dfrac{4\pi}{3}\right) & \sin5\theta_r \\ \sin5\theta_r & \sin5\left(\theta_r+\dfrac{\pi}{6}\right) & \sin5\left(\theta_r+\dfrac{2\pi}{3}\right) & \sin5\left(\theta_r+\dfrac{5\pi}{6}\right) & \sin5\left(\theta_r+\dfrac{4\pi}{3}\right) & \cos5\theta_r \\ \cos3\theta_r & \cos3\left(\theta_r+\dfrac{\pi}{6}\right) & \cos3\left(\theta_r+\dfrac{2\pi}{3}\right) & \cos3\left(\theta_r+\dfrac{5\pi}{6}\right) & \cos3\left(\theta_r+\dfrac{4\pi}{3}\right) & \sin3\theta_r \\ \sin3\theta_r & \sin3\left(\theta_r+\dfrac{\pi}{6}\right) & \sin3\left(\theta_r+\dfrac{2\pi}{3}\right) & \sin3\left(\theta_r+\dfrac{5\pi}{6}\right) & \sin3\left(\theta_r+\dfrac{4\pi}{3}\right) & \cos3\theta_r \end{bmatrix}$$

$$（9\text{-}3\text{-}4）$$

应用变换矩阵 T_s 和 T_r 对式（9-3-1）～式（9-3-3）施行变换，得

$$T_s V_s = T_s R_s T_s^{-1} T_s I_s + T_s \frac{\mathrm{d}}{\mathrm{d}t}\left[L_{ss} T_s^{-1} T_s I_s + L_{sr} T_r T_r^{-1} I_r \right]$$

变换后的向量形式为

$$\tilde{V}_s = R_s \tilde{I}_s + \tilde{L}_{ss}\frac{\mathrm{d}}{\mathrm{d}t}\tilde{I}_s + \tilde{L}_{sr}\frac{\mathrm{d}}{\mathrm{d}t}\tilde{I}_r + \omega_r \Gamma_s \tilde{I}_s + \omega_r \Gamma_r \tilde{I}_r \qquad （9\text{-}3\text{-}5）$$

式中

$$\tilde{I}_r = T_r I_r ; \quad \tilde{V}_s = T_s V_s ; \quad \tilde{I}_s = T_s I_s$$

定子方程的矩阵形式为

$$\begin{bmatrix} v_{ds} \\ v_{qs} \\ v_{z1s} \\ v_{z2s} \\ v_{o1s} \\ v_{o2s} \end{bmatrix} = \begin{bmatrix} r_s & 0 & 0 & 0 & 0 & 0 \\ 0 & r_s & 0 & 0 & 0 & 0 \\ 0 & 0 & r_s & 0 & 0 & 0 \\ 0 & 0 & 0 & r_s & 0 & 0 \\ 0 & 0 & 0 & 0 & r_s & 0 \\ 0 & 0 & 0 & 0 & 0 & r_s \end{bmatrix} \begin{bmatrix} i_{ds} \\ i_{qs} \\ i_{z1s} \\ i_{z2s} \\ i_{o1s} \\ i_{o2s} \end{bmatrix} + \begin{bmatrix} L_s & 0 & 0 & 0 & 0 & 0 \\ 0 & L_s & 0 & 0 & 0 & 0 \\ 0 & 0 & L_{sl} & 0 & 0 & 0 \\ 0 & 0 & 0 & L_{sl} & 0 & 0 \\ 0 & 0 & 0 & 0 & L_{sl} & 0 \\ 0 & 0 & 0 & 0 & 0 & L_{sl} \end{bmatrix} \frac{\mathrm{d}}{\mathrm{d}t} \begin{bmatrix} i_{ds} \\ i_{qs} \\ i_{z1s} \\ i_{z2s} \\ i_{o1s} \\ i_{o2s} \end{bmatrix}$$

$$+\begin{bmatrix} 3L_m & 0 & 0 & 0 & 0 & 0 \\ 0 & 3L_m & 0 & 0 & 0 & 0 \\ 0 & 0 & 0 & 0 & 0 & 0 \\ 0 & 0 & 0 & 0 & 0 & 0 \\ 0 & 0 & 0 & 0 & 0 & 0 \\ 0 & 0 & 0 & 0 & 0 & 0 \end{bmatrix}\frac{\mathrm{d}}{\mathrm{d}t}\begin{bmatrix} i_{dr} \\ i_{qr} \\ i_{z1r} \\ i_{z2r} \\ i_{o1r} \\ i_{o2r} \end{bmatrix}+\omega_r\begin{bmatrix} 0 & -1 & 0 & 0 & 0 & 0 \\ 1 & 0 & 0 & 0 & 0 & 0 \\ 0 & 0 & 0 & 0 & 0 & 0 \\ 0 & 0 & 0 & 0 & 0 & 0 \\ 0 & 0 & 0 & 0 & 0 & 0 \\ 0 & 0 & 0 & 0 & 0 & 0 \end{bmatrix}\left\{L_s\begin{bmatrix} i_{ds} \\ i_{qs} \\ i_{z1s} \\ i_{z2s} \\ i_{o1s} \\ i_{o2s} \end{bmatrix}+3L_m\begin{bmatrix} i_{dr} \\ i_{qr} \\ i_{z1r} \\ i_{z2r} \\ i_{o1r} \\ i_{o2r} \end{bmatrix}\right\}$$

$$(9\text{-}3\text{-}6)$$

同理，可以获得变换后的转子矩阵方程

$$\begin{bmatrix} 0 \\ 0 \\ 0 \\ 0 \\ 0 \\ 0 \end{bmatrix}=\begin{bmatrix} r_r & 0 & 0 & 0 & 0 & 0 \\ 0 & r_r & 0 & 0 & 0 & 0 \\ 0 & 0 & r_r & 0 & 0 & 0 \\ 0 & 0 & 0 & r_r & 0 & 0 \\ 0 & 0 & 0 & 0 & r_r & 0 \\ 0 & 0 & 0 & 0 & 0 & r_r \end{bmatrix}\begin{bmatrix} i_{dr} \\ i_{qr} \\ i_{z1r} \\ i_{z2r} \\ i_{o1r} \\ i_{o2r} \end{bmatrix}+\begin{bmatrix} L_r & 0 & 0 & 0 & 0 & 0 \\ 0 & L_r & 0 & 0 & 0 & 0 \\ 0 & 0 & L_{rl} & 0 & 0 & 0 \\ 0 & 0 & 0 & L_{rl} & 0 & 0 \\ 0 & 0 & 0 & 0 & L_{rl} & 0 \\ 0 & 0 & 0 & 0 & 0 & L_{rl} \end{bmatrix}\frac{\mathrm{d}}{\mathrm{d}t}\begin{bmatrix} i_{dr} \\ i_{qr} \\ i_{z1r} \\ i_{z2r} \\ i_{o1r} \\ i_{o2r} \end{bmatrix}$$

$$+\begin{bmatrix} 3L_m & 0 & 0 & 0 & 0 & 0 \\ 0 & 3L_m & 0 & 0 & 0 & 0 \\ 0 & 0 & 0 & 0 & 0 & 0 \\ 0 & 0 & 0 & 0 & 0 & 0 \\ 0 & 0 & 0 & 0 & 0 & 0 \\ 0 & 0 & 0 & 0 & 0 & 0 \end{bmatrix}\frac{\mathrm{d}}{\mathrm{d}t}\begin{bmatrix} i_{ds} \\ i_{qs} \\ i_{z1s} \\ i_{z2s} \\ i_{o1s} \\ i_{o2s} \end{bmatrix}+\omega_r\begin{bmatrix} 0 & -1 & 0 & 0 & 0 & 0 \\ 1 & 0 & 0 & 0 & 0 & 0 \\ 0 & 0 & 0 & 0 & 0 & 0 \\ 0 & 0 & 0 & 0 & 0 & 0 \\ 0 & 0 & 0 & 0 & 0 & 0 \\ 0 & 0 & 0 & 0 & 0 & 0 \end{bmatrix}\left\{L_r\begin{bmatrix} i_{dr} \\ i_{qr} \\ i_{z1r} \\ i_{z2r} \\ i_{o1r} \\ i_{o2r} \end{bmatrix}+3L_m\begin{bmatrix} i_{ds} \\ i_{qs} \\ i_{z1s} \\ i_{z2s} \\ i_{o1s} \\ i_{o2s} \end{bmatrix}\right\}$$

$$(9\text{-}3\text{-}7)$$

式中

$$L_s=3L_m+L_s, \qquad L_y=3L_m+L_y$$

与电压方程式（9-3-6）、式（9-3-7）相应的 $d-q$、z_1-z_2 和 O_1-O_2 瞬态等值电路如图 9-3-2～图 9-3-4 所示。当电机进入稳态运行时，以上瞬态等值电路则变为表 9-3-5 中的稳态等值电路。

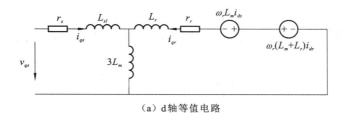

（a）d 轴等值电路

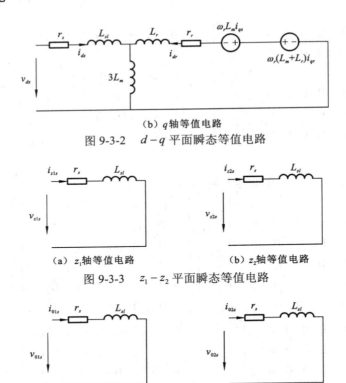

（b）q轴等值电路

图 9-3-2 $d-q$ 平面瞬态等值电路

（a）z_1轴等值电路   （b）z_2轴等值电路

图 9-3-3 z_1-z_2 平面瞬态等值电路

（a）O_1轴等值电路   （b）O_2轴等值电路

图 9-3-4 O_1-O_2 平面瞬态等值电路

电压方程式（9-3-6）、（9-3-7）和式（9-3-8）的电机运动方程构成了双 Y 移 30° 相感应电动机的数学模型。

$$J\frac{\mathrm{d}\Omega}{\mathrm{d}t} = T_e - T_L \tag{9-3-8}$$

式中：T_L 为负载转矩；T_e 为电磁转矩；Ω 为电机的机械角速度；J 为转动惯量，可以证明，电磁转矩在广义 dqO 参照系下的表达式为

$$T_e = \frac{3}{2}pL_m\left(i_{qs}i_{dr} - i_{ds}i_{qr}\right) \tag{9-3-9}$$

第四节 五相感应电动机的数学模型

在五相感应电机建模分析的过程中，假设：

（1）电机内部绕组呈正弦式分布；

（2）假设电机磁路线性不饱和，电机的剩磁、磁滞、涡流以及集肤效应在模型中忽略不计；

（3）不考虑定转子表面齿槽产生的影响，也不考虑互漏感；

（4）由于鼠笼式电机转子的自适应性，可认为定转子相数相同，定转子匝数保持一致，且不考虑温度和频率对绕组参数的影响；

（5）仅考虑定转子与气隙的基波和三次谐波磁场，高次谐波部分忽略。

为实现五相到两相的静止坐标变换，引入五相 Clark（克拉克）变换式（9-4-1）。

$$\text{Clark} = \sqrt{\frac{2}{5}} \begin{bmatrix} 1 & \cos\delta & \cos 2\delta & \cos 3\delta & \cos 4\delta \\ 0 & \sin\delta & \sin 2\delta & \sin 3\delta & \sin 4\delta \\ 1 & \cos 2\delta & \cos 4\delta & \cos 6\delta & \cos 8\delta \\ 0 & \sin 2\delta & \sin 4\delta & \sin 6\delta & \sin 8\delta \\ \sqrt{\frac{1}{2}} & \sqrt{\frac{1}{2}} & \sqrt{\frac{1}{2}} & \sqrt{\frac{1}{2}} & \sqrt{\frac{1}{2}} \end{bmatrix} \tag{9-4-1}$$

式中：$\delta=2\pi/5$。利用 Clark 变换可将五相电压变换为 $\alpha\beta$ 轴分量如式（9-4-2）所示。

$$\begin{bmatrix} u_{\alpha 1} \\ u_{\beta 1} \\ u_{\alpha 3} \\ u_{\beta 3} \\ u_0 \end{bmatrix} = \text{Clark} \begin{bmatrix} u_a \\ u_b \\ u_c \\ u_d \\ u_e \end{bmatrix} \tag{9-4-2}$$

式中：$u_{\alpha 1}$、$u_{\beta 1}$ 对应基波及 $10k\pm 1$（$k=1,2,3,\cdots$）次谐波分量，直接参与机电能量的转化；$u_{\alpha 3}$、$u_{\beta 3}$ 为 3 次和 $10k\pm 3$（$k=1,2,3,\cdots$）次谐波分量，对电机的运行产生一定的扰动；u_0 为 $10k\pm 5$（$k=1,2,3,\cdots$）次谐波分量，即广义零序分量。

利用 Clark 变换，将五相电压分解到 $\alpha\beta 1$、$\alpha\beta 3$ 两个空间。在 $\alpha\beta 1$ 空间内，将 $u_{\alpha 3}$、$u_{\beta 3}$、u_0 设为 0，再利用 Clark 反变换，获得基波空间下的电压向量；在 $\alpha\beta 3$ 空间内，同理将 $u_{\alpha 1}$、$u_{\beta 1}$、u_0 设为 0，再利用 Clark 反变换，获得三次谐波空间内的电压向量。按照以上的分析，可以将五相感应电机数学模型拆分为基波模型与三次谐波模型，最后通过线性叠加的办法获得电机模型。

一、ABCDE 坐标系下的方程

首先对基波空间下五相感应电机的数学模型进行讨论。

在 ABCDE 自然坐标系下，可以得到在基波空间内的五相感应电机电压方程如式（9-4-3）所示。

$$u_1 = R_1 i_1 + p(L_1 i_1) = R_1 i_1 + p(\psi_1) = Z_1 i_1 \tag{9-4-3}$$

其中

$$u_1 = [u_A, u_B, u_C, u_D, u_E, u_a, u_b, u_c, u_d, u_e]$$
$$i_1 = [i_A, i_B, i_C, i_D, i_E, i_a, i_b, i_c, i_d, i_e]$$
$$Z_1 = R_1 + pL_1$$
$$R_1 = \begin{bmatrix} R_{s1}\times E_5 & 0 \\ 0 & R_{r1}\times E_5 \end{bmatrix}, \quad L_1 = \begin{bmatrix} L_{SS1} & L_{SR1} \\ L_{RS1} & L_{RR1} \end{bmatrix}$$

Z_1 为电机的等效阻抗矩阵，R_{s1}、R_{r1} 为定子和转子各相绕组的基准电阻值，E_5 为 5 阶单位阵；$L_{SS1} = l_{m1} \times T_{SS1} + l_{ls1} \times E_5$ 为定子电感矩阵，$L_{RR1} = l_{m1} \times T_{RR1} + l_{lr1} \times E_5$ 为转子电感矩阵，l_{ls1}、l_{lr1} 为定子和转子绕组的自漏感；l_{m1} 为基准电感值；$L_{SR1} = l_{m1} \times T_{SR1}$ 为定子绕组与转子绕组之间的互感矩阵；$L_{RS1} = l_{m1} \times T_{RS1}$ 为转子绕组与定子绕组之间的互感矩阵。

$$T_{SS1} = T_{RR1} = \begin{bmatrix} \cos 0 & \cos \delta & \cos 2\delta & \cos 3\delta & \cos 4\delta \\ \cos \delta & \cos 0 & \cos \delta & \cos 2\delta & \cos 3\delta \\ \cos 2\delta & \cos \delta & \cos 0 & \cos \delta & \cos 2\delta \\ \cos 3\delta & \cos 2\delta & \cos \delta & \cos 0 & \cos \delta \\ \cos 4\delta & \cos 3\delta & \cos 2\delta & \cos \delta & \cos 0 \end{bmatrix}$$

$$T_{SR1} = T_{RS1}^{\mathrm{T}} = \begin{bmatrix} \cos \theta_r & \cos(\delta + \theta_r) & \cos(2\delta + \theta_r) & \cos(3\delta + \theta_r) & \cos(4\delta + \theta_r) \\ \cos(4\delta + \theta_r) & \cos \theta_r & \cos(\delta + \theta_r) & \cos(2\delta + \theta_r) & \cos(3\delta + \theta_r) \\ \cos(3\delta + \theta_r) & \cos(4\delta + \theta_r) & \cos \theta_r & \cos(\delta + \theta_r) & \cos(2\delta + \theta_r) \\ \cos(2\delta + \theta_r) & \cos(3\delta + \theta_r) & \cos(4\delta + \theta_r) & \cos \theta_r & \cos(\delta + \theta_r) \\ \cos(\delta + \theta_r) & \cos(2\delta + \theta_r) & \cos(3\delta + \theta_r) & \cos(4\delta + \theta_r) & \cos \theta_r \end{bmatrix}$$

$\delta = 2\pi/5$ 为定子各相绕组、转子各相绕组的空间相位差；θ_r 为定子和转子同相绕组在空间里的相位差。

五相感应电机基波空间下的电磁转矩方程可用式（9-4-4）表示。

$$T_{em1} = n_p \left(i_{S1} \frac{\partial L_{SR1}}{\partial \theta} i_{R1}^{\mathrm{T}} \right) \tag{9-4-4}$$

式中：n_p 表示五相感应电机的极对数；i_{S1} 表示基波空间内五相感应电机的定子电流向量 $i_{S1} = [i_A, i_B, i_C, i_D, i_E]$；$i_{R1}$ 表示转子电流向量 $i_{R1} = [i_a, i_b, i_c, i_d, i_e]$。

上述在基波空间内的推导，同时也适用于三次谐波空间，在建立三次谐波空间内的五相感应电机数学模型时，需要将所有下标为 1 的参数改为下标为 3，此外还需注意 T_{SS3}、T_{RR3}、T_{SR3}、T_{RS3} 等存在相位差的矩阵需要更新空间相位差。矩阵更新如下：

$$T_{SS3} = T_{RR3} = \begin{bmatrix} \cos 0 & \cos 3\delta & \cos 3 \cdot 2\delta & \cos 3 \cdot 3\delta & \cos 3 \cdot 4\delta \\ \cos 3\delta & \cos 0 & \cos 3\delta & \cos 3 \cdot 2\delta & \cos 3 \cdot 3\delta \\ \cos 3 \cdot 2\delta & \cos 3\delta & \cos 0 & \cos 3\delta & \cos 3 \cdot 2\delta \\ \cos 3 \cdot 3\delta & \cos 3 \cdot 2\delta & \cos 3\delta & \cos 0 & \cos 3\delta \\ \cos 3 \cdot 4\delta & \cos 3 \cdot 3\delta & \cos 3 \cdot 2\delta & \cos 3\delta & \cos 0 \end{bmatrix}$$

$$T_{SR3} = T_{RS3}^{\mathrm{T}} = \begin{bmatrix} \cos 3\theta_r & \cos 3(\delta + \theta_r) & \cos 3(2\delta + \theta_r) & \cos 3(3\delta + \theta_r) & \cos 3(4\delta + \theta_r) \\ \cos 3(4\delta + \theta_r) & \cos 3\theta_r & \cos 3(\delta + \theta_r) & \cos 3(2\delta + \theta_r) & \cos 3(3\delta + \theta_r) \\ \cos 3(3\delta + \theta_r) & \cos 3(4\delta + \theta_r) & \cos 3\theta_r & \cos 3(\delta + \theta_r) & \cos 3(2\delta + \theta_r) \\ \cos 3(2\delta + \theta_r) & \cos 3(3\delta + \theta_r) & \cos 3(4\delta + \theta_r) & \cos 3\theta_r & \cos 3(\delta + \theta_r) \\ \cos 3(\delta + \theta_r) & \cos 3(2\delta + \theta_r) & \cos 3(3\delta + \theta_r) & \cos 3(4\delta + \theta_r) & \cos 3\theta_r \end{bmatrix}$$

设电机所带负载转矩为 T_L，电机转动惯量为 J，三次谐波空间内的电磁转矩为 T_{em3}，不考虑其他因素，最后电机转子旋转电角速度 ω_r 和电角度 θ_r 的计算公式分别为式（9-4-5）和式（9-4-6）。

$$\frac{\mathrm{d}\omega_r}{\mathrm{d}t} = \frac{n_p}{J}\left(T_{em1} + T_{em3} - T_L\right) \tag{9-4-5}$$

$$\frac{\mathrm{d}\theta_r}{\mathrm{d}t} = \omega_r \tag{9-4-6}$$

二、$\alpha\beta$ 坐标系下的方程

为了实现 $ABCDE$ 坐标系下的电机参数向 $\alpha\beta$ 坐标系的变换，在基波 $\alpha\beta1$ 空间下，引入定子 $ABCDE$ 向 $\alpha_{s1}\beta_{s1}$ 的变换矩阵 C_{S1}，转子 $abcde$ 向 $\alpha_{r1}\beta_{r1}$ 的变换矩阵 C_{R1}，获得式（9-4-7）所示的变换阵 C_1，从而可以将自然坐标系 $ABCDE$ 下的电机方程转换为基波空间 $\alpha\beta1$ 坐标系下的方程。

$$\boldsymbol{C}_1 = \sqrt{\frac{2}{5}}\begin{bmatrix} C_{S1} & 0 \\ 0 & C_{R1} \end{bmatrix} \tag{9-4-7}$$

其中

$$\boldsymbol{C}_{S1} = \begin{bmatrix} 1 & 0 & 1 & 0 & \sqrt{\dfrac{1}{2}} \\[2mm] \cos\delta & \sin\delta & \cos2\delta & \sin2\delta & \sqrt{\dfrac{1}{2}} \\[2mm] \cos2\delta & \sin2\delta & \cos4\delta & \sin4\delta & \sqrt{\dfrac{1}{2}} \\[2mm] \cos3\delta & \sin3\delta & \cos3\delta & \sin6\delta & \sqrt{\dfrac{1}{2}} \\[2mm] \cos4\delta & \sin4\delta & \cos8\delta & \sin8\delta & \sqrt{\dfrac{1}{2}} \end{bmatrix}$$

$$\boldsymbol{C}_{R1} = \begin{bmatrix} \cos\theta_r & \sin\theta_r & \cos2\theta_r & \sin2\theta_r & \sqrt{\dfrac{1}{2}} \\[2mm] \cos(\delta+\theta_r) & \sin(\delta+\theta_r) & \cos(2\delta+2\theta_r) & \sin(2\delta+2\theta_r) & \sqrt{\dfrac{1}{2}} \\[2mm] \cos(2\delta+\theta_r) & \sin(2\delta+\theta_r) & \cos(4\delta+2\theta_r) & \sin(4\delta+2\theta_r) & \sqrt{\dfrac{1}{2}} \\[2mm] \cos(3\delta+\theta_r) & \sin(3\delta+\theta_r) & \cos(6\delta+2\theta_r) & \sin(6\delta+2\theta_r) & \sqrt{\dfrac{1}{2}} \\[2mm] \cos(4\delta+\theta_r) & \sin(4\delta+\theta_r) & \cos(8\delta+2\theta_r) & \sin(8\delta+2\theta_r) & \sqrt{\dfrac{1}{2}} \end{bmatrix}$$

对自然坐标系下的阻抗矩阵 Z_1 进行变换可得式（9-4-8）。

$$Z_{\alpha\beta1} = C_1^{\mathrm{T}} Z_1 C_1 = C_1^{\mathrm{T}} R_1 C_1 + C_1^{\mathrm{T}}\left(pL_1\right)C_1 + C_1^{\mathrm{T}} L_1\left(pC_1\right) + C_1^{\mathrm{T}} L_1 C_1 p \tag{9-4-8}$$

交流电机运行理论

将 *ABCDE* 自然坐标系基波空间下的五相感应电机相关参数代入式（9-4-8），进行矩阵运算，选取和基波空间的电流向量 $\left[i_{s\alpha1},i_{s\beta1},i_{r\alpha1},i_{r\beta1}\right]$ 存在乘积的部分，获得基波 $\alpha\beta1$ 空间下的五相感应电机电压矩阵方程，可用式（9-4-9）表述。

$$u_{\alpha\beta1}=Z_{\alpha\beta1}i_{\alpha\beta1} \tag{9-4-9}$$

也即

$$\begin{bmatrix} u_{s\alpha1} \\ u_{s\beta1} \\ u_{r\alpha1} \\ u_{r\beta1} \end{bmatrix} = \begin{bmatrix} R_{s1}+L_{sd1}p & 0 & L_{md1}p & 0 \\ 0 & R_{s1}+L_{sd1}p & 0 & L_{md1}p \\ L_{md1}p & L_{md1}\dot{\theta}_r & R_{r1}+L_{rd1}p & L_{rd1}\dot{\theta}_r \\ -L_{md1}\dot{\theta}_r & L_{md1}p & -L_{rd1}\dot{\theta}_r & R_{r1}+L_{rd1}p \end{bmatrix} \begin{bmatrix} i_{s\alpha1} \\ i_{s\beta1} \\ i_{r\alpha1} \\ i_{r\beta1} \end{bmatrix} \tag{9-4-10}$$

式中：定子一相绕组的等效自感 $L_{sd1}=\frac{5}{2}l_{m1}+l_{ls1}$，转子一相绕组的等效自感 $L_{rd1}=\frac{5}{2}l_{m1}+l_{lr1}$，定转子一相绕组的等效互感 $L_{md1}=\frac{5}{2}l_{m1}$，$\dot{\theta}_r=\frac{d\theta_r}{dt}$。

从式（9-4-10）中提取磁链部分可以得到磁链方程式（9-4-11）所示。

$$\begin{bmatrix} \psi_{s\alpha1} \\ \psi_{s\beta1} \\ \psi_{r\alpha1} \\ \psi_{r\beta1} \end{bmatrix} = \begin{bmatrix} L_{sd1} & 0 & L_{md1} & 0 \\ 0 & L_{sd1} & 0 & L_{md1} \\ L_{md1} & 0 & L_{rd1} & 0 \\ 0 & L_{md1} & 0 & L_{rd1} \end{bmatrix} \begin{bmatrix} i_{s\alpha1} \\ i_{s\beta1} \\ i_{r\alpha1} \\ i_{r\beta1} \end{bmatrix} \tag{9-4-11}$$

此外，五相感应电机基波空间下的转矩方程可以表达为式（9-4-12）。

$$T_{em1}=n_pL_{md1}\left(i_{s\beta1}i_{r\alpha1}-i_{s\alpha1}i_{r\beta1}\right) \tag{9-4-12}$$

同理，可得 $\alpha\beta3$ 三次谐波空间的五相感应电机方程，只需将基波方程内的下标 1 改为 3，同时也注意将 δ 更新为 3δ，θ_r 更新为 $3\theta_r$。

三次谐波空间内的转矩方程为式

$$T_{em3}=3n_pL_{md3}\left(i_{s\beta3}i_{r\alpha3}-i_{s\alpha3}i_{r\beta3}\right) \tag{9-4-13}$$

电机转速方程仍然沿用自然坐标系下的方程。

三、*MT* 坐标系下的方程

MT 坐标系即同步旋转坐标系，其中 *M* 轴代表励磁轴，*T* 轴代表转矩轴，该坐标系中，认为电机定子磁场的旋转速度为同步电角速度 ω_{s1}。

利用同步旋转变换式（9-4-14）将 $\alpha\beta$ 坐标系上的五相感应电机方程中基波 $\alpha\beta1$ 空间下各个轴的分量变换到 *MT*1 空间上。

$$C_{MT1}=\begin{bmatrix} \cos\theta_{s1} & \sin\theta_{s1} \\ -\sin\theta_{s1} & \cos\theta_{s1} \end{bmatrix} \tag{9-4-14}$$

可以得到 *MT*1 空间下的五相感应电机基波方程式（9-4-15）。

$$
\begin{bmatrix} u_{sM1} \\ u_{sT1} \\ u_{rM1} \\ u_{rT1} \end{bmatrix} = \begin{bmatrix} R_{s1} + L_{sd1}p & -\omega_{s1}L_{sd1} & L_{md1}p & -\omega_{s1}L_{md1} \\ \omega_{s1}L_{sd1} & R_{s1} + L_{sd1}p & \omega_{s1}L_{md1} & L_{md1}p \\ L_{md1}p & -\omega_{sl}L_{sd1} & R_{r1} + L_{rd1}p & -\omega_{sl}L_{rd1} \\ \omega_{sl}L_{md1} & L_{md1}p & \omega_{sl}L_{rd1} & R_{r1} + L_{rd1}p \end{bmatrix} \begin{bmatrix} i_{sM1} \\ i_{sT1} \\ i_{rM1} \\ i_{rT1} \end{bmatrix} \qquad (9\text{-}4\text{-}15)
$$

式中：$\omega_{sl} = \omega_{s1} - \omega_r$，为定子和转子磁场之间旋转电角速度之差，即是电机的转差角速度。

从式（9-4-15）中提取磁链部分可以得到五相感应电机基波空间下的磁链方程为式（9-4-16）。

$$
\begin{bmatrix} \psi_{sM1} \\ \psi_{sT1} \\ \psi_{rM1} \\ \psi_{rT1} \end{bmatrix} = \begin{bmatrix} L_{sd1} & 0 & L_{md1} & 0 \\ 0 & L_{sd1} & 0 & L_{md1} \\ L_{md1} & 0 & L_{rd1} & 0 \\ 0 & L_{md1} & 0 & L_{rd1} \end{bmatrix} \begin{bmatrix} i_{sM1} \\ i_{sT1} \\ i_{rM1} \\ i_{rT1} \end{bmatrix} \qquad (9\text{-}4\text{-}16)
$$

利用同步旋转变换式（9-4-14）可以将基波 $\alpha\beta 1$ 空间下的电磁转矩方程转换到 $MT1$ 空间，即式（9-4-17）所示。

$$
T_{em1} = n_p L_{md1}\left(i_{sT1}i_{rM1} - i_{sM1}i_{rT1}\right) \qquad (9\text{-}4\text{-}17)
$$

同理，三次谐波空间 $MT3$ 下的电压方程与转矩方程也利用旋转变换，从 $\alpha\beta 3$ 坐标系下的方程转换获得。

从五相感应电机的数学模型来看，自然坐标系下的五相感应电机模型相比三相异步电机更为复杂，方程阶次更高。但是通过静止坐标变换和旋转变换，在 $\alpha\beta$ 坐标轴系和 MT 坐标轴系下，五相感应电机数学模型和三相异步电机不存在较大区别，主要的区别仅在于五相感应电机增加了三次谐波空间部分。所以，传统三相异步电机的调速控制原理，可以应用于五相感应电机。

第五节　基于最近四矢量 SVPWM 的五相感应电机仿真

在本节的开环仿真与后面两节的闭环控制仿真中，控制信号的生成均采用五相最近四矢量 NFV-SVPWM 实现方法。这种方法应用在五相电机双空间调速控制中，具有较好的低次谐波抑制效果。NFV-SVPWM 的原理的相关知识，在本书中不作具体阐述。

一、五相感应电机仿真模型

根据本章第四节五相感应电机在 $ABCDE$ 坐标系下的方程，通过 Simulink 软件建立了五相感应电机仿真模型如图 9-5-1 所示。模型主要分为 5 个模块：坐标变换模块、电压–磁链模块、磁链–电流模块、电流–电磁转矩模块及转矩–转速模块。

坐标变换模块基于五相 Clark 变换阵及其反变换阵，将五相电压解耦至 $\alpha\beta$ 坐标系的基波与三次谐波空间，再分别反变换为 $ABCDE$ 五相电压；由本章第四节的相关方程，

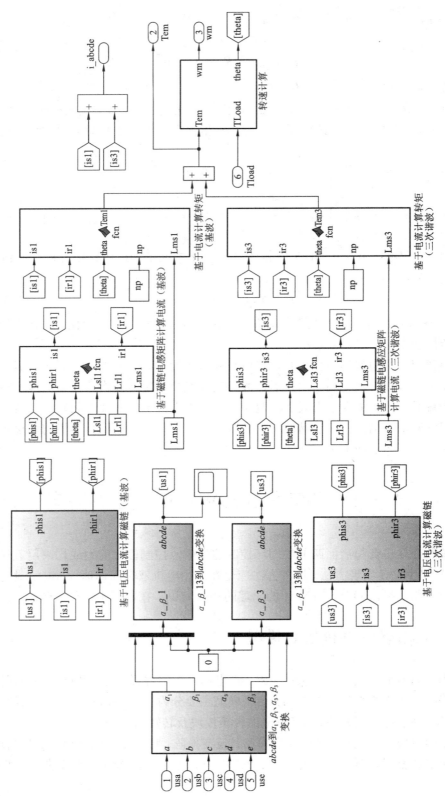

图 9-5-1 五相感应电机仿真模型

在电压-磁链模块中利用输入电压、电流和电机电阻来对磁链进行计算；磁链-电流模块利用电感矩阵和各相磁链获得各相电流；电流-电磁转矩模块利用电流和转矩方程获得电机的电磁转矩；转矩-转速模块主要计算电机转子旋转角速度。在以上模块中，基波和三次谐波空间的电气量与机械量均分别计算，最后线性叠加获得五相电机定子电流、电磁转矩与旋转角速度。

二、NFV-SVPWM 仿真模型

建立五相最近四矢量 SVPWM（NFV-SVPWM）的仿真模型如图 9-5-2 所示。NFV-SVPWM 的所有仿真模块包括以下模块。

（1）*abcde*-αβ 变换模块：实现 *abcde* 五相电压向 αβ 两相电压的变换，内部取 Clark 变换矩阵的前两行进行变换获得 U_α、U_β，即仅保留 αβ1 基波空间的电压，不考虑谐波空间的电压；

（2）sector calculation 模块：获取 U_α、U_β 的值之后，通过 5 个判断电压 U_{c1}、U_{c2}、U_{c3}、U_{c4}、U_{c5} 对拟合成电压矢量所在扇区 N 进行判断；

（3）calculate vector operating time 模块：通过两相电压 U_α、U_β，开关周期 T_s（亦即三角载波周期），大矢量幅值，扇区值 N 获得 4 个非零矢量各自的作用时间 T_{1s}、T_{2s}、T_{3s}、T_{4s}；

（4）T standardization 模块：当非零矢量作用时间之和小于开关周期时用 T_0 补足；当非零矢量作用时间之和大于开关周期时进行标准化处理。标准化公式为

$$T_k = \frac{T_{ks}}{\sum_{i=1}^{4} T_i} T_s, \quad k=1,2,3,4 \tag{9-5-1}$$

（5）vector time transfer to switch time 模块：根据扇区值 N 确定矢量的动作顺序，并将每相开关时刻转化为在每个开关周期内与三角载波进行比较的值；

（6）five phase svpwm generator 模块：五相开关时刻比较值与三角载波进行比较，在波形交点处进行逻辑运算，输出 0、1 信号作为 IGBT 的开关信号。

三、基于 NFV-SVPWM 的五相感应电机开环仿真

设置五相参考电压频率 *f*=50 Hz，每相依次滞后 72°；在仿真中设定开关周期为 T_s=0.1 ms，也即开关频率为 f_s=10 kHz；三角波载波设置为单极性三角波，频率为 f_s。设置模型仿真算法为 ODE3，仿真定步长和采样时间均为 1e～5s。按照现有研究常用的大矢量与中矢量作用时间比，取为 1.618，获得仿真结果如下。

扇区值 N 随仿真时间变化如图 9-5-3 所示。由图 9-5-3 可见，在一个周期 0.02 s 内，扇区值由 1～10 变化，每阶段持续时间长度均等，符合文献中五相电压矢量将空间分为 10 等分扇区的特点。

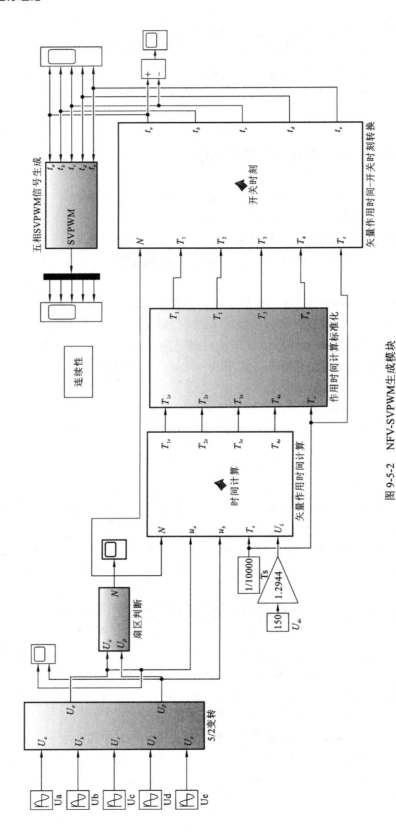

图 9-5-2　NFV-SVPWM生成模块

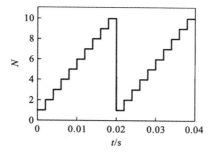

图 9-5-3 随时间变化的扇区值 N

图 9-5-4 为 NFV-SVPWM 调制波波形，可以看到与三相 SVPWM 的马鞍形波基本一致，从时间轴观察 A、B 两相，相位差为 72°，也符合五相相位关系。将 A、B 相调制波波形相减获得 AB 线电压调制波形如图 9-5-5 所示，可以看到五相相邻线电压参考波为标准正弦波。图 9-5-6 为仿真获得的扇区 1 内某开关周期的方波信号波形图。

利用 NFV-SVPWM 控制五相 H 桥逆变器，逆变输出的五相高频方波电压作为电机模型的输入电压，进行五相感应电机运行仿真，设置负载转矩为 20 N·m，图 9-5-7 所示依次为仿真获得系统输出的定子 A 相电流（A）、电磁转矩（N·m）及转子旋转角速度（rad/s）。

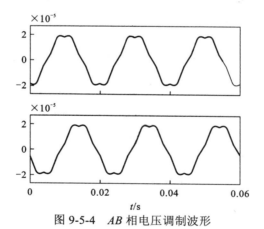

图 9-5-4 AB 相电压调制波形

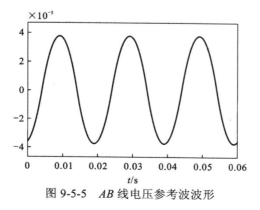

图 9-5-5 AB 线电压参考波波形

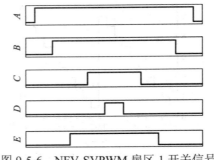

图 9-5-6　NFV-SVPWM 扇区 1 开关信号

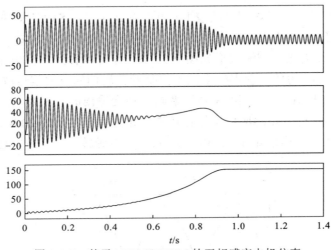

图 9-5-7　基于 NFV-SVPWM 的五相感应电机仿真

　　从仿真结果可以看到电机带恒定负载启动，大约 1 s 后进入了稳定运行状态，电流和旋转角速度保持稳定，输出电磁转矩和负载转矩相同。取定子 A 相电流进行 FFT 分析，获得其谐波含量图如图 9-5-8 所示。定子 A 相电流的 THD（总谐波畸变率）仅为 4.83%，电流中基本不含有 3、5、7 次等低次谐波。说明开环状态下，NFV-SVPWM 起到了对低次谐波的抑制作用。

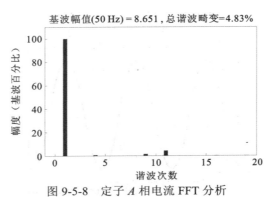

图 9-5-8　定子 A 相电流 FFT 分析

第六节　基于 SVPWM 的五相感应电机
基波空间直接转矩控制系统

本节中，对应用 NFV-SVPWM 的五相感应电机进行调速控制仿真，且主要针对五相感应电机基波空间进行控制，忽略三次谐波空间，以降低算法复杂程度。同时观察闭环仿真情况下 NFV-SVPWM 是否起到了对低次谐波的抑制作用。

一、五相感应电机基波空间 SVPWM-DTC 控制方法

在本章第四节中获得了 $\alpha\beta$ 坐标系下的五相感应电机电气方程和运动方程，直接转矩控制模型即是根据 $\alpha\beta$ 坐标系下的方程建立起来的，其模型相对简单，无需复杂的同步旋转变换，易于实现。

仅考虑基波空间 $\alpha\beta1$ 坐标系下的方程，电磁转矩可以用磁链和电流表达为

$$T_{em1} = n_p \left(\psi_{s\alpha1} i_{s\beta1} - \psi_{s\beta1} i_{s\alpha1} \right) = n_p \frac{L_{md1}}{L_{md1}^2 - L_{sd1} L_{rd1}} |\psi_{s1}| |\psi_{r1}| \sin \theta_{sr} \qquad （9-6-1）$$

式中：$|\psi_{s1}|$、$|\psi_{r1}|$ 分别为定转子磁链幅值；θ_{sr} 为二者之间的角度差。由转矩表达式（9-6-1）可知，除了电机参数，电磁转矩还直接受定转子的磁链幅值和二者之间的相位差影响。由于在电机运行过程中，转子磁链变化略滞后于定子磁链，保证二者幅值恒定，控制定子磁链的旋转速度，在一定范围内调整二者角度差，即可实现对转矩的调节，进而控制转速。

在参考文献中，针对五相感应电机的双空间特性，提出多重滞环作用下的传统直接转矩控制，相比磁链和转矩的单滞环控制，获得了更好的调速效果。但是即使在五相感应电机 DTC（直接转矩控制）中采用多重滞环方式，滞环带宽无法持续缩小到极限状态；滞环控制本身的缺陷亦导致逆变器开关频率不恒定，造成不确定的额外谐波影响；五相的矢量开关表最多也只能输出 32 种开关状态，因此控制效果达不到最优。

为解决 DTC 开关频率不恒定的问题，可以通过 SVPWM 调制代替 DTC 的滞环与开关表，在每个逆变器开关周期 T_s 利用 NFV-SVPWM 去合成所需要的空间电压矢量，固定了逆变器开关频率，减少额外谐波，同时尽可能降低转矩脉动。

如图 9-6-1 所示，假设在某一时刻，基波定子磁链矢量在空间平面的幅值为 $|\psi_s|$，它与 α 轴之间的夹角为 θ_s，在两个控制周期内，由于时间跨度极短，可以认为转子磁链幅值和角度均未发生改变，再保证定子磁链幅值不变，仅使其角度增加 $\Delta\theta$，获得新的定子磁链位置，即可方便地调节电磁转矩的大小。假设 $\Delta\psi_s$ 为定子磁链从原位置旋转至所需位置时需要增加的磁链矢量，基于 DTC 中定子电压和磁链的对应性，通过 SVPWM 合成 $\Delta\psi_s$ 对应的空间电压矢量，在这个空间电压矢量作用下，定子磁链产生一个额外的磁链增量 $\Delta\psi_s$，使定子磁链幅值保持恒定而位置产生旋转，达到控制电磁转矩的作用。

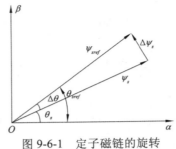

图 9-6-1　定子磁链的旋转

图 9-6-2 为基波空间下，将滞环比较器替换为 SVPWM 的五相感应电机 DTC 系统原理图，5/2 变换采用式（9-4-1）的前两行，磁链估计和转矩估计与传统的直接转矩控制一致。区别在于增加一个转矩 PI 调节器以计算产生下一次需要的磁链误差角度 $\Delta\theta$，磁链误差角度 $\Delta\theta$、参考磁链幅值 ψ_{s1}*、当前基波空间磁链幅值 ψ_{s1} 与当前的磁链位置 θ_s 作为参数输入参考电压矢量生成模块，进而产生所需要的 $\alpha\beta$ 坐标系下的定子电压矢量，最后利用 NFV-SVPWM 模块和逆变器控制电机的输出转矩和转速。

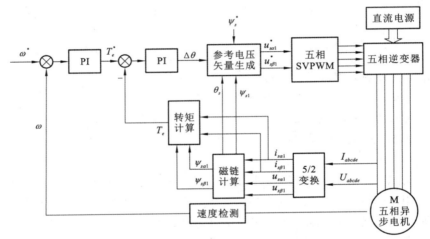

图 9-6-2　基波空间五相 SVPWM-DTC 控制系统

在控制算法中，参考电压生成模块主要作用是将定子磁链需要旋转的角度 $\Delta\theta$ 转换为需要的磁链矢量 $\Delta\psi_{s1}$，进而再转换为需要作用的空间电压矢量，最后产生参考电压矢量 $u_{s\alpha1}^*$ 和 $u_{s\beta1}^*$。首先按照式（9-6-2）将所需要的定子磁链矢量分解至 $\alpha\beta$ 坐标轴进行计算：

$$\begin{cases} \Delta\psi_{s\alpha1} = \psi_{s1}^* \cos(\theta_s + \Delta\theta) - \psi_{s1}\cos(\theta_s) \\ \Delta\psi_{s\beta1} = \psi_{s1}^* \sin(\theta_s + \Delta\theta) - \psi_{s1}\sin(\theta_s) \end{cases} \tag{9-6-2}$$

此外根据定子磁链和电压的关系

$$u_{s1} = \frac{\mathrm{d}\psi_{s1}}{\mathrm{d}t} + R_{s1}i_{s1} \tag{9-6-3}$$

进而在一个离散控制周期内，产生的参考电压矢量可以用（9-6-4）表示：

$$\begin{cases} u_{s\alpha1} = R_{s1}i_{s\alpha1} + \dfrac{\psi_{s1}^{*}\cos\left(\theta_s + \Delta\theta\right) - \psi_{s1}\cos\left(\theta_s\right)}{T_s} \\[4mm] u_{s\beta1} = R_{s1}i_{s\beta1} + \dfrac{\psi_{s1}^{*}\sin\left(\theta_s + \Delta\theta\right) - \psi_{s1}\sin\left(\theta_s\right)}{T_s} \end{cases} \tag{9-6-4}$$

计算获得的参考电压矢量即可输入 SVPWM 模块，通过 NFV-SVPWM 的相关计算，获得脉冲信号以控制逆变器，完成对电机的控制任务。

二、五相感应电机基波空间 SVPWM-DTC 仿真分析

如图 9-6-3 为基于 SVPWM 的五相感应电机直接转矩控制系统图，转矩按照式（9-6-1）计算，参考电压矢量按照式（9-6-4）计算。为了使得电机的电流波形尽可能接近正弦，减少谐波成分，仿真沿用第五节 NFV-SVPWM 控制逆变器。

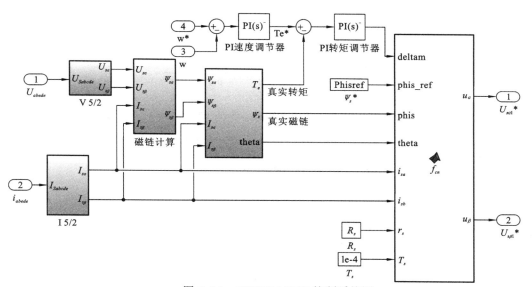

图 9-6-3　SVPWM-DTC 控制系统图

设置仿真的总时长为 3s，调速系统的负载转矩以及给定转速的数据如表 9-6-1 所示，仿真获得各阶段电机的输出电磁转矩和转速分别如图 9-6-4、图 9-6-5、图 9-6-7、图 9-6-8、图 9-6-9 所示。

表 9-6-1　负载转矩和给定转速情况

时段	0~1 s	1~1.5 s	1.5~2 s	2~2.5 s	2.5~3 s
负载转矩/N·m	0	20	20	10	10
给定转速/（rad/s）	150	150	100	100	120

由图 9-6-4 可见，0～0.8 s 电机空载启动，为了使转速能够快速上升到给定，控制算法通过 PI 调节产生了较高的电磁转矩（由于在算法中对转速 PI 调节器生成的电磁转矩 Te*进行了限幅处理，上限值为 25 N·m），根据转速方程，电机转速迅速线性上升达到要求的转速 150 rad/s，约 0.35 s 后，电机达到给定的转速后，输出的电磁转矩迅速下降至 0 N·m 附近波动，以维持恒定转速。经分析，此时定子电流频率为 47.8 Hz，同步角速度约为 150.17 rad/s，说明电机空载时基本达到了理想空载转速。

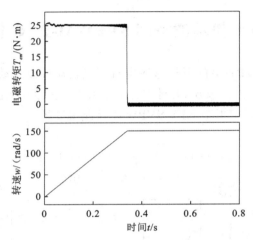

图 9-6-4　电机输出电磁转矩与转速（0～0.8 s）

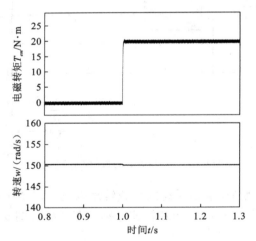

图 9-6-5　电机输出电磁转矩与转速（0.8～1.3 s）

在图 9-6-5 中，0.8～1 s 阶段，电机处于稳定状态，进而在 1 s 时刻，将负载转矩从 0 N·m 增大到 20 N·m，可以看到电磁转矩迅速追上负载转矩，而转速在转矩突变的时刻产生了约 0.1 rad/s 的下降，但基本保持在 150 rad/s，由此可以看出，基于 SVPWM 的直接转矩控制算法可以做到快速跟踪负载转矩。同时，对此时的电机定子电流进行分析，其频率为 48.2 Hz，同步角速度约为 151.8 rad/s，说明电机随着负载增大，电机转差率随之有所升高，转子磁链和定子磁链之间的夹角有所增大，根据转矩方程式，输出电磁转矩升高，达到快速跟踪负载转矩的目的。此外，如图 9-6-6，取 1.2～1.23 s 转速和转矩稳定后的电机定子电流进行 FFT 分析，可以得到此时总谐波畸变仅有 1.59%。

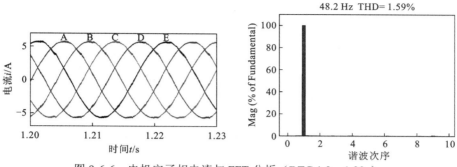

图 9-6-6　电机定子相电流与 FFT 分析（DTC,1.2～1.23s）

在图 9-6-7 中，1.3～1.5 s 阶段，电机处于 150 rad/s 的转速，并且带 20 N·m 负载转矩保持稳态运行，在 1.5s 时刻，要求电机的转速下降至 100 rad/s，根据转速方程，电机为了迅速达到给定的转速值，输出电磁转矩瞬间下降，由负载转矩带动电机减速，在 1.65 s 左右电机转速达到给定后，电磁转矩再回归到与负载转矩平衡，此时电机定子电流频率为 32.4 Hz，其同步旋转角速度为 101.8 rad/s。

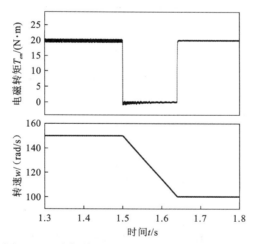

图 9-6-7　电机输出电磁转矩与转速（1.3-1.8s）

在图 9-6-8 中，在 1.8～2 s 阶段，电机处于 100 rad/s 的转速，并且带 20 N·m 负载转矩保持稳态运行，在 2 s 时刻，负载转矩突变为 10 N·m，负载减轻，电磁转矩随之快速跟踪到新的负载转矩值，而电机转速仅产生了微小的变化，约为 0.1 rad/s。

在图 9-6-9 中，2.3～3 s 仿真结束，在 2.5 s 时刻，将电机的速度由 100 rad/s 提升到 120 rad/s，此时电机转速 PI 调节器输出的给定电磁转矩 Te* 直接达到限定的饱和值 25 N·m 以迫使转速快速上升，待电机达到了要求的转速后，输出电磁转矩恢复到和负载转矩相匹配，使电机转速能够维持稳定。稳定后，电机定子电流的频率为 38.5 Hz，同步旋转角速度为 120.95 rad/s。

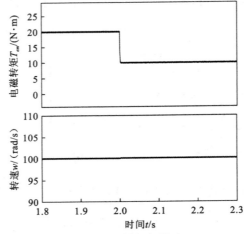

图 9-6-8　电机输出电磁转矩与转速（1.8～2.3 s）

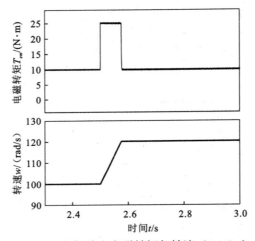

图 9-6-9　电机输出电磁转矩与转速（2.3-3 s）

在以上负载转矩和给定转速变化的几个阶段中，由于对转速 PI 调节器输出的给定电磁转矩 Te*进行了限幅操作（上限 25 N·m，下限 0 N·m），所以转速下降速率基本固定，如果限幅调高，可以进一步加快转速的上升速度，更快达到给定。

表 9-6-2　各阶段定子电流频率与总谐波畸变率（DTC）

时间阶段	0～0.8 s	0.8～1.3 s	1.3～1.8 s	1.8～2.3 s	2.3～3 s
定子电流频率/Hz	47.8	48.2	32.4	32.1	38.5
总谐波畸变率/%	2.30	1.59	0.94	1.66	1.38

类似图 9-6-6，分别对各阶段稳定后的电机定子电流进行 FFT 分析，将各阶段的定

子电流频率及其总谐波畸变率整理为表 9-6-2。由表 9-6-2 可见,在不同的阶段,电机处于稳态情况下的电流总谐波畸变率不超过 3%,说明按照文献里的 NFV-SVPWM 实现方法,在仅考虑基波空间的五相感应电机直接转矩控制系统中可以较好地抑制电机定子电流谐波。

习　题　九

1. 试推导五相感应电机的磁动势空间矢量,开展磁动势空间矢量谐波分析。
2. 列写五相感应电机的数学模型。
3. 试搭建五相感应电机的 Simulink 模型,并开展仿真分析。

参 考 文 献

曹瑞武, 程明, 花为, 等, 2011. 磁路互补型模块化磁通切换永磁直线电机[J]. 中国电机工程学报, 31(6): 58-65.

高景德, 2005. 交流电机及其系统的分析. 2 版[M]. 北京: 清华大学出版社.

郭灯华, 付立军, 陈俊全, 等, 2009. 一种五相异步电动机直接转矩控制策略[J]. 电机与控制应用, 36(4): 31-34.

李斌, 宋双利, 李桂丹, 等, 2017. 考虑端部效应的永磁直线电机等效磁路模型[J]. 电力系统及其自动化学报, 5(160): 95-99+107.

龙遐令, 2006. 直线感应电动机的理论和电磁设计方法[M]. 北京: 科学出版社.

鲁军勇, 马伟明, 李朗如, 2008. 高速长初级直线感应电动机纵向边端效应研究[J]. 中国电机工程学报, 28(30): 95-101.

鲁军勇, 马伟明, 孙兆龙, 等, 2009. 多段初级直线感应电机静态纵向边端效应研究[J]. 中国电机工程学报(33): 97-103.

孙盼, 赵镜红, 熊欣, 等, 2017. 用于多脉波整流的直线式移相变压器[J]. 电工技术学报, 32(1): 169-177.

汤蕴璆, 1981. 电机学–机电能量转换（上、下）[M]. 北京: 机械工业出版社.

唐俊, 王铁成, 崔淑梅, 2013. 五相逆变系统的 SVPWM 实现方法[J]. 电工技术学报, 28(7): 64-72.

陶涛, 赵文祥, 程明, 等, 2019. 多相电机容错控制及其关键技术综述[J]. 中国电机工程学报, 39(2): 316-326, 629.

王飞飞, 2009. 考虑边端效应的直线感应电机磁场定向控制研究[D]. 成都: 西南交通大学.

王铁军, 饶翔, 姜小弋, 等, 2012. 用于多重化逆变的移相变压器[J]. 电工技术学报, 27(6): 32-37.

王铁军, 2009. 多相感应电动机的谐波问题研究[D]. 武汉: 华中科技大学.

王众, 赵镜红, 孙盼, 等, 2014. 平板式移相变压器的磁场分析[J]. 船电技术(12): 35-38.

熊欣, 赵镜红, 丁洪兵, 等, 2017. 直线式移相变压器边端效应研究[J]. 西安交通大学学报, 51(8): 110-115.

许实章, 1988. 电机学（上、下）[M]. 北京: 机械工业出版社.

薛山, 温旭辉, 2006. 一种新颖的多相 SVPWM[J]. 电工技术学报(2): 68-72, 107.

杨律, 张俊洪, 王铁军, 等, 2017. 一种用于多重叠加逆变的圆形移相变压器[J]. 电力电子技术, 51(1): 99-101.

于飞, 张晓锋, 李槐树, 等. 五相逆变器的不连续空间矢量 PWM 控制[J]. 电工技术学报(7): 26-30.

张蕾, 何云风, 2019. 横向边端效应对短初级单边直线感应电机 SSLIM 力特性的影响[J]. 集成电路应用, 36(6): 62-63.

张志华, 史黎明, 蔡华, 等, 2015. 长初级双边直线感应电机制动特性研究[J]. 中国电机工程学报, 35(11): 2854-2861.

张梓铭, 赵镜红, 马远征, 等, 2020. 直线式移相变压器逆变系统的不对称研究[J]. 船电技术, 40(1): 58-61.

张梓铭, 赵镜红, 马远征, 等, 2019. 直线式移相变压器逆变系统的解析法建模[J]. 电气工程学报, 14(3): 54-60.

赵镜红, 马远征, 孙盼, 2019. 基于直线式移相变压器的多重叠加逆变系统[J]. 电力自动化设备, 39(12): 183-188.

赵镜红, 许浩, 郭国强, 2021. 12/3 相直线式移相变压器设计[J]. 海军工程大学学报, 33(4): 1-6.

赵镜红, 许浩, 孙盼, 等, 2021. 直线式移相变压器两类纵向边端效应分析[J]. 电工技术学报, 36(5): 984-995.

周顺荣, 2008. 电磁场与机电能量转换[M]. 上海: 上海交通大学出版社.

朱鹏, 乔鸣忠, 张晓锋, 等, 2009. 五相三电平 H 桥逆变器的空间矢量控制算法研究[J]. 武汉理工大学学报(交通科学与工程版), 33(2): 353-356.

卓忠疆, 1987. 机电能量转换[M]. 北京:水利电力出版社.

LEVI E, 2008. Multiphase electric machines for variable-speed applications[J]. IEEE Transactions on Industrial Electronics, 55(5): 1893-1909.

TERRIEN F, S SIALA, P NOY, 2004. Multiphase induction motor sensorless control for electric ship propulsion[C]. Second IEE International Conference on Power Electronics, Machines and Drives.

GONG G, DROFENIK U, KOLAR J W, 2003. 12-pulse rectifier for more electric aircraft applications[C]. IEEE International Conference on Industrial Technology. IEEE: 1096-1101.

TOLIYAT H A, WILLIAMSON S, LEVI E, et al, 2007. Multiphase induction motor drives-a technology status review[J]. IET Electric Power Applications, 1(4): 489-516.

TOLIYAT H A , 1998. Analysis and simulation of five-phase variable-speed induction motor drives under asymmetrical connections[J]. IEEE Transactions on Power Electronics, 13(4): 748-756.

HAMZEHBAHMANI H, 2011. MODELING AND SIMULATING OF SINGLE SIDE SHORT STATOR LINEAR INDUCTION MOTOR WITH THE END EFFECT[J]. Journal of Electrical Engineering, 62(5): 302-308.

KELLY J W, STRANGAS E G, MILLER J M, 2001. Multi-phase inverter analysis[C]. IEEE International Electric Machines & Drives Conference.

KELLY J W, STRANGAS E G, MILLER J M, 2007. Multiphase Space Vector Pulse Width Modulation[J]. IEEE Power Engineering Review, 22(11): 53-53.

PETERSEN L J, TOLIYAT H A, HUANGSHENG XU, 2002. Five-phase induction motor drives with DSP-based control system[J]. IEEE Transactions on Power Electronics, 17(4): 524-533.

PARSA L, TOLIYAT H A, 2005. Five-Phase Permanent-Magnet Motor Drives[J]. IEEE Transactions on Industry Applications, 41(1): 30-37.

DEPENBROCK M, 1988. Direct Self-Control of inverter-fed induction machine[J]. IEEE Transactions on Power Electronics, 3(4): 420-429.

PENG B, SONG D, ZHANG N, 2016. An End Effect Detent Force Reduction Method of V-shaped End Teeth in Permanent Magnet Linear Motors[J]. Proceedings of the Csee, 36(14): 3940-3947.

KARAMPURI R,JAIN S, SOMASEKHAR V T, 2018 . Sample-Averaged Zero-Sequence Current Elimination PWM Technique for Five-Phase Induction Motor With Opened Stator Windings[J]. IEEE Journal of Emerging & Selected Topics in Power Electronics, 6(2): 864-873.

NASAR S A, BOLDEA I, 1976. Linear Motion Electric Machines[M]. Canada: Library of Congress Cataloging in Publication Data .

LIPO T A, YIFAN Z, 1995. Space vector PWM control of dual three-phase induction machine using vector space decomposition[J]. IEEE Transactions on Industry Applications, 31(5): 1100-1109.

XU L, TOLIYAT H A, 1992. A five-phase reluctance motor with high specific torque[J]. IEEE Transactions on Industry Applications, 28(3): 659-667.